프렌즈 시리즈 36

프렌즈
스위스

황현희 지음

생애 첫
여행친구
프렌즈
Travel Guide

Switzerland

중앙books

Prologue
저자의 말

작지만 강한 나라 스위스는 참으로 많은 얼굴을 갖고 있습니다. 우리에게 친숙한 알프스뿐만 아니라 바다와 같은 호수, 세련된 건축물, 부를 쌓은 상인들이 만든 오래된 대학 등 다양한 매력이 있는 곳이 바로 스위스입니다. 무엇보다 좋은 것은 미세먼지 한 톨 없는 깨끗하고 맑은 공기, 소심하고 겁 많은 여행자인 저에게 딱딱 맞아떨어지는 편리한 교통수단들, 평화롭고 깔끔한 도시 분위기는 멀디 먼 나라가 아닌, 마치 우리 동네를 여행하는 것 같은 기분을 가져다주기도 했습니다.

하지만 스위스는 우리가 보고 느끼는 것처럼 평화롭기만 한 곳은 아닙니다. 예측불허 대자연이 가져다주는 변수는 스위스 사람들의 삶을 고되게 만들었고, 주변 나라들의 괴롭힘 역시 기나긴 역사를 자랑(?)합니다. 이 모든 것을 이겨내고 스위스는 비로소 지금의 모습을 우리에게 보여줍니다. 대자연을 개발해 그 속을 누비는 열차와 케이블카로 우리에게 꿈결 같은 풍경을 선사합니다. 주변 나라들의 침략에도 굳건히 나라를 지키고 부를 쌓아 오늘의 여유로운 분위기와 멋스런 건축물들을 선사합니다. 여러 국제기구가 자리하기도 하고, 유럽 최고의 연구 시설이 자리한 곳도 스위스입니다. 취재를 다니면서 얻게 된 다양한 시선, 최신 정보를 최선을 다해 담았고, 부족하지만 책으로 엮어 세상에 내놓게 되었습니다. 저의 이러한 마음이 독자들에게 닿기를 바랍니다.

〈프렌즈 스위스〉는
저의 네 번째 책이고,
저의 세 번째 프렌즈이며,
저의 두 번째 단독 책이자,
저의 첫 번째 스위스 책입니다.

저의 처음이 독자들의 여행길이 낯선 길이 아닌 익숙한 길이 되는 데 조금이나마 도움이 되었으면 좋겠습니다.

황현희

Thanks to...

천하무적 스위스 패스를 제공해주신 레일유럽 신복주 소장님, 인터라켄 취재 때마다 지원을 아끼지 않으신
동신항운 송진 이사님, 건축 관련 아이디어를 제공해 주신 구지훈 교수님,
컴맹이자 기계치인 필자에게 최첨단 기술과 함께 뭔가 좋은 걸 가져다 주시는 인도환타 님 만세!!!
험난한 길 함께 걷는 동지들 가이드북 공작단원님들! 많은 사진, 격려, 팁을 제공해 주신 이지윤 님, 안병모 님,
사방이 캄캄한 어둠으로 둘러싸인 벼랑 끝에 서 있던 시간을 함께해준 언니들, 친구들, 동생들 그리고 선생님들,
책 작업할 때마다 까칠해지는 저를 그저 보듬어 주시는 가족들, 일일이 거명하기에는 너무 많은 호텔 매니저 언니,
오빠들,
그리고 길 위에서 만난 모든 분께 감사의 인사를 전합니다.

Special Thanks to...

한결같은 모습으로 묵묵히 기다려주며 끊임없는 긍정의 에너지를 보내주신 편집자 허진 님,
깔끔하고 멋진 디자인을 뽑아주신 디자이너 김성은 실장님, 거친 문장도 곱게 다듬어주신 교정·교열자 전위원님,
지도를 명료하게 그려주신 양재연 실장님, 인쇄, 제본, 포장 전 과정을 묵묵히 수행해주시는 모든 분,
그리고 지금 이 문장을 읽고 있는 독자님들께 깊은 감사 인사를 전합니다.
마지막으로 딸이 여행을 하고 책을 쓰는 사람임을 누구보다 자랑스럽게 생각하셨던,
다른 별로 이사 가신 아빠, 고맙습니다.

How to Use
일러두기

이 책에 실린 정보는 2024년 4월까지 수집한 정보를 바탕으로 하고 있습니다. 현지 교통·볼거리·식당·상점의 요금과 운영 시간, 숙소 정보 등은 수시로 바뀔 수 있음을 말씀드립니다. 때로는 공사 중이라 입장이 불가능하거나 출구가 막히는 경우도 있습니다. 저자가 발 빠르게 움직이며 바뀐 정보를 수집해 반영하고 있지만 예고 없이 현지 요금이 인상되는 경우가 비일비재합니다. 이 점을 고려하여 여행 계획을 세우시기 바라며, 혹여 여행에 불편이 있더라도 양해 부탁드립니다. 새로운 소식이나 바뀐 정보가 있다면 아래로 연락 주시기 바랍니다. 더 나은 정보를 위해 귀 기울이겠습니다.

저자 이메일 hacelluvia@gmail.com
편집부 이메일 jbooks@joongang.co.kr

1. 알차게 스위스를 여행하는 법

스위스를 처음 방문하는 초보 여행자도 〈프렌즈 스위스〉만 있으면 걱정 없다. 한눈에 알아보는 스위스, 테마별 스위스 여행지 소개, 스위스에 가면 꼭 먹어봐야 하는 음식, 꼭 사야 하는 쇼핑 아이템, 알기 쉽게 정리한 스위스 여행 정보 등을 통해 낯선 스위스에 대한 두려움 없이 알차고 재미있게 스위스를 여행할 수 있도록 했다.

2. 도시별 최신 여행 정보 수록

이 책은 스위스를 크게 취리히, 루체른, 인터라켄이 자리한 베르네제 오버란트 지역, 베른, 마테호른이 자리한 체르마트 지역, 주네브 지역으로 나누어 총 36개의 여행지를 소개한다. 이외에도 각 도시를 여행하며 함께 방문하면 좋은 근교 여행지(라인 폭포, 슈타인 암 라인, 장크트 갈렌, 몽트뢰, 프라이부르크, 스트라스부르, 콜마르 등)도 함께 소개하고 있으니, 스위스를 보다 알차게 여행하고 싶다면 참고하자.

5

3. 최적의 스위스 여행 코스 제안

스위스를 처음 방문하는 사람들도 손쉽게 여행 계획을 세울 수 있도록 최적의 여행 코스를 제안한다. 한국인이 가장 선호하는 스위스 알프스 일주, 스위스의 아름다운 자연을 기차를 타며 만끽할 수 있는 파노라마 열차 여행 코스, 취리히, 루체른 등 평화로운 도시의 면모를 느껴볼 수 있는 도시 여행 일주와 다양한 하이킹 코스까지 흥미진진한 여행 동선으로 구성했다.

4. 하이킹을 돕는 책 속 QR 코드

스위스의 대부분은 산악 지형으로 이루어져 있다. 이러한 스위스의 지형을 십분 살린 스포츠가 바로 하이킹. 〈프렌즈 스위스〉에는 스위스의 다양한 자연을 만끽할 수 있는 하이킹 코스를 제안한다. 책 속에 삽입된 하이킹 코스의 QR 코드를 스마트폰으로 인식하면 구글 지도 Google Map으로 연동되어 하이킹 코스 지도를 스마트폰으로 한눈에 볼 수 있다.

그 외 책 곳곳에 숨어있는 QR 코드를 통해 생생한 스위스의 현장을 담은 동영상을 볼 수 있다.

▲ QR 코드를 인식 하면 코스 지도로 이동!

▲ 일부 지도의 경우 빨간 핀을 누르면 여행지의 풍경을 볼 수 있다.

5. 길 찾기도 척척! 지역별 최신 지도

책에서 소개하는 모든 볼거리, 식당, 쇼핑 명소와 숙소는 본문 속에 위치를 표시했다. 본문 속 **지도 P.000-00** 는 해당 스폿이 표시된 페이지와 구역 번호를 의미한다. 모든 지도는 지도만으로도 길을 찾기 쉽도록 길 찾기의 표식이 될 수 있는 표지물, 길 이름 등을 표기했다.

인포메이션	기차	기차역	버스	버스 정류장	국도
공항	학교	등산열차	등산열차역	케이블카	케이블카 역
트램	트램 정류장	유람선	페리 터미널	푸니쿨라	푸니쿨라 정류장
철도	푸니쿨라 노선	우체국	은행	교회	숲
● 여행의 기술	● 볼거리	● 식당	● 쇼핑	● 숙소	

Contents
스위스

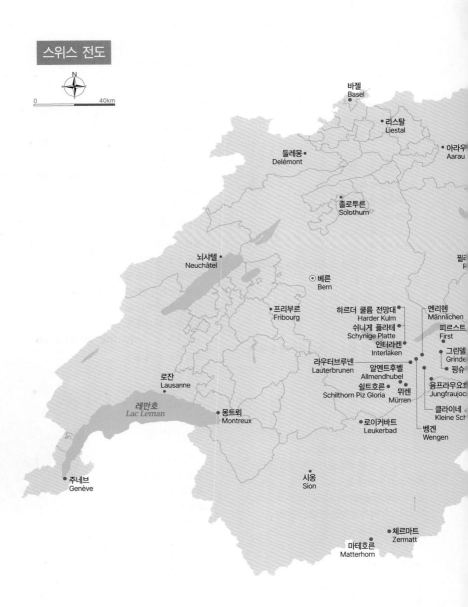

스위스 전도

N

0   40km

바젤
Basel

리스탈
Liestal

들레몽
Delémont

아라우
Aarau

졸로투른
Solothurn

뇌샤텔
Neuchâtel

필라
F

베른
Bern

하르더 쿨름 전망대
Harder Kulm

멘리헨
Männlichen

쉬니게 플라테
Schynige Platte

피르스트
First

프리부르
Fribourg

인터라켄
Interlaken

그린델
Grinde

라우터브루넨
Lauterbrunen

핑슈

알멘트후벨
Allmendhubel

융프라우요ㅎ
Jungfraujoc

쉴트호른
Schilthorn Piz Gloria

뮈렌
Mürren

클라이네
Kleine Sch

로잔
Lausanne

레만호
Lac Leman

몽트뢰
Montreux

로이커바트
Leukerbad

벵겐
Wengen

주네브
Genève

시옹
Sion

체르마트
Zermatt

마테호른
Matterhorn

⊙ 수도
● 책에서 소개하는 지역

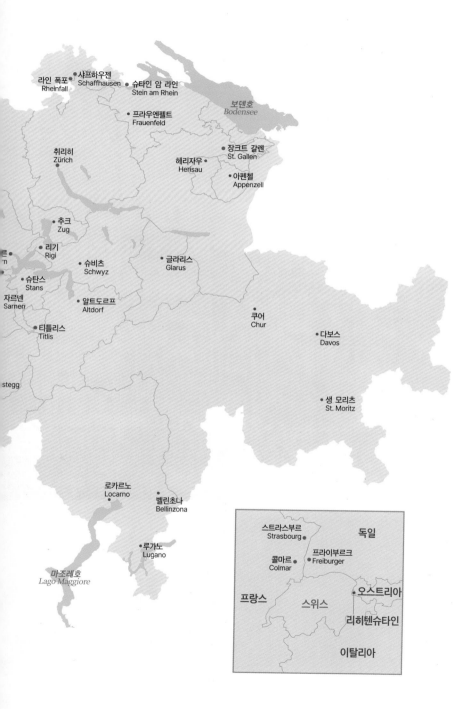

라인 폭포
Rheinfall

샤프하우젠
Schaffhausen

슈타인 암 라인
Stein am Rhein

보덴호
Bodensee

프라우엔펠트
Frauenfeld

취리히
Zürich

장크트 갈렌
St. Gallen

헤리자우
Herisau

아펜첼
Appenzell

추크
Zug

리기
Rigi

름
n

슈비츠
Schwyz

글라리스
Glarus

슈탄스
Stans

자르넨
Sarnen

알트도르프
Altdorf

쿠어
Chur

티틀리스
Titlis

다보스
Davos

stegg

생 모리츠
St. Moritz

로카르노
Locarno

벨린초나
Bellinzona

루가노
Lugano

마조레호
Lago Maggiore

스트라스부르
Strasbourg

독일

콜마르
Colmar

프라이부르크
Freiburger

프랑스

스위스

오스트리아

리히텐슈타인

이탈리아

스위스 알아가기
Things to know about Switzerland

스위스 한눈에 보기

바젤 Basel

세련되고 멋있는 현대건축물의 각축장. 다국적 기업들이 모여 있고 세계에서 가장 오래된 공공 미술관이 자리하며 여러 축제가 열리는 신나는 도시.

취리히 Zürich

호수를 끼고 있는 다양한 모습의 스위스 최대 도시. 세련된 도시 풍경만큼이나 자연과 미식, 예술이 두루 매력적인 곳이다.

주네브 Genève

원하는 나라의 음식 어떤 것이든 먹을 수 있는 국제도시. 높이 솟아오르는 분수만큼이나 국제도시라는 위상에 대한 자부심이 가득한 곳이다.

베른 Bern

고즈넉한 구시가와 곳곳에 서 있는 분수의 물소리로 가득한 스위스의 수도. 예전 모습을 잘 간직하고 있는 구시가와 그곳의 끝자락에 자리한 곰 공원에서 휴식을 취하고 있는 곰들을 보고 있노라면 절로 평화로움이 전해진다.

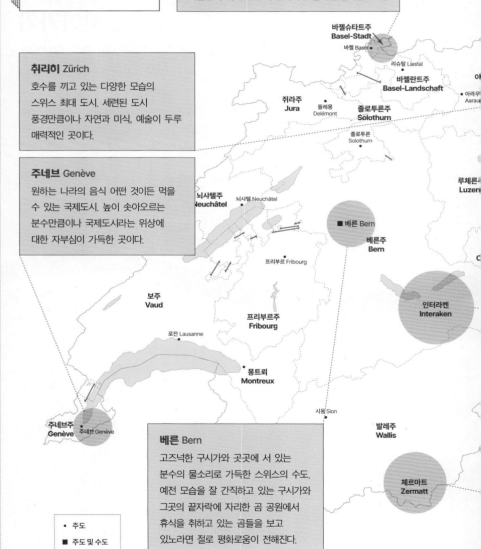

바젤슈타트주
Basel-Stadt
바젤 Basel

리슈탈 Liestal
바젤란트주
Basel-Landschaft

아라우
Aarau

쥐라주
Jura
들레몽
Delémont

졸로투른주
Solothurn
졸로투른
Solothurn

루체른주
Luzern

뇌샤텔주
Neuchâtel
뇌샤텔 Neuchâtel

■ 베른 Bern
베른주
Bern

프리부르 Fribourg

인터라켄
Interaken

보주
Vaud

프리부르주
Fribourg

로잔 Lausanne

몽트뢰
Montreux

시옹 Sion

발레주
Wallis

주네브주
Genève 주네브 Genève

체르마트
Zermatt

- 주도
- ■ 주도 및 수도

샤프하우젠주
Schaffhausen
샤프하우젠 •
Schaffhausen

투르가우주
Thurgau
• 프라우엔펠트
Frauenfeld

취리히주
취리히 **Zürich**
Zürich

장크트 갈렌
St. Gallen •

헤리자우 Herisau

아펜첼 •아펜첼 Appenzell
아우서로덴주 **아펜첼**
Appenzell **이너로덴주**
Ausserrhoden **Appenzell**
Innerrhoden

장크트 갈렌주
St. Gallen

추크 Zug
추크주
Zug

루체른
Luzern •

슈비츠 **슈비츠주**
Schwyz • **Schwyz**

글라루스 •
Glarus

글라루스주
Glarus

• 슈탄스 Stans
니트발덴주
Nidwalden

• 알트도르프
Altdorf

우리주
Uri

• 쿠어 Chur

그라우뷘덴주
Graubünden

티치노주
Ticino

로카르노•
Locarno

•벨린초나 Bellinzona

•루가노 Lugano

루체른 Luzern

매년 아름다운 음악 축제가 열리는
낭만의 도시. 커다란 호수를 중심으로
리기, 필라투스, 티틀리스 등의 알프스가
자리하는데, 각기 다른 매력을 지니고 있어
저마다의 취향대로 알프스를 즐길 수 있다.

장크트 갈렌 St. Gallen

오래된 수도원이 자리하고 그 수도원
도서관에서 시작한 대학이 유럽 지성의
중심지가 된 도시. 특히 반짝반짝 빛나는
크리스마스 시장은 금세 이 도시와 사랑에
빠지게 한다.

인터라켄 Interlaken

두 호수 사이에 있는 알프스 여행의 전진기지.
다양한 모습의 알프스를 만끽할 수 있는 곳으로
자연 속에서 즐기는 다양한 레포츠도 매력적이다.

체르마트 Zermatt

굽이치는 기찻길을 따라가다 보면 만나는
천하제일 영봉의 도시. 도시 어디에서나 영롱한
마테호른의 모습을 바라볼 수 있다. 겨울에
방문한다면 순도 100%의 눈 위에서 즐기는 스노
스포츠를 경험해 볼 수 있다.

당신이 스위스와
사랑에 빠질 수밖에 없는 이유

REASONS TO LOVE SWITZERLAND

만년설과 알프스가 빚어내는 그림 같은 자연 속에서 완전한 힐링을 경험할 수 있는 스위스. 대자연 속에서 살아가는 이들이 만들어 낸 세련된 문화도 여행의 감흥을 더 크게 만들어 준다.

1.

만년설의 알프스

스위스 국토의 대부분을 차지하고 있는 알프스. 소박하고 아름다운 능선에서 시작해 하늘을 향해 우뚝 솟은 장대한 봉우리가 만들어내는 장엄함까지 선사한다.

2

탁 트인 호수

사방이 육지로 둘러싸인 스위스에서 바다의 역할을 하는 여러 호수. 두둥실 유람선을 타고 떠다니기도 하고, 호숫가에 만들어진 해변에서 해수욕을 즐기기도 한다. 무엇보다도 탁 트인 시야가 만들어 주는 시원함은 얼음이 필요 없다.

다양한 교통수단

이동하는 시간조차 여행이 되는 스위스. 초록색 자연 속을 내달리는 빨간색 기차가 산뜻하고 푸른 호수 위를 두둥실 떠다니는 흰색 유람선이 깔끔하다. 허공에 매달려 알프스로 올라가는 케이블카는 스릴만점!

세련되고 아름다운 건축물

'부의 사회 환원'이라는 모토 아래 만들어진 여러 건축물, 목적에 충실하고 주변 환경과 조화를 이루는 모습이 인상적이다.

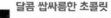

달콤 쌉싸름한 초콜릿

질 좋은 우유가 농축되어 들어 있는 초콜릿은 스위스 여행에서 빼놓을 수 없는 요소. 단 한 조각으로 여행의 피로가 씻겨 내려간다.

테마로 알아보는 스위스

THEME IN SWITZERLAND

스위스의 풍경을 테마별로 한눈에 알아보자. 천혜의 자연부터 아름다운 건축물, 작가의 열정 가득한 미술관, 평화로운 호수까지, 사진으로 먼저 떠나는 여행을 즐겨보자. 앞으로 떠날 여행길에서 만나게 될 풍경들을 미리 눈에 익혀두면 절대 놓치지 않을 수 있다.

산

THEME 01

'스위스는 알프스'라는 공식이 있을 정도로 알프스는 스위스 여행 중 빼놓을 수 없다. 산에 오르며 이 산에 오를 수 있게 모든 시설을 만든 이들에게 감사를, 그리고 오늘도 산을 오르는 알피니스트들에게 경의를 보낸다.

◀ 융프라우요흐 Junfraujoch P.206
딱 한 곳의 산에만 가야 한다면 주저 없이 추천하는 곳. 등산열차 탑승부터 시작되는 여행은 다채로운 풍경과 경이로운 풍경을 함께 보여준다.

◀ **피르스트** First P.185

아늑한 자연 속에서 보내는 평화로
운 힐링의 시간은 번잡한 도시에서
느낄 수 없는 여유로 가득하다.

▲ **쉴트호른** Schilthorn P.226

영화 《007》 시리즈의 마니아라면 지나칠 수 없는
산. 옆에서 바라보는 베르네제 오버란트 3대 봉우
리도 멋있다. 오고 가는 길에 자리한 뮈렌의 풍경은
보너스!

▼ 리기 Rigi P.129

산 중의 여왕이라는 별칭이 100% 어울리는 산.
우아한 능선을 타고 걸어 내려가며 멀리 보이는
호수의 풍경을 감상하는 것도 좋다.

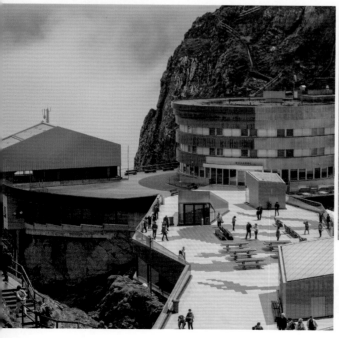

◀ 필라투스 Pilatus P.134

거칠고 험난한 날것 그대로의
산. 용이 산다는 전설을 따라
용의 길을 걸어 보는 것도 색
다른 경험이 될 것이다.

◀ **티틀리스** Titlis **P.138**

천사들이 산다는 아름다운 마을에서 빙글빙글
돌아가는 케이블카를 타고 올라가면 만년설과
아찔한 다리가 펼쳐진다.

▲ **마테호른** Matterhorn **P.262**

당당하고 아름답게 우뚝 솟아 있는 바위산은 무척 경이롭다. 산과 팔짱
을 끼고 걷는 듯한 기분의 하이킹 코스도 일품이고 전망대에 따라 달라
지는 산의 모습은 지루할 틈이 없다.

현대 건축물
THEME 02

부의 사회 환원이 이루어지는 현장. 현재 가장 왕성히 활약하고 있는 현대 건축가들의 작품이 모인 스위스에서 멋진 건축물을 감상해보자.

비트라 캠퍼스 Vitra Campus in 바젤 Basel P.335

위치는 독일이지만 바젤에서 더 많이 방문하는 세계적인 가구 공장. 가구 브랜드의 명성만큼이나 이름 높은 작가들의 건축물이 가득하다.

르 코르뷔지에 센터 Pavillon de Le Corbusier in 취리히 Zürich P.88

몬드리안의 〈콤퍼지션〉을 3D로 재현한듯한 건물. 단정한 르 코르뷔지에의 마지막 건물로 발랄한 느낌마저 든다.

파울 클레 센터 Zentrum Paul Klee in **베른** Bern **P.244**
언덕 위에서 굽이치는 건물. 멋진 작품들이 전시되고 있는 멋진 공간이다.

더 호텔 루체른, 오토그래프 컬렉션 The Hotel Luzern, Autograph Collection in **루체른** Luzern **P.123**
장 누벨이 디자인한 매혹적인 공간. 객실 천장마다 다른 영화 장면도 멋지고 바의 분위기도 좋다.

부러진 의자 Broken Chair in **주네브** Genève **P.309**
대인 지뢰 사용 반대에 대한 목소리를 끊임없이 던지는 설치 미술 작품. 이 작품이 서 있는 곳엔 국제연합 유럽본부를 포함해 많은 국제기구 건물들이 자리하고 있다.

SPECIAL PAGE

스위스 출신 현대 건축가
마리오 보타와 르 코르뷔지에

스위스는 걸출한 현대 건축가를 탄생시킨 나라이기도 하다. 유명 건축가들이 활발하게 활동하고 있지만 오늘날 현대 건축에 한 획을 그은 마리오 보타와 르 코르뷔지에에 대해 알아보자. 두 사람 모두 대형 건물보다는 소형 주택에 중점을 두고 작업을 시작했다는 공통점이 있다.

고타드 은행 Banca del Gottardo, 루가노

란실라 1 Ransila 1, 루가노

마리오 보타 Mario Botta (1943~)

서울 교보생명 강남타워와 한남동 리움 미술관을 설계해 우리에게도 친숙한 건축가로 스위스 남부 이탈리아와 국경지대인 티치노 Ticino 지방 멘드리지오 Mendrisio 출신이다. 기하학 형태, 홈이 파인 띠로 구성되는 파사드, 그리고 철저하고도 환상적인 디테일을 마리오 보타의 3대 요소라고 한다. 그는 '건축이 아름다운 풍경 속에 있음으로써 완성되는 것이 아니라, 그 건축에 의해 풍경이 아름다워지는 것'이라는 신념을 갖고 작업한다.

그의 대표적인 건축물은 1990년대 초기까지 대형 건물보다는 소형 주택에 집중되어 있었고, 티치노 지방 루가노 Lugano에서 그의 건축물을 둘러보는 투어를 운영한다.

주요 작품으로는 루가노의 은행, 벨린초나와 루가노의 주상복합 건축물, 포르데노네 교회 Chiesa del Beato Odorico da Pordenone(이탈리아), 바젤의 스위스 은행 BIS(P.328~329), 팅겔리 미술관 Museum Tiguely(P.329, P.332), 리가산 중턱의 리기 칼트바트 호텔 Hotel Rigi Kaltbad의 미네랄바트&스파 리기 칼트바트 Mineralbad&SPA Rigi Kaltbad(P.133) 등이 있다.

르 코르뷔지에 Le Corbusier (1887~1965)

스위스 시계 산업의 중심지 라 쇼드퐁 La Chaux-de-Fonds 태생 건축가로 '콘크리트의 마법사', '근대 건축의 아버지'라고 불린다. 주로 프랑스에서 활동했으며 마지막 작품은 취리히에 있다(P.88). 1920년대에 시작된 근대합리주의 건축의 국제적 양식 속에 서양 건축의 기조인 고전주의 미학을 조화시켜, 철근콘크리트 건축의 새로운 국면을 개척했다. '집은 살기 위한 기계'라는 신조를 가지고 근대건축국제회의를 주재하기도 했다.

롱상 성당 La Chapelle Notre-Dame du Haut, 프랑스

주요 작품으로는 근대 건축 5원칙(필로티 Pilotis, 옥상 정원, 열린 평면, 자유로운 파사드, 길게 연결된 창)을 확립한 파리 근교 푸아시의 빌라 사보이 Villa Savoye, 마르세유의 유니테 다비타시옹 Unit d'Habitation 등의 주택과 롱상 성당 La Chapelle Notre-Dame du Haut, 리옹 근교의 라 투레트 수도원 Convent Sainte-Marie de La Tourette(이상 프랑스), 슈투트가르트 주택 박람회의 집 Villas at Weissenhof Estate(독일), 도쿄 국립서양미술관 National Museum of Western Art(일본) 등이 있다. 말년에 인도 찬디가르 Chandigarh의 신도시 건설을 주관했으며 최고재판소, 의사당 건물 등이 그의 작품이다.

고전 건축을 재해석하고 현대 건축의 토대를 마련한 공로를 인정받아 르 코르뷔지에의 건물들은 2016년 유네스코 세계문화유산에 등재되었는데 이는 한 작가의 작품이 대륙을 넘어서 지정된 최초의 사례다.

빌라 사보아 Villa Savoye, 푸아시 Poissy

찬디가르 펀자브 주 고등법원 Punjab and Haryana High Court, 인도 / ⓒ인도환타 전명윤

미술관&박물관
THEME 03

스위스를 여행하다 보면 경이로운 풍경에 묻혀 자칫 지나치기 쉬운 곳이 미술관과 박물관이다. 멋진 건물 속에 담긴 훌륭한 작품과 독특한 주제의 박물관을 돌아보자.

바이엘러 재단 Fondation Beyeler in 바젤 Basel P.333

연못 위를 덮고 있는 캐노피가 우리네 정자 亭子를 생각나게 하는 미술관. 통창과 연못에 꽃이 피면 모네의 〈수련〉이 실제로 보이는 기분이다.

교통박물관 Verkehrshaus 루체른 Luzern P.113

커다란 테마파크 같은 박물관. 탈것을 좋아하는 아이들에게는 천국과도 같은 곳이다. 현재 운영되는 모든 교통수단을 체험할 수 있고 한쪽에서는 달콤한 초콜릿도 맛볼 수 있다.

취리히 미술관 Kunsthaus Zürich in 취리히 Zürich P.86

단아한 건물 속에 멋진 작품이 자리 잡고 있다. 후기 고딕 양식의 그림부터 현대 스위스 화가들까지 폭넓은 컬렉션을 자랑한다. 미술관 들어가기 전에 있는 로댕의 〈지옥의 문〉 감상도 잊지 말 것.

베른 역사박물관&아인슈타인 박물관
Bernisches Historisches Museum&
Einstein Museum in **베른** Bern **P.245**

중세 고성 같은 건물 안에 가득한 볼거리.
베른의 역사를 보여주는 유물과 위대한 물
리학자의 발자취를 한곳에서 볼 수 있다.

국제적십자·적신월 박물관
Musée International de la
Croix-Rouge ut du Croissant-Rouge in
주네브 Genève **P.309**

국제적십자사 활동을 홍보하기 위해 세운
박물관. 상설 전시도 의미 있고 좋지만 시
대적 흐름과 자신들의 역할을 알리는 기
획 전시 평가가 좋다.

크리펜벨트 박물관 Krippenwelt in
슈타인 암 라인 Stein am Rhein **P.99**

예수그리스도의 탄생을 모티브로 한 여러 모형과
인형이 가득한 박물관. 각국의 향기가 풍기는 인형
들로 시간 가는 줄 모르는 곳이다.

만년설로 뒤덮인 알프스 봉우리 등정도 큰 매력이지만 추위와 고산병이 무섭고 두렵다면 기차 안에서 스위스 자연을 만끽할 수 있는 특급열차를 이용해 보는 건 어떨까? 가만히 앉아 창밖을 지나가는 아름다운 풍경들을 보고 있노라면 지루할 것으로 생각했던 기차 이동이 즐거움으로 바뀔 것이다.

굽이굽이 흐르는 기찻길을 따라 잠시 모든 것을 잊고 여행을 떠나보자. 커다란 창밖으로 보이는 풍경과 맛있는 음식이 있어 더없이 행복하다. 모든 열차는 유레일 패스·스위스 패스로 탑승 가능하고(일부 구간은 요금 할인 혜택) 파노라마 열차의 경우 예약이 필요하다.

스위스 특급열차
THEME 04

— 골든패스 익스프레스&루체른-인터라켄 익스프레스
— 빙하특급
— 고타드 파노라마 익스프레스
— 베르니나 특급
▨ 빙하 특급/베르니나 특급 공통 구간
▨ 유람선 이동 구간

바젤
Basel

루체른
Luzern

필라투스
Pilatus

⊙ 베른
Bern

브리엔츠
Brienz

마이링겐
Meiringen

슈피츠
Spiez

인터라켄
Interlaken

베르네제 오버란트 지역
Bernese Oberland

오베르빌
Oberwa

로잔
Lausaanne

츠바이짐멘
Zweisimmen

몽트뢰
Montreux

레만호
Lac Léman

비스프
Visp

브리크
Brig

주네브
Genève

체르마트
Zermatt

마테호른
Matterhorn

골든패스 익스프레스&루체른-인터라켄 익스프레스 P.36
Goldenpass Panoramic&Luzern-Interlaken Express
여행자들이 접근하기 가장 좋은 노선이다. 몽트뢰에서 츠바이짐 멘 사이의 아기자기한 자연과 인터라켄과 루체른 사이의 호수 풍 경이 매우 아름답다.

빙하 특급 Glacier Express P.28

굽이굽이 알프스 고산지대 약 270km의 구간을 총 7시간 30분에 걸쳐 주파하는 노선으로 세계에서 가장 느린 특급열차로도 유명하다. 시시각각 변하는 빛과 풍경이 재미있고 좌석에서 서빙 받는 식사도 여행의 색다른 재미.

베르니나 특급 Bernina Express P.30

쿠어에서 이탈리아 티라노까지 스위스 동남부를 남북으로 가로지르는 노선으로 145km에 걸쳐 그림 같은 스위스의 산악마을의 풍경을, 눈부시게 빛나는 장대한 빙하와 맑은 호수를 보여준다. 여름철 티라노에서 루가노까지 운행하는 버스 노선도 아름답기로 소문난 구간.

고타드 파노라마 익스프레스 P.34
Gotthard Panorama Express

잔잔한 스위스의 아름다운 자연을 볼 수 있는 노선. 호수를 건너는 유람선과 열차가 연결되는 특이한 코스다. 일등석 패스 소지자라면 예약 후 선상에서의 점심식사를 즐겨보자.

빙하 특급 Glacier Express

세계에서 가장 느린 특급열차라는 별명을 가진 빙하 특급은 체르마트 Zermatt와 동계 올림픽 개최지이며
겨울 리조트로 유명한 생 모리츠 St. Moritz, 세계 경제포럼 개최지 다보스 Davos 사이를 운행하는 열차다.
약 270km 거리를 평균 시속 35km로 8시간에 걸쳐 주파하며 3개의 봉우리를 넘고 7개의 계곡과
91개의 터널과 291개의 다리를 건넌다.

홈페이지 www.glacierexpress.ch
운행 기간 여름 5/4~10/12, 겨울 12/8~2025년 5월 초순, 운휴 기간 10/13~12/7

빙하 특급 노선

빙하 특급 운행 시간표 여름 2024/5/4~10/12

07:52	08:52	09:52	-	체르맛 Zermatt	-	17:10	18:10	20:10
09:10	10:10	11:10	14:18	브리그 Brig	13:40	15:40	16:40	18:40
10:46	11:46	12:46	15:46	안데르마트 Andermatt	11:52	13:52	14:52	16:52
11:56	12:56	13:56	16:56	디센티스 Disentis	10:28	12:18	13:28	15:28
13:25	14:25	15:25	18:25	쿠어 Chur	09:04	10:56	11:55	14:26
	15:42	16:42	20:00	필리주어 Filisur(다보스 행 열차 환승역)	08:01	09:49	10:43	
	16:28	17:30	20:45	사메딘 Samedan	07:15	09:01	09:50	
	16:37	17:37	21:00	생 모리츠 St. Moritz	07:02	08:51	09:18	

빙하 특급 운행 시간표 겨울

2023/12/16~2024/1/7 & 2/3~5/3	2023/12/9~2024/5/3		2023/12/9~2024/5/3	2023/12/16~2024/1/7 & 2/3~5/3
07:52	08:52	체르맛 Zermatt	17:10	18:10
09:10	10:10	브리그 Brig	15:40	16:40
10:46	11:46	안데르마트 Andermatt	13:52	14:52
11:56	12:56	디센티스 Disentis	12:18	13:28
13:25	14:25	쿠어 Chur	10:56	11:55
14:42	15:42	필리주어 Filisur(다보스 행 열차 환승역)	09:49	10:43
15:28	16:28	사메딘 Samedan	09:01	09:50
15:37	16:37	생 모리츠 St. Moritz	08:51	09:42

빙하 특급 이용 팁

1. 파노라마 좌석은 예약제이며 여행 거리에 따라 요금이 조금씩 다르다. 원하는 자리가 있다면 예약할 때 요청하자. 좌석 예약비는 CHF44/49.
2. 파노라마 좌석에도 프리미엄이 있다. 비행기 1등석 같은 분위기와 서비스가 제공되는 엑셀런트 클래스는 객차 좌석 예약비가 CHF470. 라운지 바를 이용할 수 있고 5코스 식사가 서빙된다.
3. 좌석 예약과 함께 식사 예약도 가능하다. 단품 메뉴는 CHF36, 코스 요리는 CHF42~54.
4. 빙하 특급 내에서만 구입할 수 있는 기념품도 마련되어 있다. 지나가는 카트를 눈여겨보자.

Travel tip!

베르니나 특급 Bernina Express

변화무쌍한 풍경 사이를 달리는 특급열차로 이동하는
내내 잠시도 창밖에서 눈을 뗄 수가 없다. 푸른 초원을
달리다 빙하가 만든 호수를 지나고 만년설을 지나 다시
따뜻한 햇살 가득한 평원을 지나는데 정신이 없을 정도
다. 투시스부터 생 모리츠/생 모리츠부터 티라노 구간
은 유네스코 세계문화유산으로 지정되었다.

홈페이지 www.rhb.ch
운행 기간 연중무휴, 단 티라노-루가노 간 버스는 시기별로
운행이 다르다. 뒷면 참조.

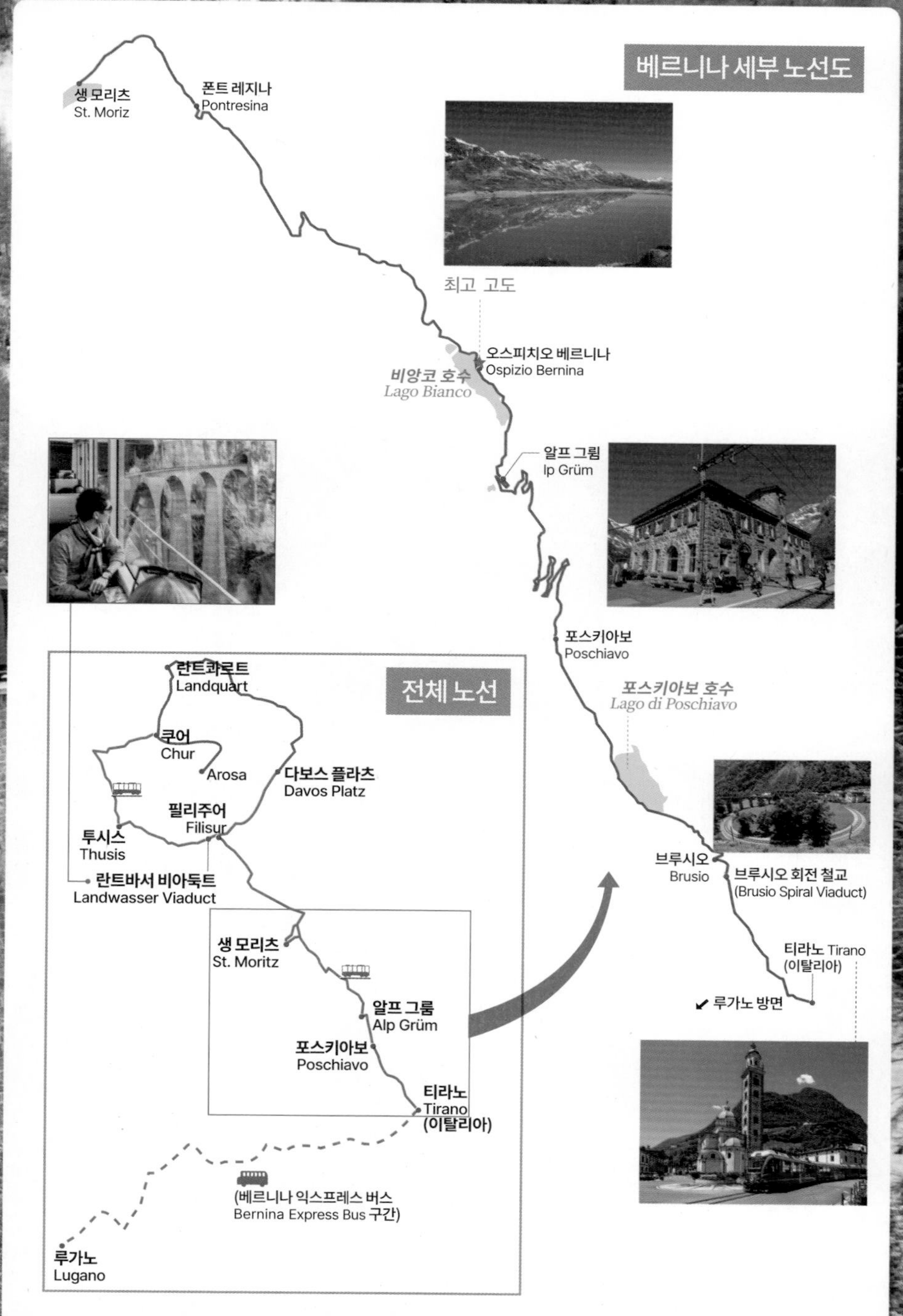

생 모리츠
St. Moriz

폰트 레지나
Pontresina

최고 고도

오스피치오 베르니나
Ospizio Bernina

비앙코 호수
Lago Bianco

알프 그륌
Ip Grüm

포스키아보
Poschiavo

포스키아보 호수
Lago di Poschiavo

전체 노선

란트콰르트
Landquart

쿠어
Chur

Arosa

다보스 플라츠
Davos Platz

필리주어
Filisur

투시스
Thusis

란트바서 비아둑트
Landwasser Viaduct

생 모리츠
St. Moritz

알프 그륌
Alp Grüm

포스키아보
Poschiavo

티라노
Tirano
(이탈리아)

(베르니나 익스프레스 버스 구간)
Bernina Express Bus 구간)

루가노
Lugano

브루시오
Brusio

브루시오 회전 철교
(Brusio Spiral Viaduct)

티라노 Tirano
(이탈리아)

루가노 방면

베르니나 특급 운행 시간표

Train 971 ❶	Train 951 ❷	Train 973 ❶	Train 955 ❶	Train 975 ❸			Train 950 ❶	Train 972 ❸	Train 974 ❶	Train 952 ❷	Train 976 ❶
	08:28		13:34		▼ ▼	쿠어 Chur	▲ 12:22			18:22	
09:17		13:17		16:14	▼	생 모리츠 St. Moritz	▲	12:35	15:45		18:25
11:32	12:49	15:31	17:59	18:39		티라노 Tirano	08:06	10:06	13:17	14:24	16:06

❶ 2024/5/11~10/27 ❷ 연중 ❸ 금~토 2023/12/10~2024/03/31 매일 2024/4/5~5/10, 12/7~12/10

※ 시간표는 예고 없이 바뀔 수 있으니 여행 전 미리 확인 필요

※ 티라노 → 루가노 버스 14:20, 좌석 예약비 CHF14/16
　 2024/2/15~3/24, 10/31~11/24 목~일 운행, 2024/3/28~10/27 매일 운행

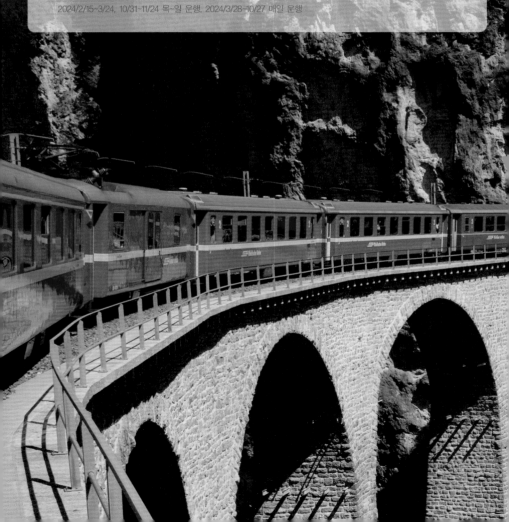

베르니나 특급 이용 팁

1 파노라마 좌석은 예약제이며 시기별, 여행 거리별 요금이 다르다. 좌석 예약비는 CHF28/32/36.

2 식당차나 음식은 제공되지 않고 작은 스낵카만 있다. 미리 간식이나 물을 준비하자.

3 파노라마 열차가 쾌적하긴 하나 사진 촬영은 조금 불편하다. 사진 촬영이 목적이라면 일반 열차를 타고 이동하는 것도 좋다.

고타드 파노라마 익스프레스
Gotthard Panorama Express

빌헬름텔 익스프레스라는 이름으로 운행되던 노선
으로 유람선과 파노라마 열차가 결합되었다. 루체
른에서 유람선을 타고 출발해 플뤼엘렌 Flüelen에
서 파노라마 열차로 갈아타고 루가노나 벨린초나
로 가는 노선이다. 이동 거리는 182km, 소요 시간
은 5시간 30분.

고타드 파노라마 익스프레스 노선

루가노 호수
Lago di Lugano

벨린초나
Bellinzona

비아스카
Biasca

루가노
Lugano

로카르노
Locarno

마조레 호수
Vierwaldstättersee

플뤼엘렌
Flüelen

브루넨
Brunnen

아이롤로
Airolo

괴셰넨
Göschenen

비츠나우
Vitznau

생 고타르 터널
Gotthardbahntunnel

피어발트슈테터 호수
Vierwaldstättersee

루체른
Luzern

빌헬름텔 기념비, 유람선 타고 가다 보면 안내 방송이 나온다.

고타드 파노라마 익스프레스 운행 시간표 유람선 2024/4/20~10/20, 화~일요일		
11:12 ▼	루체른 Luzern	▲ 14:47
13:55 ▼	플뤼엘렌 Flüelen	▲ 12:00

고타드 파노라마 익스프레스 운행 시간표 파노라마 기차		
14:09	플뤼엘렌 Flüelen	11:38
14:47 ▼	괴셰넨 Göschenen	▲ 11:05
16:06 ▼	벨린초나 Bellinzona	▲ 09:53
16:41	루가노 Lugano	09:18

고타드 파노라마 익스프레스 이용 팁

Travel tip!

1. 1등석 유람선 좌석에는 식사가 포함되어 있다. 맛있게 먹으며 여행하자. 좌석 예약비는 1등석 CHF29, 2등석 CHF17.50.
2. 스위스 패스 소지자는 좌석 예약비만 내면 되지만 유레일 패스 소지자는 1등석 CHF41, 2등석 CHF75의 요금을 별도로 지불해야 한다.
3. 파노라마 열차에서는 스낵카를 이용할 수 있다. 간식을 준비하자.

골든패스 익스프레스 GoldenPass Express &
루체른-인터라켄 익스프레스 Luzern-Interlaken Express

몽트뢰에서 출발해 루체른까지 이어지던 것이 분리 운영되는 노선이다. 여행자들이 가장 접근하기 좋은 구간으로 시간상 다른 노선들을 이용하지 못해 아쉽다면 그 아쉬움을 풀 수 있는 구간이다. 깜찍하고 아기자기한 자연 속을 달리는 노선으로 몽트뢰에서 인터라켄까지는 골든패스, 인터라켄에서 루체른까지는 루체른-인터라켄 익스프레스로 부른다. 시간이 맞는다면 중간에 슈피츠 Spiez에서 내려서 유람선을 이용하는 것도 재미있다.

Travel tip!

골든패스 익스프레스 & 루체른-인터라켄 익스프레스 이용 팁

1 파노라마 열차 VIP 좌석이 아닌 이상 예약은 필요 없다. 다만 인기 노선이니 성수기에는 예약하는 것이 좋다. 좌석 예약비는 몽트뢰~츠바이짐멘 VIP 좌석 CHF15, 인터라켄~루체른 CHF8~10.

2 시간대별로 다른 형태의 열차가 운행한다.

3 루체른에서 인터라켄으로 올 때는 진행 방향의 오른쪽에 앉자. 호수를 달리는 풍광이 매우 아름답다.

루체른
Luzern

필라투스
Pilatus 2,129m

피어발트
슈테터 호수
Vierwald
stättersee

루체른-인터라켄
익스프레스 구간

브리엔츠
Brienz

툰 호수
Thuneersee

마이링겐
Meiringen

브리엔츠 호수
Brienzersee

슈피츠
Spiez

인터라켄 동역
Interlaken OST

츠바이짐멘
Zweisimmen

주네브 방면

몽트뢰
Montreux

샤토 데
Château-d'Oex

그슈타트
Gstaad

레만 호수
Lac Leman

골든패스 구간

시옹성
Château de
Chillon

골든패스 익스프레스 & 루체른-인터라켄 익스프레스 운행 시간표

07:34	09:34	12:34	14:34	몽트뢰 Montreux		12:20	14:20	17:30	19:30
09:29	11:29	14:29	16:29	츠바이짐멘 Zweisimmen		10:20	12:20	15:20	17:20
10:50	12:50	15:50	17:50	인터라켄 동역 Interlaken OST		09:08	11:08	14:08	16:08
11:04	13:04	17:55	19:55	루체른 Luzern		07:06	09:06	12:06	14:06

하이킹
THEME 05

스위스 곳곳에는 6만km에 달하는 하이킹 코스가 있다. 전문 산악 장비가 필요한 알핀 코스부터 가볍게 산책하는 기분으로 걸을 수 있는 곳까지 폭넓은 난이도를 가진 코스들이 있으니 한 코스 정도는 등산열차나 케이블카의 힘을 빌리지 말고 두 발로 걸어보자.

하이킹을 마음껏 즐기는 방법
· **표지판 읽는 법**을 알아두자

1 현재 위치와 고도
2 목적지
3 소요 시간
4 평범한 난이도로 산책하듯 걸을 수 있다

5 트레킹화를 준비하면 좋은 코스
6 코스 명칭
7 산악 자전거 코스

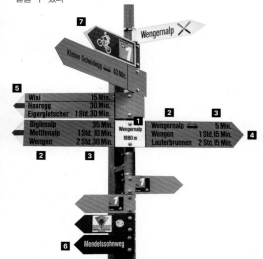

하이킹 주의사항

· 날씨에 따라 조금 다르지만 **얇은 옷을 겹쳐 입는 것이 체온 유지에 좋다.**
  선글라스도 필수.
· **물과 에너지 보충을 위한 약간의 간식을 준비하자.** 화장실은 보이는 곳
  에서 꼭 다녀올 것.
· **걷는 구간의 등산열차와 케이블카 운행 시간표를 알아두자.** 풍경에 취해
  넋 놓고 걷다 막차를 놓치곤 어둑한 길을 휴대폰 조명에 의지해 내려올
  수도 있다.
· **하이킹 코스는 날씨에 따라 개장 여부가 나뉜다.** 등산열차 역이나 케이
  블카 정류장에 안내가 되어 있으니 참고하자. **주로 눈 녹기 시작하는 시
  즌부터 눈 내리기 시작하는 시즌까지** 하이킹 코스는 개방되며 비가 오면
  미끄러워 넘어질 염려가 있어 그리 권하지 않는다.

Travel tip!

운동을
잘하지 못하는데
하이킹이 가능할까요?

본인이 저질 체력의 소유자
라 하이킹을 즐기고 싶어도
겁이 난다면, 산에 올라갈
땐 문명의 이기인 등산열
차, 케이블카를 이용하고 주
로 내리막길을 걷는 코스로
하이킹을 즐겨보자. 관광청
에서 발행하는 하이킹 안내
지도 중 난이도 LOW의 코
스를 선택하면 좋다.

스위스 대표 하이킹 코스

융프라우 지역

융프라우 아이거 워크 Junfrau Eiger Walk P.205

빙하 지대에서 벗어난 첫 번째 역 아이거글렛쳐에서 클라이네 샤이덱까지 걷는 길로 약간 가파르다. 중간에 놓인 인공호숫가에서 족욕으로 피로를 풀어보자.

클라이네 샤이덱에서 벵겐알프 가는 길 P.202

융프라우 하이킹 코스 중 가장 쉬운 코스. 이 지역에 왔는데 그냥 가기 아쉽고, 시간은 없을 때 선택하면 좋은 길이다.

피르스트에서 바흐알프 호수 가는 길 P.189
잔잔한 풍경 끝에 만나는 호수 속 알프스가 반가운 길. 걷다 만나는 들꽃과 인사를 나누자.

벵겐에서 라우터브루넨 가는 길 P.214
아름다운 산악 마을에서 호젓한 오솔길을 따라 걷다 탁 트인 시야와 함께 만나는 폭포가 반가운 길.

체르마트 지역

로텐보덴에서 리펠알프로 가는 리펠 호수길 Riffelseeweg P.270

고르너그라트 아래 정류장 로텐보덴에서 호수에 담긴 마테호른을 보고 리펠알프까지 평탄한 평지를 내려가는
길이다. 호수 속 마테호른의 배웅을 받으며 걸어보자.

블라우헤르트에서 슈텔리 호수 가는 길 P.275

이 지역에서 가장 유명한 코스인 5개 호수의 길 중 첫 번째 구간. 오른쪽에 따라오는 마테호른과 함께 평탄한
길을 걸어보자.

소나무 숲의 길 Lärchenweg **P.286**

다른 길에 비해 난이도가 있는 코스지만 가파른 산길을 내려가며 보는 풍경이 일품이다. 곳곳에 쉬어갈 수 있는 빨간 벤치가 반갑다.

리펠알프에서 리펠베르크로 가는 마트 트웨인의 길 Mark Twain Weg **P.271**

가장 변화무쌍한 환경을 경험하며 걸을 수 있는 길. 가파른 절벽이 오싹하지만 재미있게 느껴진다.

스위스 미식

FOOD IN SWITZERLAND

내륙 지방에 자리 잡은 스위스는 산악 지대에서 생산되는 육류와 유제품으로 만든 치즈가 유명하며 독일, 프랑스, 이탈리아와 국경을 접하고 있어 주변 나라의 영향을 받은 음식들을 다채롭게 즐길 수 있다. 좋은 식재료와 좋은 공기, 그리고 여행이 가져다주는 좋은 기분과 함께 맛있는 스위스를 만끽해보자.

퐁뒤 Fondue

카켈롱 Caquelon으로 불리는 전통 도자기 냄비에 담긴 치즈를 녹여 빵을 찍어 먹는 요리. 주로 에멘탈 치즈와 그뤼에르 치즈를 녹이고 백포도주를 섞어 끓이는 음식으로 퐁뒤 뉴사텔로아즈 Fondue Neuchteloise라고도 부른다. 치즈에 들어간 알코올 때문에 퐁뒤를 먹으면 술을 마시지 않아도 얼굴이 달아오를지 모른다. 변형된 형식으로 냄비에 기름을 붓고 끓여 고기를 튀겨 먹는 퐁뒤는 퐁뒤 부르고뉴 Fondue Bourguignonne 또는 오일 퐁뒤 Oil Fondue라고 부른다.

오일 퐁뒤

앨플러마그로넨 Älplermagronen

대표적인 쇼트 파스타인 마카로니와 감자, 치즈, 크림, 양파로 만든 일종의 그라탱. 사과 조림을 얹어 먹는다. 부드럽고 감칠맛이 일품이다.

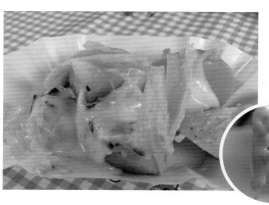

라클레트 Raclette

단단한 치즈를 녹여 껍질째 삶은 감자와 양파, 빵에 얹어 먹는 요리. 퐁뒤와 달리 치즈 고유의 맛을 느낄 수 있다. 직접 큰 치즈를 들고 와 녹여주기도 하고 소형 라클레트 그릴에 치즈를 직접 녹여 함께 나온 식재료에 올려서 먹기도 한다.

라클레트 그릴

뢰슈티 Rösti

스위스식 감자전이라고 불리는 요리로 채 썬 감자를 버터나 기름에 튀겨 납작하게 만든다. 단독으로 먹는 것보다는 위에 달걀을 얹거나 소시지와 곁들인다.

베르너 플라테 Berner Platte

'베른의 접시'라는 뜻으로 인근에서 생산되는 소고기와 돼지고기의 각 부위를 함께 삶은 뒤 감자와 당근 등 각종 채소를 곁들인 요리. 독일식 양배추절임인 사우어크라우트 Sauerkraut와 함께 먹는다.

코르돈 블뤼
Cordon Bleu

얇은 돼지고기 안에 치즈나 햄을 채워 튀긴 음식으로 치즈 돈가스를 떠올리면 된다. 이름 때문에 프랑스 요리라 생각되나 1940년대 브리그 Brig 지방에서 시작됐다고 전해지며 겉모습은 슈니첼과 비슷하나 훨씬 부드럽다.

케제슈니테
Käseschnitte

빵이 보이지 않도록 수북하게 치즈가 얹혀있는 치즈 토스트. 치즈 위에 햄이나 달걀프라이를 올려 준다. 한겨울 따끈하고 부드럽게 먹기 좋은 음식. 체르마트가 자리한 발레 Wallis주와 베르네제 오버란트 지역에서 많이 볼 수 있다.

취리히 게슈네첼테스
Zürcher Geschnetzelte

부드러운 송아지 고기 요리로 송아지 간과 버섯이 들어가기도 한다. 크림소스에 버무려, 뢰슈티 Rsti나 같은 완두콩이나 샐러드와 함께 먹는다.

올마 브라트부르스트
OLMA Bratwurst

장크트갈렌에서 열리는 축제 이름에서 온 소시지. 장크트갈렌뿐만 아니라 스위스 사람들이 매우 좋아하는 소시지라는 평가가 있다. 소시지의 맛을 그대로 느낄 수 있도록 소스 없이 먹기를 권한다.

리벨라 Rivella

치즈를 만들 때 나오는 유청에서 지방을 제거하고 칼륨, 마그네슘 등 미네랄 성분을 첨가한 탄산음료. 달면서 우유 맛이 나는 탄산수다. 스위스 국민의 95%가 마시는 일명 스위스 국민 음료.

스위스 맥주 Beer

스위스는 독일처럼 지역별로 양조장이 있고 지역 맥주가 생산된다. 스위스 내 최대 규모의 브랜드는 펠트슐뢰스헨 Feldschlsschen으로 1876년 라인펠트에서 시작되었다. 가장 오래된 브랜드는 쉬첸가르텐 Schtzengarten. 장크트갈렌에서 양조되는 맥주로 펠트슐뢰스헨보다 약 100년 빠른 1779년부터 맥주 양조를 시작했다.

스위스 와인 Wine

우리에게는 잘 알려지지 않았지만, 스위스 와인은 프랑스, 이탈리아 못지않은 품질을 자랑하며 주네브 주변의 라보 지역의 포도밭은 유네스코 세계문화유산으로 지정된 곳이기도 하다. 스위스 내에서 재배되는 포도는 200여 종으로 그중 40여 종이 스위스 내에서만 자란다고 한다. 게다가 스위스 와인은 2% 정도만이 수출되어 스위스 밖에선 맛보기 어렵다. 시원한 맥주도 좋지만 스위스에 가지 않으면 마시기 힘든 스위스 와인을 즐겨보자.

SPECIAL PAGE

스위스 슈퍼마켓 즐기기

많은 사람들이 여행 중 슈퍼마켓을 들르는 것을 좋아한다. 색다른 식재료와 재밌는 먹거리가 호기심을 더해준다. 스위스의 대표 슈퍼마켓인 미그로스 Migros와 쿱 Coop은 다양한 식품들이 가득한 공간으로 간식거리나 선물용 초콜릿을 사기에 좋다. 특히 주방이 있는 호스텔이나 아파트에 머문다면 여러 식재료를 이용해 레스토랑 못지않은 정찬을 즐길 수도 있다.

스위스 대표 슈퍼마켓

미그로스 Migros

자체 제작 PB상품이 많은 슈퍼마켓 체인으로 담배와 주류를 제외한 대부분의 식재료를 구입할 수 있다.

쿱 Coop

주로 기차역 부근이나 시내 주요 지점에 대형 매장이 많아 여행자들이 들르기 좋다. 비싸지만 한국 라면도 볼 수 있다.

편리한 반조리 식품들

선물용으로 좋은 초콜릿

진열대 가득한 치즈들

정겨운 한국 라면. 그러나 비싸다.

다양한 종류의 햄

다양한 요거트 제품

숙소에서 와인을 즐길 때
함께 하면 좋은 치즈 플레이트

무유 Milch를 고를 땐 유지방(Milchfett 또는 Grasse) 함량이 낮은 것이 소화불량의 위험이 적다.

여행 중 먹기 위해 간단히 만든 샌드위치

간단히 구워 먹은 안심 스테이크

소스 하나 곁들였을 뿐인데
훌륭한 요리로 재탄생됐다.

숙소에서 만난 여행자들과 함께한 식탁

슈퍼마켓에서 구입한 식재료로
먹음직스러운 한상차림이 완성됐다.

스위스 쇼핑
SHOPPING IN SWITZERLAND

물가 비싼 스위스에서 쇼핑? 하지만 여행에서 쇼핑의 즐거움을 빼놓으면 섭섭하다. 스위스에서 살 수 있는 물건의 가격대는 매우 폭넓다. 저렴한 엽서부터 고급 아파트 한 채 가격의 시계까지. 우선 가방의 빈자리부터 체크해보자.

맥가이버 칼(스위스 아미 나이프 Swiss Army Knife)

우리나라에서 맥가이버 칼로 잘 알려진 제품으로 스위스 군인들을 위해 제작되었다. 빅토리 녹스 Victorynox, 윙거스 Wingers 등의 브랜드가 유명하고 기능별로 가격은 천차만별. 일부 상점에서는 이름을 새겨주는데 선물용으로 좋다.

시계

가장 가격 차이가 큰 기념품이다. 고급 시계 브랜드의 탄생지인 스위스의 유명 브랜드 파텍 필립 Patek Philippe, 브레게 Breguet, 오데마 피게 Audemars Piguet, 바셰론 콘스탄틴 Vacheron Constantin부터 롤렉스 Rolex, 오메가 Omega 등 이름만으로도 친숙한 브랜드까지 시계 마니아들의 가슴을 떨리게 한다. 비싼 시계가 부담스럽다면 알록달록하고 폭넓은 디자인을 자랑하는 스와치 Swatch를 찾아보자. 벽에 거는 뻐꾸기 시계는 독특한 장식 소품으로도 인기 있다.

허브 제품

천혜의 자연에서 난 허브로 만든 여러 가지 물품들이 있다. 화장품부터 음료, 사탕, 약품까지 다양한 허브 제품이 있다. 이 중 필자가 가장 사랑하는 제품은 허브 사탕 리콜라 Ricola. 우리나라에서도 판매하는 리콜라는 기침에도 효과가 있을 정도로 유명하다. 허브를 이용한 기성 제품도 우수한 품질을 자랑하고 각 도시의 오래된 약국에서 특선 허브를 이용해 제조하는 제품들도 높은 품질을 자랑한다.

지그 SIGG 물병

최근 환경보호 측면에서 개인 물병을 소지하자는 움직임이 일고 있다. 그러한 추세와 잘 맞아 떨어지는 쇼핑 물품. 등산, 하이킹 때뿐만 아니라 평소에도 들고 다니기에 예쁘고 튼튼하다.

스노볼 Snowball

동그란 유리볼 안에 각 지역의 특색 있는 모습을 담은 스노볼. 특히 융프라우요흐 전망대의 알파인 센세이션을 구현한 스노볼은 전망대의 한 코너를 집 안에 가져온 것 같다.

냉장고 자석

각 도시의 대표 풍경을 보여주는 냉장고 자석. 작고 부피가 작아 가방에 넣기 좋고 가격도 부담 없다.

자수&뜨개질 제품

스위스의 긴 겨울밤 덕분에 발달했다는 자수와 레이스, 뜨개질 제품도 독특하고 훌륭한 소품이다. 선명한 색을 자랑하는 스웨터부터 손수건, 테이블보 등 다양한 제품이 있으니 잘 골라보자.

민속 의상

어린 조카나 동생에게 환영
받는 상품. 동화 속 주인공
하이디나 피터로 변신할 수
있다. 민속 의상이 부담스럽
다면 빨간 바탕에 흰색 십자
가가 그려진 티셔츠도 산뜻하
고 예쁘다.

봉제 인형

각 도시를 대표하는 동물 인
형은 어린 조카나 동생에게
좋은 선물. 특히 스위스를 대
표하는 의상을 입은 인형들
은 어른들도 좋아하는 기념
품이다.

카우 벨 Cow bell

하이킹 도중 만나는 청아한
소리의 출처. 방목되는 소들
의 목에 걸려 있는 종으로
크기와 문양이 다양해 취
향에 따라 고르기 쉽다. 현
관문이 열릴 때마다 스위스
여행을 다녀왔음을 알게 해
주는 소품.

퐁뒤 조리 기구

막상 사면 인테리어 소품으로 전락할
가능성이 높지만 스위스 여행을 기념할
수 있고 치즈를 좋아한다면 집에서도
퐁뒤를 만들 수 있다. 예쁜 조리 도구
를 좋아하거나 특별한 쇼핑을 하고 싶
은 이들에게 추천한다.

초콜릿

슈퍼마켓 자체 브랜드부터 최고급 수
제 브랜드까지 달콤 쌉싸름한 초콜릿의
세계는 무궁무진하다. 잘 알려진 린트
Lindt나 토블런 Toblerone 제품도 좋고
시칠리아 소도시 이름과 같은 라구사
Ragusa 초콜릿도 견과류와 초콜릿의
조화가 잘 어울린다. 더 고급스러운 수
제 제품을 찾는다면 스프렁글리 Sprungli
나 레데라 Laderach도 좋다. 한여름을
제외하고 선물용으로 좋은 상품.

프라이탁 Freitag

재활용 자재를 이용해 만드는
가방 및 소품 브랜드로 한
국보다 훨씬 저렴한 가격으
로 구입할 수 있다. 세상에
서 하나뿐인 빈티지 느낌의
제품을 좋아한다면 꼭 구입
해야 하는 제품이다.

Travel tip!

스위스 추천 쇼핑 명소

· 부커러 Bucherer & 키르호퍼 Kirchhofer
  여러 브랜드의 시계를 비교하며 구입하고 싶을
  때 찾는 곳.

· 에델바이스 숍 Edel Weiss Shop &
  하이마트베르크 Heimatwerk
  민속 의상이나 기념품을 구입하기 좋은 곳.

SPECIAL PAGE

별들의 속삭임이 가득한
스위스 크리스마스 시장

유럽 최대의 명절 크리스마스가 되면 유럽 각 도시의 주요 광장에는 크리스마스 시장이 선다. 예수 그리스도가
태어났던 마구간의 모습, 아기자기하게 꾸민 수공예 상점과 여러 먹거리, 그리고 따뜻한 장식으로 눈이 즐거운
스위스의 크리스마스 시장을 돌아보자.

장크트 갈렌

우아한 기품이 느껴지는 도시 장크트 갈렌은 크리스마스 시즌이 되면 별천지로 변모한다. 마르크트
광장을 중심으로 거리에는 형광등으로 만든 별이 장식되고 사람들은 연신 카메라 셔터를 누르기 바쁘
다. 마켓 주변에서 행인들에게 과자를 나눠주는 파란 옷의 산타도 재미있는 볼거리다.

취리히

스위스 최대 도시 취리히. 그만큼 바쁘고 붐비는 중앙역
은 크리스마스 시즌에는 거대한 쇼핑센터로 변한다. 스와로브스키사에서
기증하는 대형 트리가 세워지고 주변에는 아기자기한 소품 상점이 늘어선다.
빙글빙글 돌아가는 회전목마에서는 아이들의 웃음소리로 가득하다. 역 밖 반호프
거리에서는 환상적인 별비가 쏟아진다.

베른

차분한 분위기의 스위스 수도 베른. 도시 분위기처럼 시장 분위기도 차분하다. 베른광장 Brenplatz과 대사원 앞 광장 두 곳에 시장이 선다. 생강을 넣은 따뜻한 사과주스가 별미. 대사원 앞 광장으로 가고 싶다면 하늘에 매달린 별을 따라가자. 별들이 당신을 인도해줄 것이다.

주네브

스위스에서 가장 큰 호수를 끼고 있는 국제도시 주네브의
크리스마스 시장에선 몽블랑 거리에 매달린 우주선 같은 모형들이 가장
특색 있다. 몽블랑 거리를 따라 걷다 몽블랑 다리를 건너가자. 커다란 트리,
바닥에서 빛나는 조명과 함께 즐거움 가득한 사람들의 웃음이 가득한 또 다른
크리스마스 시장을 만나게 된다.

바젤

장난감들이 가득한 바젤의 크리스마스 시장에서는 잠시 어린 시절로 돌아갈 수 있을 것 같다. 상점마
다 늘어선 장난감들과 아이들의 웃음소리가 잘 어울린다. 대사원 앞 광장 나무에 매달린 별들과 함께
하는 크리스마스 마켓에서는 재미있는 먹거리도 풍부하다.

알고 가면 좋은 스위스 정보
Facts About Switzerland

한눈에 보는 스위스 기본 정보
스위스의 역사&문화
스위스 현지어 따라잡기
스위스 추천 여행 일정

한눈에 보는 **스위스 기본 정보**

국가명

스위스연방
Switzerland

라틴어 Confoederatio Helvetica/Helvetica,
독일어 Schweizerische Eidgenossenschaft/
Schweiz, 프랑스어 Confédération suisse/
Suisse, 이탈리아어 Confederazione Svizzera/
Svizzera, 로망슈어 Confederaziun svizra/Svizra

면적

41,293만㎢

한반도의 약 5분의 1,
세계 133위

수도

베른 Bern

인구

약 **873**만 명

2021년 기준

공용어

지역에 따라 쓰는
언어가 다르다.

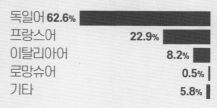

독일어 **62.6%**
프랑스어 **22.9%**
이탈리아어 **8.2%**
로망슈어 **0.5%**
기타 **5.8%**

종교

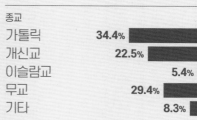

가톨릭 **34.4%**
개신교 **22.5%**
이슬람교 **5.4%**
무교 **29.4%**
기타 **8.3%**

통화

스위스 프랑(CHF)
또는 Sfr 보조통화 상팀(c)

CHF1 ≒ 1,495원
(2024년 4월 기준)

1CHF = 100c
지폐 : CHF10/20/50/100/500/1,000
동전 : CHF1/2/5,
5/10/20/50센트

국가번호

41

비자

무비자로
90일간 체류 가능

시차

우리나라보다 **8시간 느리다.**
서머타임 기간은 **7시간 느리다.**

전화

스위스 국내에서의 모든 전화는
시내전화, 시외전화 모두 '0'을 포함한
지역번호를 함께 입력해야 한다.

Travel tip!

여행하기 좋은 계절&여행 패션

·여행하기 좋은 계절
계절에 구애받지 않는, 사시사철 언제든 여행하기 좋은 나라다. 스위스의 최대 매력은 자연이고 자연은 언제나 아름답기 때문이다.

·여행 패션
한여름에도 서늘한 기운이 돌기 때문에 얇은 긴 소매 옷을 챙기는 것이 좋다. 알프스에 오를 예정이라면 사시사철 긴소매 옷, 카디건이나 스웨터는 필수. 만년설 때문에 선글라스 역시 꼭 지참해야 한다.

정치

내각책임제 하의 연방공화국.
7명의 각료가 입각 순서에 따라
윤번제로 대통령직을 1년씩 임기 수행.
2024년도 대통령 : 비올라 암헤르트
Viola Amherd

전압

220V, 50Hz.
콘센트 모양은 우리나라와 동일하지만
핀 사이 간격이 좁다.

공휴일(2024년 5월~2025년 6월)

5/12 예수승천대축일* **5/19**
성령강림축일* **5/21** 성령강림축일 다음
월요일* **8/1** 건국기념일 **12/24~26**
성탄절 연휴 **1/1** 새해 **1/6** 주현절
4/18 성금요일* **4/20** 부활절*
4/21 부활절 다음 월요일* **5/1** 노동절
6/1 예수승천대축일* **6/8** 성령강림축일*
6/9 성령강림축일 다음 월요일*
***해마다 날짜가 바뀌는 공휴일**

예산 짜기

빅맥지수 세계 1위의 위용을 자랑하는 스위스의
물가는 그만큼 어마어마하다. 게다가 알프스
여행을 계획한다면 등반 비용은 따로 책정해야
한다. 하지만 여행비를 아낄 수 있는 요소는
많다. 우선 각 도시에서 제공하는 **게스트카드를**
잘 활용하자. 교통비는 물론 입장료 혜택이 있는
카드도 있다. 또한 어디에서나 볼 수 있는 분수의
물도 여행비를 아껴주는 요소다. **스위스 트래블**
패스를 갖고 있다면 시내교통은 물론 거의 모든
미술관, 박물관을 무료로 입장할 수 있으며
알프스 등반 비용의 25~50% 할인이 가능하다.

주요 시설 영업 시간

관공서 월~금요일 09:00~18:00, 토요일 09:00~12:00
은행 월~금요일 08:00~16:30, 목요일 08:00~18:00
상점 월~금요일 09:00~19:000, 토요일 09:00~17:00
레스토랑 12:00~14:00, 17:30~22:00

지리

스위스는 프랑스, 오스트리아, 독일, 이탈리아와 국경을 맞대고 있는 내륙 국가로 **전 국토의 75%가 산악지대다.** 독일과 경계를 이루고 있는 북부 지역을 제외하고는 **산과 호수로 이루어진 지형**이다. 레만호 주변의 서부 지역은 프랑스어 문화권이고 마조레호 주변의 티치노 지역은 이탈리아어가 통용되고 그 외 지역에서는 독일어가 통용된다.

긴급 연락처

관공서 응급전화 144
경찰 117
여권 재발급 시 준비물 여권용 컬러사진 2장, 재발급 수수료 CHF15(현금만 가능)
주스위스 대한민국 대사관
주소 Kalcheggweg 38, 3006 Bern **전화** 대표 전화(근무 시간 내) 031-356-2444, 근무 시간 외 079-897-4086, 위급상황 시 24시간 연락처 079-852-2266 **근무 시간** 월~금요일 08:30~12:30, 14:00~17:00 **가는 방법** 베른 중앙역에서 Ostring행 7번, 또는 Saali행 8번 트램 타고 5번째 정류장 Thunplatz 하차, 길 건너 공원 쪽으로 들어가 왼쪽 테니스장 끼고 직진 도보 5분. 또는 19번 버스 타고 9번째 정류장 Petruskirche에서 하차해 교회와 경찰서 보이는 방향으로 직진 후 만나는 삼거리에서 오른쪽 길. 예상 택시 비용 약 CHF20. 북한 대사관과 혼동될 수 있으니 주소를 보여주는 게 좋다.

기후

지리적인 이유로 복잡한 기후를 갖고 있다. 레만호 주변은 습한 기운이 강하고 **산악 지역은 건조하고 일교차가 크며 서늘하다.** 알프스 남부 지역은 지중해성 기후로 온화하다. 전체적으로 사계절을 갖고 있으나 계절별 기온차는 크지 않다.

인터라켄 기후표

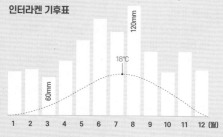

체르마트 기후표

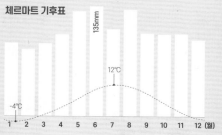

취리히 기후표

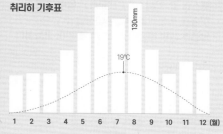

주네브 기후표

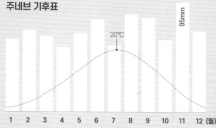

스위스의 **역사&문화**

❶ 스위스의 시작

지금의 스위스 땅에서 신석기시대부터 사람이 살았다는 증거가 발견되었으나 기원전 15세기경에 켈트족의 헬베티아인들이 남부 독일에서 내려와 스위스 중부 고원지대에 거주를 시작한 것을 스위스 역사의 시작으로 본다. 이후 영역을 넓혀나가다 지금의 프랑스 동쪽에서 로마의 시저에게 패하고 기원전 58년에 로마제국에 흡수되어 서기 400여 년까지 로마제국의 지배를 받으며 도로와 마을이 건설되고 경제가 발전하기 시작했다. 455년 게르만 민족이 이동하며 스위스 북부에 알레마니족 Alemanni이, 서부에 부르군트족 Burgundines이, 남부에 랑고바르트족 Langobard이 정착하며 현재와 같은 독일어권, 프랑스어권, 이탈리아어권, 로망슈어권의 지역 경계가 생겨났다.

❷ 자유도시의 시작

6세기에 프랑크 왕국의 일부가 된 후, 9세기부터 12세기까지 신성로마제국의 통치를 받았다. 남유럽과 북유럽을 잇는 상업의 요충지로 발전하기 시작했으나 13세기 신성로마제국의 몰락 이후 합스부르크가의 통치를 받으며 자유도시가 등장하고 시민 계급이 대두되면서 민족의식이 싹트기 시작한다.

❸ 근대 독립국가의 출발

1291년 8월 1일 우리 Uri, 슈비츠 Schwyz, 운터발덴 Unterwalden 3개 주가 베른에서 동맹을 맺으며 자신들의 자치권 보호를 위해 서약을 맺었는데 이것이 최초의 스위스 동맹 Swiss Confederation이 되었고 이날은 스위스 국가기념일이기도 하다. 이후 1815년까지 25개 주가 스위스 동맹에 가입하면서 현재의 국경을 확보하고 영세중립국 승인을 받았다. 현재 26개 주다.

1874년 헌법 개정으로 연방공화국을 채택해 스위스 동맹이 연방국가로 발전하면서 국민투표제가 도입되었고, 근대 독립국가로 출발해 오늘날까지 이어지고 있다.

❹ 종교개혁

유럽 내 종교개혁의 바람이 거셀 때 스위스도 츠빙글리, 칼뱅 등의 종교개혁가가 활동하며 가톨릭 지역과 개신교 지역의 종교 내분, 민주주의를 주장하는 지역과 귀족주의를 주장하는 지역 간의 내전이 발발했지만 대외적으로 30년 전쟁(유럽에서 로마 가톨릭 교회를 지지하는 국가들과 개신교를 지지하는 국가들 사이에서 벌어진 종교전쟁)에 개입하지 않았고 이것이 스위스 중립 정책의 기초가 되었다. 30년 전쟁 후 1648년 베스트팔렌조약 Westfalen條約으로 대외적인 독립국가로 인정받았으며, 내부적으로는 신교와 구교가 공존하게 되었다.

스위스를 중심으로 활동했던 종교개혁가들의 기념비

❺ 한국과의 관계

스위스는 1953년 한국전쟁 정전협정 이행 감독을 위해 창립된 중감위(NNSC)에 스위스 군인 96명을 파견했고 이후 현재까지 700명 이상을 파견했다. 이들은 '스위스-한국협회'를 구성해 스위스 내 대표적 친한 단체로 활동 중이라고 한다. 1962년 12월 19일에 외교 관계 수립을 합의하고 1963년에 주 스위스대사관이 개설되었다.

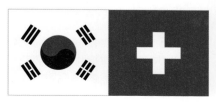

❻ 영세중립국 승인

1812년 스위스연방은 대내외적으로 중립국을 선언하고 1815년 빈회의(나폴레옹을 엘바섬에 유배 보낸 뒤 나폴레옹 전쟁의 전후 처리와 유럽의 세력 재편에 대해 논의하기 위해 열린 회의)에서 최초로 국제사회로부터 영세중립국 승인을 받았다.

1830년 프랑스 혁명의 영향으로 스위스 여러 주들이 신교로 전향하면서 정권을 잡았고 구교세력이 이에 반발하여 '분리동맹'을 결성해 1847년 보수적인 가톨릭 세력과 진보적인 신교 세력이 충돌하며 내란이 일어나고 신교가 승리했다. 1848년 두 종파 사이에 화해가 이루어져 새로운 연방헌법이 국민투표로 제정되면서 베른을 연방수도로 정하고 연방정부와 양원제 의회를 채택했다.

베른 연방의회 의사당

두 번의 세계대전을 치른 후의 냉전시대에 스위스는 중립국으로서 여러 혜택을 누렸으나, 냉전이 끝나고 혜택이 줄어들면서 중립국 지위 유지에 대한 찬반이 늘 화두로 떠오르고 있다. 아직 EU 가입국은 아니지만 2002년 3월 국민투표로 UN 가입을 결정하고 UN의 190번째 회원국이 되면서 중립국의 위치를 지키느냐, 국제사회 속 위상을 높이느냐의 기로에 서 있다.

❼ 사람과 문화

스위스 국민은 예의 바르고 준법정신이 투철하다. 유럽 내 만연하고 있는 무단횡단 문화가 보이지 않는 곳이며 유럽 어느 곳보다 조용한 시내를 자랑하는 곳이다. 기본적으로 친절한 매너를 갖추고 있으며 인사성이 밝다. 그러나 일부 사람들은 외국인들에게 배타적인 태도를 취한다. 스위스 사람과 술자리를 가질 때 건배 전에 술을 마시는 건 매우 무례한 행동이니 조심하자. 또 개를 무척이나 좋아해 어디에서나 반려견을 볼 수 있다.

사진을 찍을 땐 꼭 견주의 허락을 받아야 한다.

치안 및 주의 사항

스위스는 유럽에서 가장 안전한 나라 중 한 곳이지만 그렇다고 안심해서는 안 된다. 사고는 안심하는 순간 일어난다. 특히 알프스 산악 지역을 여행할 때는 일기예보나 기상을 잘 살피고 여행에 나서자. 각 등산열차, 케이블카 정류장마다 날씨를 알려주는 모니터가 있고, 각 노선과 하이킹 코스의 운영 여부를 알려주는 전광판이 있다. 그리고 자신의 건강 상태와 맞지 않는 무리한 야외 활동은 절대 금물! 스위스의 강과 호수는 매우 차갑고 물살이 급격하게 변한다. 무리하게 수영을 하다가 2~3년에 한 번씩 사상자가 나기도 한다. 지정된 구역이 아닌 곳에서의 수영이나 물놀이는 절대 금물이다.

스위스 용병 이야기

Travel Plus +

스위스인들의 신뢰와 의리에 대해 이야기할 때 빼놓을 수 없는 것이 바로 스위스 용병에 관한 이야기입니다. '전쟁에 나서는 자'라는 뜻의 라이슬로이퍼 Reislaufer라고 부르는데 13세기 무렵부터 유명세를 타기 시작했습니다.

유럽의 중심에 위치해서 늘 강대국의 틈바구니에 낄 수밖에 없었던 스위스는 설상가상으로 산지가 대부분이라 항상 먹을 것이 부족해 빈곤에 시달렸습니다. 스위스의 유일한 자원은 젊은 청년들이었고 이들은 중세 이후 외국으로 건너가 용병에 투신했고 유럽 내에서 가장 용감한 군인으로 명성을 높였지요. 지리적 위치상 늘 외세의 침략을 받았고 특히 합스부르크가로부터 벗어나기 위한 항쟁을 반복했기에 더욱 용감할 수 있었습니다.

이들의 용맹함과 충직함이 역사 속에 강력하게 남은 사건은 1789년 프랑스 대혁명 때였는데요, 당시 루이 16세는 튈르리 궁전에서 유배 상태에 있었고 1792년 탈출을 꾀하다 국민군과 민중 시위대의 공격을 받았습니다. 그때 루이 16세를 지키던 병사들 중 끝까지 남아 왕을 지킨 이들이 스위스 용병 768명이었고 이들은 끝내 모두 전사했습니다. 루체른의 〈빈사의 사자상〉은 이들을 추모하기 위해 만든 조각상입니다.

이러한 스위스 용병들의 신뢰와 충성심은 결국 가난한 산악국가였던 스위스의 원동력이 되었고, 아직 바티칸에서 그 전통을 찾아볼 수 있습니다. 바티칸을 지키는 이들이 바로 스위스 용병들로 지난 2021년 1월 22일 창설 515주년을 맞이했습니다. 미켈란젤로가 디자인했다고 알려져 있는 줄무늬 제복이 인상적인 그들은 무척 까다로운 조건으로 선발됐는데요, 대학 졸업장은 필수이고 3개 국어에 능통해야 하고, 키 180cm 이상의 신체조건을 갖춰야 한다고 합니다.

루체른 빈사의 사자상

바티칸 스위스 근위대

스위스 현지어 따라잡기

스위스는 독일어, 프랑스어, 이탈리아어, 로망슈어 4개 국어를 사용하는 나라다. 이 중 우리가 많이 접하는 기본 단어와 인사말을 소개한다. 많은 여행자들이 방문하는 나라이므로 영어가 잘 통하지만 표지판이나 간단한 인사말들을 알고 여행을 떠나면 더욱 여행이 즐거워진다.

Travel tip!

로망슈어 Romance language

스위스 전체 인구의 약 0.5%에 해당하는 3만5,000명이 사용하는 스위스의 공용어 중 하나로 사용하는 인구의 대부분이 노년층이어서 사멸의 위기에 처해 있는 언어이다. 라틴어에 뿌리를 둔 언어 집단인 로망스어 군에 속해 있는데 통합된 언어가 아니라 여러 가지 통합되지 않은 동계 방언들의 집합적인 명칭이다. 스위스에서 로망슈어가 사용되는 지역은 그라우뷘덴 Graubnden주이다.

인사말		독일어	프랑스어	이탈리아어
안녕하세요	아침	구텐 모르겐 Gutten Morgen	봉주르 Bonjour	본 조르노 Bon Giorno
	점심 12시 이후	구텐 탁 Gutten Tag		부오나 세라 Buona Sera
	저녁	그텐 아벤트 Gutten Abend	봉 수아 Bon Soir	
작별인사		아우프 비더겐 Ayf Wiedersehn	오 르부아 Au Revoir	아리베데르치 Arrivederci
고맙습니다		당케 쉔 Danke schön	메흑씨 Mercy	그라찌에 Grazie
실례합니다		엔트슐디겅 Entschuldigung	익스꾸제 모아 Excusez moi	미 스쿠지 Mi scusi
미안합니다		엔트슐디겅 Entschuldigung	빠흑동 Pardon	스쿠사 scusa
도와주세요!		힐훼 Hilfe	이디에 모아 Aidez moi	아이우또 Aiuto
부탁합니다		비떼 Bitte	실 부 쁠레 S'il vous plaît	페르 파보레 per favore
네		야 Ja	위 Oui	씨 Si
아니오		나인 Nein	농 Non	노 No

표지판	독일어	프랑스어	이탈리아어
개점	오픈 Offen	우베흐 Ouvert	아뻬르또 Aperto
폐점	그쉬로슨 Geschlossen	페흐메 Fermé	끼우소 Chiuso
화장실	토일레테 Toilette	투왈레떼 Toilette	토일레떼 Toilette
여성	다멘 Damen	팜므 Femme	돈나 Donna
남성	헤렌 Herren	음므 Homme	우모 Uomo
경찰서	폴리짜이 슈타치온 Polizeistation	포스트 디 폴리스 Poste De Police	스따치오네 디 폴리지아 Stazione Di Polizia

표지판	독일어	프랑스어	이탈리아어
병원	크라켄하우스 Krakenhaus	오삐딸 Hôpital	오스뻬달레 Ospedale
우체국	포스탐트 Postamt	포스떼 Poste	포스따 Posta
기차역	반호프 Bahnhof	갸흐 Gare	스따치오네 (페로비아리아) Stazione (Ferroviaria)
출발	압파르트 Abfahrt	디빠흐 Départ	빠르뗀제 Partenze
도착	안쿤프드 Ankunft	아리베 Arrivée	아리보 Arrivo
매표소	샬터 Schalter	비제트리 Billetterie	빌리에떼리아 Biglietteria
플랫폼	글라이스 Gleis	케 Quai	비나리오 Binario

숫자	독일어	프랑스어	이탈리아어
1	아인 ein	엉 / 윈느 un/une	우노 uno
2	츠바이 zwei	드 deux	두에 due
3	드라이 drei	트와 trois	뜨레 tre
4	피어 vier	까트르 quatre	꽈뜨로 quattro
5	퓐프 fünf	싱크 cinq	친퀘 cinque
6	젝스 sechs	시스 Six	세이 sei
7	지벤 sieben	셉뜨 Sept	세떼 sette
8	악트 acht	위트 huit	오또 otto
9	노인 neun	뇌프 neuf	노베 nove
10	첸 zehn	디스 dix	디에치 dieci
100	훈더트 hundert	쌍 cent	첸토 cento
1000	타운젠트 taunsend	밀 mille	밀레 mille

날짜	독일어	프랑스어	이탈리아어
월요일	몬탁 Montag	렁디 Lundi	루네디 Lunedì
화요일	디엔스탁 Dienstag	마르디 Mardi	마르떼디 Martedì
수요일	미트보흐 Mittwoch	메흑크흐디 Mercredi	메르콜레디 Mercoledì
목요일	도너스탁 Donnerstag	쥬디 Jeudi	죠베디 Giovedì
금요일	프라이탁 Freitag	방드흑디 Vendredi	베네르디 Venerdì
토요일	삼스탁 Samstag	쌈디 Samedi	사바또 Sabato
일요일	손탁 Sonntag	디망쉬 Dimanche	도미니카 Domenica
하루	탁 Tag	주흐 Jour	지오르노 Giorno
주	보흐 Woche	스멘 Semaine	세띠마나 Settimana
월	모나트 Monat	무아 Mois	메제 Mese
년	야 Jahr	앙(아네) An(année)	아노 Anno

식당에서	독일어	프랑스어	이탈리아어
전식	포스파이즈 Vorspeise	아페리티프 Apéritif	안티파스토 Antipasto
후식	데쎄아 Dessert	데저트 Dessert	돌체 Dolce
맥주	비어 Bier	비에레 Bière	비라 Birra
와인	바인 Vino	뱅 Vin	비노 Vino
에스프레소	카퓌 Kaffee	카페 Café	카페 Caffè
카페 라테	밀쉬카퓌 Milchkaffee	카페 오 레 Café au Lait	카페 라떼 Cafe Latte
아이스커피	아이스카퓌 Eiskaffee	카페 글라세 Café Glacé	카페 프레도 Caffè Freddo

스위스 **추천 여행 일정 ❶**

자연과 대도시를 번갈아 여행하는 퐁당퐁당 스위스 9일

여행자들이 많이 찾는 도시 위주로 다니는 여행이다. 자연과 대도시를 번갈아 가며 여행하는 루트로 토요일에
출발해 일요일에 귀국해야 하는 직장인에게 추천하는 일정이다.

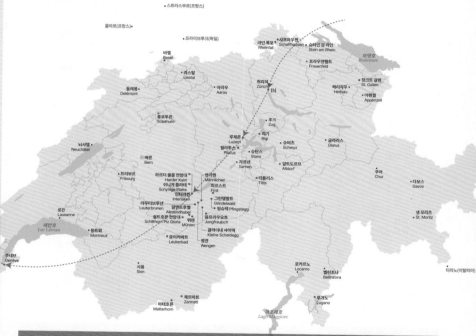

일차	지역	일정
DAY 1	인천 ▶ 취리히	취리히 숙박
DAY 2	취리히 ▶ 루체른	루체른 여행
DAY 3	루체른	루체른 근교 알프스 여행
DAY 4	루체른 ▶ 인터라켄	루체른-인터라켄 익스프레스 열차 탑승, 또는 중간에 브리엔츠 유람선 탑승
DAY 5	인터라켄	융프라우 지역 여행
DAY 6	인터라켄 ▶	골든패스 익스프레스 열차 탑승
DAY 7	주네브/몽트뢰	몽트뢰 근교 여행
DAY 8	주네브 ▶ 인천	공항 이동
DAY 9	인천	–

스위스 **추천 여행 일정 ❷**

멋진 건축물과 미술관을 여행하는 **스위스 도시 일주 9일**

스위스에서 건축물과 미술관은 떼려야 뗄 수 없는 관계다. 미술관 마니아이며 건축물에 흥미 있는 여행자를
위한 스위스 도시 탐험 9일을 소개한다.

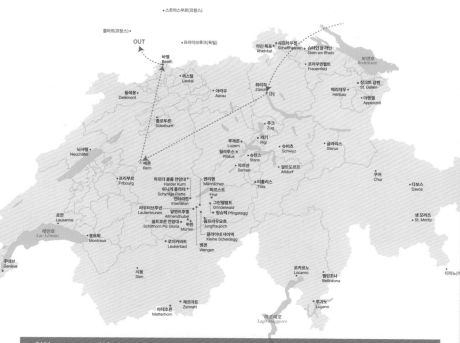

일차	지역	일정
DAY 1	인천 ▶ 취리히	취리히 숙박
DAY 2	취리히	취리히 미술관, FIFA 세계 축구 박물관, 디자인 미술관, 르 코르뷔지에 센터 등
DAY 3	취리히 ▶ 베른	스위스 역사박물관
DAY 4	베른	베른 시립 미술관, 파울 클레 센터
DAY 5	베른 ▶ 바젤	팅겔리 미술관, 바이엘러 재단
DAY 6	바젤	비트라 캠퍼스 여행
DAY 7	바젤	바젤 시내 건축물 둘러보기
DAY 8	바젤 ▶ 인천	공항 이동
DAY 9	인천	–

스위스 **추천 여행 일정 ❸**

나는 산이 좋아! **알프스 탐험 9일**

각기 다른 매력을 가진 알프스를 여행하는 일정이다. 대자연의 맑은 공기 속에 잠겨 힐링의 시간을 가져보자.

일차	지역	일정
DAY 1	인천 ▶ 취리히	취리히 숙박
DAY 2	취리히 ▶ 루체른	루체른 여행
DAY 3	루체른	근교 알프스 여행
DAY 4	루체른 ▶ 인터라켄	인터라켄 여행
DAY 5	인터라켄	융프라우 지역 여행
DAY 6	인터라켄 ▶ 체르마트	고르너그라트 등반(오후 티켓 이용)
DAY 7	체르마트	수네가, 마테호른 글레이셔 파라다이스 중 선택
DAY 8	체르마트 ▶ 인천	주네브로 이동해 공항 이동
DAY 9	인천	–

스위스 **추천 여행 일정 ④**

기차만 타도 좋은 나는 철도 마니아! **파노라마 열차 타고 다니는 보름간의 여행**

스위스의 주요 파노라마 열차를 모두 타는 일정. 철도 마니아들이라면 한 번쯤은 경험해 봐야 할 일정이다.
파노라마 열차 탑승 후 하루 정도 쉬어가면서 여행한다면 보름, 기차만 이용한다면 일주일 정도 소요되는
일정이다.

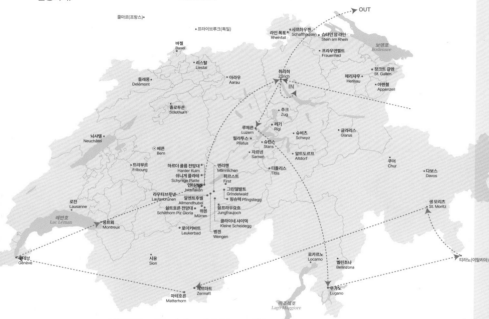

일차	지역	일정
DAY 1	인천 ▶ 취리히	취리히 숙박
DAY 2	취리히	취리히 여행
DAY 3	취리히 ▶ 루체른	루체른 시내 여행
DAY 4	루체른 주변 알프스	알프스 여행 후 루체른 숙박
DAY 5	루체른 ▶ 루가노	고타드 파노라믹 익스프레스 열차 탑승
DAY 6	루가노	루가노 시내 여행
DAY 7	루가노 ▶ 티라노 ▶ 생 모리츠	베르니나 특급 탑승
DAY 8	생 모리츠	생 모리츠 시내 또는 주변 여행
DAY 9	생 모리츠 ▶ 체르마트	빙하 특급 열차 탑승
DAY 10	체르마트	마테호른 여행
DAY 11	체르마트 ▶ 주네브	주네브 시내 여행
DAY 12	주네브 ▶ 몽트뢰 ▶ 인터라켄	골든패스 익스프레스 열차 탑승
DAY 13	인터라켄	융프라우 지역 여행
DAY 14	인터라켄 ▶ 루체른 ▶ 취리히 ▶ 인천	루체른-인터라켄 익스프레스 탑승 후 취리히 공항으로 이동
DAY 15	인천	–

스위스 **추천 여행 일정 ❺**

<프렌즈 스위스>가 소개하는 도시 여행 30일 일정

〈프렌즈 스위스〉에서 소개한 도시들을 여행하는 일정. 알프스 여행이 주가 되는 인터라켄, 체르마트, 루체른은 각각 4일, 그 외 도시들은 근교 여행 여부에 따라 2~3일을 할애하는 30일 일정이다.

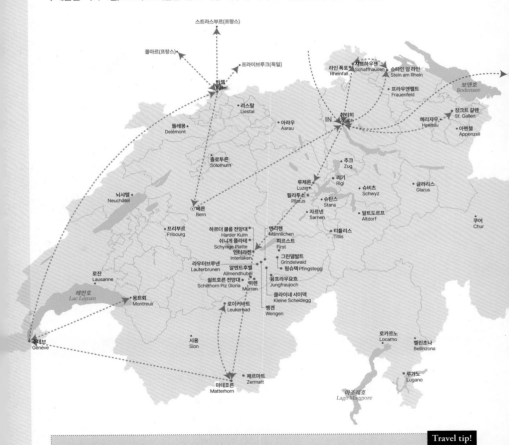

일러두기

〈프렌즈 스위스〉에서는 루가노와 생 모리츠를 자세하게 설명하지는 않습니다. 루가노는 스위스 남부 이탈리아 문화권인 티치노 지방의 도시로 호수를 끼고 있는 평화로운 도시입니다. 현대 건축의 거장 마리오 보타의 사무실과 그의 작품들을 볼 수 있는 곳이기도 합니다. 생 모리츠는 1년 365일 중 300일 이상 맑은 날씨를 자랑하는 곳으로 겨울에는 스키 리조트가 유명합니다. 베르니나 특급 열차의 중간 기점이자 빙하 특급의 출발지이며 종착지이기도 합니다. 시내에서 피츠 글로리아 하이킹을 즐기거나 티라노로 내려가는 중간지인 폰트 레지나나 알프 글룸에서 하이킹을 즐기는 것도 추천합니다.

Travel tip!

일차	지역	일정
DAY 1	인천 ▶ 취리히	취리히 숙박
DAY 2	취리히	취리히 여행
DAY 3	취리히/라인 폭포/슈타인 암 라인	라인 폭포와 슈타인 암 라인 당일 여행
DAY 4	취리히/장크트 갈렌	장크트 갈렌 여행
DAY 5	취리히 ▶ 루체른	루체른 시내 여행
DAY 6	루체른/필라투스	필라투스 여행 후 휴식
DAY 7	루체른/리기	리기 여행 후 휴식
DAY 8	루체른/티틀리스	티틀리스 여행 후 휴식
DAY 9	루체른 ▶ 인터라켄	루체른-인터라켄 익스프레스 탑승, 중간에 브리엔츠 호수 유람선 이동
DAY 10	인터라켄	융프라우요흐 여행
DAY 11		피르스트 여행
DAY 12		뮈렌&쉴트호른 여행
DAY 13	인터라켄 ▶ 체르마트	체르마트에서 휴식
DAY 14	체르마트	고르너그라트 여행
DAY 15		로이커바트 온천 여행
DAY 16		수네가 여행
DAY 17		마테호른 글레이셔 파라다이스 여행
DAY 18	체르마트 ▶ 주네브	이동 후 휴식
DAY 19	주네브	주네브 여행
DAY 20	주네브/몽트뢰	몽트뢰 당일 여행
DAY 21	주네브 ▶ 바젤	바젤 휴식
DAY 22	바젤	바젤 여행
DAY 23	바젤	바젤 여행 또는 비트라 여행
DAY 24	바젤/콜마르	콜마르 여행
DAY 25	바젤/프라이부르크	프라이부르크 여행
DAY 26	바젤/스트라스부르	스트라스부르 여행
DAY 27	바젤 ▶ 베른	이동 후 휴식
DAY 28	베른	베른 시내 여행
DAY 29	베른 ▶ 취리히 ▶ 인천	취리히로 이동해 공항으로 이동
DAY 30	인천	–

호수를 품고 있는
스위스 최대 도시

취리히
ZÜRICH

많은 이들이 스위스의 수도라고 오해하
는 스위스 제1의 도시 취리히. 취리히는
로마시대에 게르만인들과의 무역을 위해
세관이 설치되면서 도시가 형성되었고,
그 기능은 오늘날까지 이어져 현재에도
스위스뿐만 아니라 세계 금융의 중심지
역할을 도맡고 있다. 도심 속에서 단정
한 넥타이와 양복 차림의 비즈니스맨들
이 바쁘게 거리를 걷는 모습을 보고 있
노라면 서울과 그다지 다르지 않은 건
조하고 삭막한 도시의 풍경을 보게 된
다. 하지만 조금만 눈을 돌려보자. 넓은
호수는 자연의 아늑함을, 고풍스러운 교
회들은 종교개혁의 열기를, 골목길들과
그곳에 숨어 있는 미술관들은 예술의
향기를 내뿜고 있다.

이런 사람 꼭 가자!

변화무쌍한 도시의 모습을 보고 싶다면!

INFORMATION 알아두면 좋은 취리히 여행 정보

클릭! 클릭!! 클릭!!!

취리히 관광청 www.zuerich.com

여행안내소

중앙역
각종 투어 정보를 얻을 수 있고 숙소 예약도 가능하다. 여행안내소에서 제공하는 지도는 대중교통 노선도가 함께 표시되어 있어 편리하다.
위치 중앙역 메인 출구 왼쪽 **운영** 월~토 08:00~20:30, 일 08:30~18:30

통신사

SWISSCOM
위치 중앙역 플랫폼 등지고 오른쪽 출구 반호프 거리 Bahnhofstrasse 방면.

슈퍼마켓

Coop
위치 중앙역 정문으로 나와 반호프 다리 건너기 전 오른쪽
운영 월~토요일 06:00~22:00

우체국

중앙역
운영 월~금요일 07:30~18:30, 토요일 07:30~11:00

경찰서

위치 중앙역 메인홀 오른쪽

취리히 가이드 Zürich Guide   **Travel tip!**
계절마다 발간되는 소책자로 취리히 전역의 여행지, 숙소, 상점, 식당 등의 정보와 함께 각종 이벤트, 행사 정보를 소개한다. 여행안내소에 비치되어 있으니 취리히 여행에 앞서 읽으면 도움이 된다.

ACCESS 취리히 가는 방법

스위스 제1의 도시답게 여러 도시에서 발착하는 항공편을 운항하고 있으며 스위스 철도의 중심지이기도 하다. 어느 도시로 가든 2시간 정도면 이동할 수 있다.

비행기

우리나라에서는 대한항공이 직항편을 운항하고 있으며 그 외 루프트한자, 에어프랑스, KLM 등 유럽 항공사들이 취항하고 있다. 아시아계 항공사로는 일본항공(도쿄 경유), 캐세이퍼시픽항공(홍콩 경유), 타이항공

(방콕 경유), 카타르항공(도하 경유), 아랍에미리트항공(두바이 경유) 등이 취항한다.

취리히 국제공항 Flughafen Zürich(ZRH)은 두 개의 터미널이 있으며 1터미널은 오스트리아에어, 크로아티아항공, 루프트한자, 스위스에어 등이 사용하고, 그 외 항공사는 2터미널을 이용한다.

공항은 시내에서 12km 정도 떨어져 있으며 취리히 시내와 S-Bahn으로 연결되고 15분 정도 걸린다. 요금은 일등석 CHF5.70, 이등석 CHF3.500이다.

기차역은 지하 2층에 위치하며 'Bahn/Railway'라고 쓰여 있는 표지판을 따라가면 쉽게 찾을 수 있다. 티켓은 역 안 매표소에서 구입할 수 있으며, 스위스 트래블 패스 소지자는 무료로 이용 가능하다. 공항 기차역 Zürich Flughafen에서는 취리히 시내뿐만 아니라 루체른, 베른, 바젤 등으로도 이동할 수 있으며 2022년 12월부터 인터라켄 동역까지 직통 기차가 운행된다.

지도 P.81-B1 [취리히 국제공항] 공항 홈페이지 www.flughafen-zuerich.ch/

Travel tip!

택스 리펀 오피스

보안 검색대를 통과한 후 한 층 내려가면 오른쪽에 위치한다. 택스 리펀이 필요하다면 참고하자.

기차

취리히는 스위스 제1의 도시답게 스위스 각지로 뻗어나가는 철도 노선의 중심지다. 그만큼 많은 철도 노선이 운행한다. 국내선은 물론 프랑스 방면으로 가는 TGV, 독일 쪽으로 가는 ICE 등 각 나라의 특급 열차를 볼 수도 있다. 중앙역 플랫폼을 마주 보고 가장 왼쪽 플랫폼에 공항을 오가는 S-Bahn과 루체른으로 향하는 지역선 열차가 발착하며 주요 도시로 이동하는 열차는 30분마다 한 대씩 운행한다.

역 내에는 스낵코너, 환전소, 샤워 시설, 여행안내소 등이 위치한다. 중앙 출입구 천장에 매달려 있는 프랑스의 유명 조각가 니키 드 생팔 Niki de Saint-Phalle의 조형물이 인상적이다. 매주 수요일에는 먹거리 장터가 열리고 크리스마스 시즌에는 스와로브스키로 장식된 커다란 트리와 함께 수공예품 상점이 가득한 크리스마스 장터로 변신한다.

지도 P.81-B2, P.82-B1 [취리히 중앙역 Zürich Hauptbahnhof] 주소 Bahnhofpl., 8001 Zürich

Travel tip!

기차역 주요 시설 정보
· 코인 라커
위치 10번, 11번 플랫폼 정면 계단으로 내려가 왼쪽 요금 CHF5
· McClean(유료 화장실 겸 샤워실)
위치 중앙역 지하층 요금 화장실 이용 CHF2, 샤워 CHF12

▶▶ 취리히에서 주변 도시로 이동하기

● 근교 도시
취리히 HB(중앙역) ▶ 샤프하우젠 기차 1시간 소요
취리히 HB ▶ 슈타인 암 라인 기차 1시간 10분 소요 (1회 환승)

● 주요 도시
취리히 HB ▶ 루체른 기차 1시간 소요
취리히 HB ▶ 베른 기차 55분 소요
취리히 HB ▶ 주네브 기차 2시간 25분 소요
취리히 HB ▶ 인터라켄 Ost 기차 2시간 소요
취리히 HB ▶ 바젤 SBB 기차 55분~1시간 5분 소요
취리히 HB ▶ 장크트 갈렌 기차 55분 소요

TRANSPORTATION 〉 **취리히 시내 교통**

취리히 시내는 트램과 버스가 도시 곳곳을 연결한다. 중앙역을 벗어나기 전 여행안내소에서 취리히 시내 지도와 노선도를 챙겨 두면 편리하다. 중앙역에서 나와 반호프 Bahnhof 다리를 건너 왼쪽으로 걸어가면 광장 Central이 나오는데 이곳에서 많은 트램과 버스가 발착한다. 트램과 버스 티켓은 공용이고 주로 정류소에 설치되어 있는 자판기에서 구입할 수 있다. 교통수단을 이용하지 않는다면 광장에서 강변도로를 따라 천천히 걸어보자. 길을 따라 200m 정도 걸어가면 구시가지가 나온다.

여행자가 주로 이용하게 될 대중교통 노선은 트램 4번이다. 시내를 관통하는 노선으로 역 북쪽에 있는 미그로스 미술관부터 남쪽으로 내려오며 성 페터 교회, 성모교회를 거쳐 르 코르뷔지에 하우스까지 연결해준다. 탑승할 때는 앞문으로, 하차할 때는 중간이나 뒷문으로 내리면 된다. 안내 방송을 하지 않으니 노선도를 보고 가야 할 정류장의 개수를 미리 파악하고 타는 것이 좋다. 타고 내리는 사람이 없다 해서 정류장을 그냥 지나치지는 않는다. 광장에서 취리히 연방 공과대학이 있는 언덕 사이를 푸니쿨라인 폴리반 Polybahn이 연결한다(1회권 CHF1.20). **교통권 없이 무임승차는 금물이다. 걸리면 최소 CHF800이 넘는 벌금을 내야 한다. 처음 티켓을 사용할 때 트램이나 버스 안의 펀칭기에 펀칭하는 것을 잊지 말자.**

홈페이지 www.zvv.ch 요금 1회권 5정거장 이내 CHF2.80 (자판기 노란 버튼), 6정거장 이상 CHF4.60(자판기 파란 버튼), 24시간 티켓 24h-Tickets CHF9.20(자판기 녹색 버튼)

취리히 카드 Zürich Card

취리히 시내 교통수단 무료 이용, 취리히 대부분의 미술관과 박물관에 무료로 입장하거나 할인된 가격으로 관람할 수 있는 카드다. 또한, 시내 20여 개 레스토랑에서 무료 음료 서비스를 받거나 상점에서 할인 서비스를 받는 등 다양한 혜택이 있다. 공항 기차역, 취리히 중앙역 여행안내소에서 구입 가능하다. 자세한 내용은 홈페이지를 참조하자. 온라인 구입도 가능하다.

홈페이지 www.zuerich.com/zuerichcard 요금 24시간 성인 CHF29, 6~16세 CHF19, 72시간 성인 CHF56, 6~16세 CHF37, 6세 미만은 무료

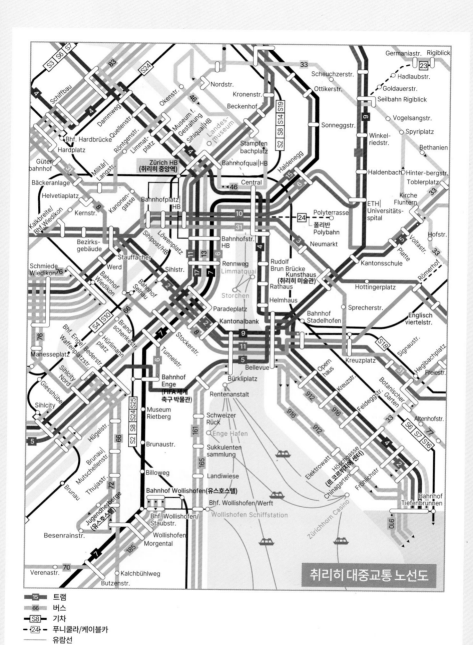

취리히 대중교통 노선도

- 🟥 15 트램
- 🟫 66 버스
- S8 기차
- 24 푸니쿨라/케이블카
- 유람선

취리히와 친해지기

취리히 시내 여행은 하루면 충분하다. 중앙역에서 번화가 반호프 거리를 따라 걸어 다니면서 성 페터 교회와 성모교회를 관람한다. 뾰족한 첨탑이 인상적인 성모교회의 내부는 차분하며 샤갈의 스테인드글라스가 매우 독특하다. 관람을 마친 후 다리를 건너가면 두 개의 탑이 인상적인 대사원이 보인다. 탑 위에서 취리히 시내를 조망해 보자. 멀리 알프스가 보인다. 여기서 10분 정도 걸어가면 취리히 미술관이 나온다. 멋진 건물만큼이나 멋진 실내와 훌륭한 그림을 관람할 수 있다. 현대미술 쪽에 관심 있다면 4번 트램을 타고 림마트 거리로 가자. 취리히의 현대미술관이 모여 있는 거리다. 구시가 보행자 거리에는 아기자기한 숍들이 자리하고 있고 언덕 위에는 취리히 대학이 있다. 꿈틀대는 젊음의 기운이 느껴진다. 축구 팬이라면 FIFA 세계 축구 박물관도 그냥 지나치기 아쉽다.

취리히 MUST DO!

☑ 교회 특유의 스테인드글라스를 감상하기

☑ 서울 직장인의 모습과 유사한 스위스 사람들 속에서 여유 즐기기

☑ FIFA 세계 축구 박물관 라커룸에서 아는 선수 이름 찾기

☑ 호숫가에서 여유 즐기기

취리히 추천 코스
Day 1

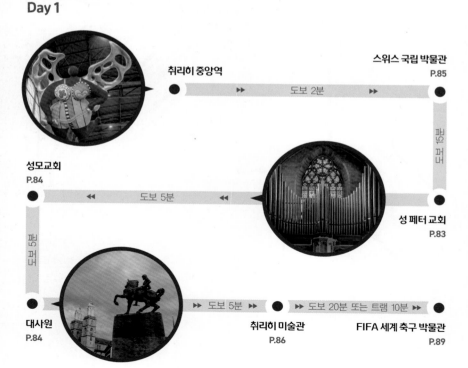

취리히 중앙역

스위스 국립 박물관
P.85

도보 2분

도보 5분

성모교회
P.84

성 페터 교회
P.83

도보 5분

대사원
P.84

취리히 미술관
P.86

도보 5분

도보 20분 또는 트램 10분

FIFA 세계 축구 박물관
P.89

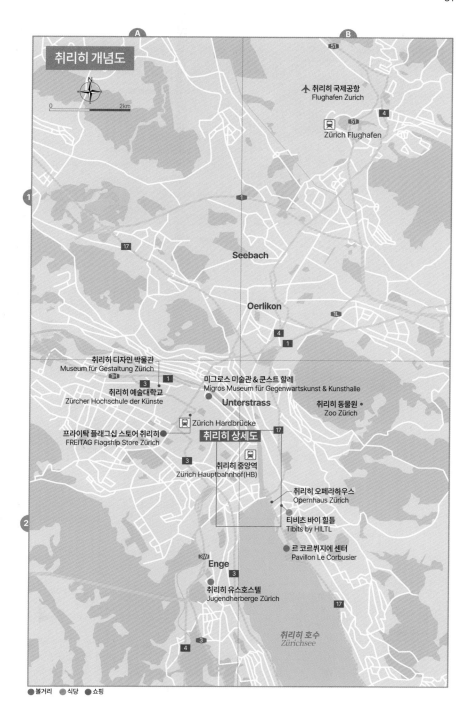

취리히 개념도

취리히 국제공항
Flughafen Zurich

Zürich Flughafen

Seebach

Oerlikon

취리히 디자인 박물관
Museum für Gestaltung Zürich

미그로스 미술관 & 쿤스트 할레
Migros Museum für Gegenwartskunst & Kunsthalle

취리히 예술대학교
Zürcher Hochschule der Künste

Unterstrass

취리히 동물원
Zoo Zürich

Zürich Hardbrücke

취리히 상세도

프라이탁 플래그십 스토어 취리히
FREITAG Flagship Store Zürich

취리히 중앙역
Zürich Hauptbahnhof(HB)

취리히 오페라하우스
Opernhaus Zürich

티비츠 바이 힐틀
Tibits by HILTL

르 코르뷔지에 센터
Pavillon Le Corbusier

Enge

취리히 유스호스텔
Jugendherberge Zürich

취리히 호수
Zürichsee

●볼거리 ●식당 ●쇼핑

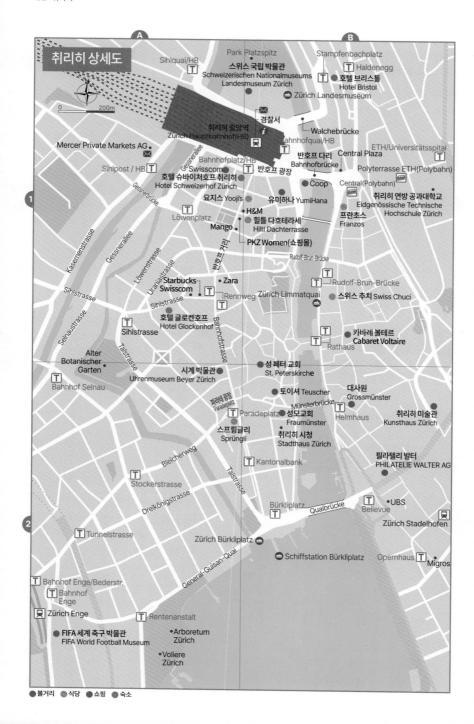

취리히 상세도

0 200m

A B

Park Platzspitz
Sihlquai/HB
스위스 국립 박물관
Schweizerischen Nationalmuseums
Landesmuseum Zürich

Stampfenbachplatz
Haldenegg
호텔 브리스톨
Hotel Bristol
Zürich Landesmuseum

경찰서
취리히 중앙역
Zürich Hauptbahnhof(HB)
Walchebrücke
Bahnhofquai/HB

Mercer Private Markets AG
ETH/Universitätsspital

Bahnhofplatz/HB
Sihlpost / HB
Swisscom
호텔 슈바이처호프 취리히
Hotel Schweizerhof Zürich
반호프 광장
반호프 다리 Central Plaza
Bahnhofbrücke
Polyterrasse ETH(Polybahn)
Central(Polybahn)

요지스 Yooji's
유미하나 YumiHana
Coop
취리히 연방 공과대학교
Eidgenössische Technische
Hochschule Zürich

Löwenplatz
H&M
힐틀 다흐테라세
Hiltl Dachterrasse
프란츠스
Franzos

Mango
PKZ Women(쇼핑몰)
Rudolf-Brun-Brücke

Starbucks
Swisscom
Zara
Rennweg Zürich Limmatquai
Rudolf-Brun-Brücke
스위스 추치 Swiss Chuci

호텔 글로켄호프
Hotel Glockenhof
Sihlstrasse
카바레 볼테르
Cabaret Voltaire
Rathaus

Alter
Botanischer
Garten
Bahnhof Selnau

시계 박물관
Uhrenmuseum Beyer Zürich
성 페터 교회
St. Peterskirche

토이셔 Teuscher
대사원
Grossmünster

파라데 광장
Paradeplatz
Paradeplatz
성모교회
Fraumünster
Münsterbrücke
Helmhaus
취리히 미술관
Kunsthaus Zürich

스프륑글리
Sprüngli
취리히 시청
Stadthaus Zürich

필라텔리 발터
PHILATELIE WALTER AG

Kantonalbank

Bürkliplatz
Quaibrücke
UBS
Bellevue
Zürich Stadelhofen

Tunnelstrasse
Zürich Bürkliplatz
Schiffstation Bürkliplatz
Opernhaus Migros

Bahnhof Enge/Bederstr.
Bahnhof
Enge
Zürich Enge
Rentenanstalt
FIFA 세계 축구 박물관
FIFA World Football Museum
Arboretum
Zürich
Voliere
Zürich

Kasernenstrasse
Gessnerallee
Gessnerbrücke
Sihlstrasse
Selnaustrasse
Talstrasse
Löwenstrasse
Uraniastrasse
Bahnhofstrasse
Sihlstrasse
Bleicherweg
Stockerstrasse
Dreikönigstrasse
Talstrasse
General-Guisan-Quai

볼거리 식당 쇼핑 숙소

취리히의 볼거리

기본적으로 취리히의 볼거리는 유서 깊은 교회와 미술관이다. 각기 다른 모습의 교회 안에 특이한 미술품들이 자리하고 있다. 리노베이션을 끝낸 취리히 미술관이나 맥주 양조장을 개조해서 만든 현대미술관도 미술 애호가들이 사랑하는 장소다. 디자인 박물관 또한 훌륭하다. 또한 국제축구연맹이 만든 축구 박물관은 축구 마니아들의 발걸음을 잡는다.

성 페터 교회
St. Peterskirche

취리히에서 가장 오래된 교회이며 유럽에서 가장 큰 시계가 있는 교회로, 1534년에 완공되었다. 시계가 매달려 있는 뾰족한 첨탑은 13세기에 만들어졌으며 내부에는 1890년 즈음 만들어진 5개의 종이 달려 있어 시간을 알려준다. 종탑의 시계는 1366년에 처음 설치된 후 여러 번 교체되었고 지금의 시계는 1996년에 설치된 전자식 시계인데 지름이 무려 8.64m에 달한다. 첨탑 꼭대기에 있는 파수꾼이 15분마다 도시의 풍경을 살펴서 취리히가 화재로부터 무사할 수 있었다고 한다. 내부에는 반짝반짝 빛나는 수정 샹들리에와 화려한 바로크 양식으로 치장된 회의장이 있다. 교회의 합창단은 150년의 역사를 갖고 있으며 교회의 역사처럼 취리히에서 가장 오래된 교회 합창단이다. 예배 시간뿐만 아니라 교회에서 자체 콘서트를 열기도 하니 교회 음악에 관심 있는 여행자라면 스케줄을 미리 체크해 두자. 교회 앞 광장은 취리히에서 가장 오래된 시장으로 바인플라츠 Weinplatz라 불린다. 포도주를 비롯한 각종 물건을 거래하던 곳으로 17세기 무렵 포도주 거래량이 늘어나면서 그렇게 불리게 되었다.

지도 P.82-B2

주소 St. Peterhofstatt 홈페이지 www.st-peter-zh.ch 운영 월~금요일 08:00~18:00, 토요일 10:00~16:00, 일요일 11:00~17:00 **가는 방법** 트램 4, 15번 Rathaus 하차.

성모교회 Fraumünster

성 페터 교회의 첨탑과 비슷한 첨탑이 있는 또 하나의 교회. 로마네스크 양식과 고딕 양식이 혼합된 형태가 독특하다. 9세기에 설립된 수녀원을 모태로 12~14세기에 세워진 성당이다. 종교개혁 이후에 시청사 별관으로 사용되다가 지금은 신교 교회로 사용한다. 고딕 양식의 정갈한 내부와 샤갈 특유의 독특한 화풍과 색감이 돋보이는 스테인드글라스가 인상적이다. 7~9월 12:30~12:55 사이에 무료 오르간 콘서트도 열린다. 교회 소속 합창단은 스위스에서도 큰 규모를 자랑하며 그 수준 또한 높다.

지도 P.82-B2 ▶ **주소** Münsterhof **홈페이지** www. fraumuenster.ch **운영** 11~2월 10:00~17:00, 3~10월 10:00~18:00 **요금** CHF5(교회 관람 후 취리히 미술관을 관람하면 CHF5을 할인받을 수 있다) **가는 방법** 트램 4, 15번 Helmhaus 하차.

대사원 Grossmünster

두 개의 탑이 인상적인, 취리히의 상징적인 건물이다. 스위스 최대의 로마네스크 양식 교회 건물로 프랑크 왕국의 샤를마뉴 대제가 지었으며 사원 지하에 여전히 그의 석상이 남아 있다. 순교자 펠릭스와 레굴라의 무덤도 있었다고 한다. 구교 성당으로 사용되었으나 1519년부터 종교개혁가 츠빙글리가 이곳에서 활동하면서 신교 교회로 바뀌었다. 츠빙글리의 석상이 사원 옆에 조각되어 있을 정도다. 자코메티의 스테인드글라스도 이곳의 볼거리 중 하나. 날씨가 좋은 날 종탑에 오르면 취리히 시내는 물론 멀리 알프스까지 볼 수 있다.

지도 P.82-B2 ▶ **주소** Grossmünsterplatz **홈페이지** www.grossmuenster.ch **운영** 3~10월 매일 10:00~18:00, 11~2월 매일 10:00~17:00 **가는 방법** 성모교회 맞은편 다리 건너 도보 3분.

스위스 국립 박물관
Schweizerischen Nationalmuseums Landesmuseum Zürich

스위스 역사의 흔적을 볼 수 있는 큰 규모의 박물관. 선사시대부터 현재까지 스위스의 문화, 예술, 역사의 흔적이 중세 고성 같은 건물에 전시되어 있다. 건물은 1898년에 지어졌으며 2016년에 리모델링과 확장공사를 마쳤다. 총 3개 층에 방대한 유물이 전시되어 있는데 꼼꼼히 보려면 반나절은 걸릴 만큼 어마어마한 규모를 자랑한다.

지도 P.82-B1 **주소** Museumstrasse 2 **홈페이지** www. landesmuseum.ch **운영** 화~일요일 10:00~17:00, 목요일 10:00~19:00 **휴무** 월요일 **요금** CHF13(스위스 뮤지엄 패스, 취리히 카드 소지자 무료) **가는 방법** 취리히 중앙역 정문으로 나와 바로 왼쪽.

시계 박물관
Uhrenmuseum Beyer Zürich

시계 공업으로 이름난 스위스의 면모를 볼 수 있는 박물관. 박물관이 자리한 곳은 1760년에 문을 열어 8대에 걸쳐 운영되고 있는, 스위스에서 가장 오래된 시계 상점 바이에르 Beyer 지하다. 9세기경에 만들어진 양초시계부터 영화 속에서나 봤을 듯한 여러 종류의 골동품 시계들이 흥미롭다. 오래된 역사의 시계를 관람하고 다시 1층으로 올라오면 현재 판매되고 있는 유명 브랜드의 시계들이 쇼케이스 속에 가득한데 가장 저렴한 시계가 대형 세단 자동차 가격과 맞먹는다.

지도 P.82-A2 **주소** Bahnhofstrasse 31 **홈페이지** www.beyer-ch.com **운영** 월~금요일 14:00~18:00 **휴무** 토·일요일 **요금** 성인 CHF10(취리히 카드 소지자 무료) **가는 방법** 중앙역 앞 트램 정류장에서 11, 13, 17번 타고 Paradeplatz 하차 후 오던 방향으로 되돌아 도보 2분.

©Anita Affentranger

취리히 미술관 Kunsthaus Zürich

1910년에 개관한 미술관으로 2001~2005년 사이에 리노베이션을 해서 조각과 회화 부문에 중요한 컬렉션을 소장한 유럽 미술관으로 발전했다. 후기 고딕 양식의 패널화부터 루벤스, 렘브란트 등의 17세기 플랑드르 지역의 회화와 프랑스의 인상주의 회화, 고전주의, 낭만주의 회화들도 함께 볼 수 있으며 마티스, 피카소, 샤갈, 뭉크 등의 그림과 초현실주의 회화까지 폭넓은 컬렉션을 자랑한다. 다른 곳에서는 보기 힘든, 환상적 화풍을 가진 뵈클린 Böcklin 등 스위스 화가들의 그림들과 자코메티의 조각들도 볼 수 있다. 방대한 전시실 중 빼놓지 말아야 할 곳은 인상주의 작품이 전시되어 있는 22번, 로뎅과 모네의 그림이 있는 23번, 표현주의 작품이 전시되어 있는 24번, 그리고 자코메티 전시실이다. 전시된 그림에 따라 달라지는 전시실의 분위기도 눈여겨볼 만하다.

지도 P.82-B2 **주소** Heimplatz 1 **홈페이지** www.kunsthaus.ch **운영** 화요일·금~일요일 10:00~18:00, 수·목요일 10:00~20:00 **휴무** 월요일, 12/25 **요금** 성인 CHF24(특별전 유무에 따라 변동 가능), 취리히 카드 20% 할인, 매주 수요일 무료 **가는 방법** 트램 3, 5, 8, 9번, 버스 31, 33번 Kunsthaus 하차, 또는 중앙역 도보 20분.

미그로스 미술관 & 쿤스트 할레 Migros Museum für Gegenwartskunst & Kunsthalle

옛 맥주 양조장을 개조한 곳에 만든 미술관으로 현재 스위스에서 가장 훌륭한 현대미술관이라는 평가를 받는 곳이다. 두 미술관 모두 개성 있는 현대미술 기획전을 중심으로 전시하고 있어 미리 전시 주제를 알아두고 방문하는 것이 좋다. 미술관이 자리한 지역은 현재 취리히에서 가장 뜨고 있는 웨스트 지역으로, 두 미술관이 이지역의 개발을 선도했다 해도 과언이 아니다.

지도 P.81-A2 ▶ 주소 Limmatstrasse 270 요금 미그로스 미술관 무료, 쿤스트 할레 CHF12(목요일 17시 이후 입장 무료) 운영 화~일 11:00~18:00(목 ~20:00) 휴무 월요일 가는 방법 트램 4, 13, 17번 Löwenbräu/Dammweg 하차.
[미그로스 미술관] 홈페이지 www.migrosmuseum.ch
[쿤스트 할레] 홈페이지 www.kunsthallezurich.ch

카바레 볼테르와 다다이즘
Cabaret Voltaire & Dadaism

Travel Plus +

다다이즘이란 1920년대에 발생한 아방가르드 미술 운동을 칭합니다. 1916년 2월 작가 겸 연출가인 후고 발 Hugo Ball이 취리히에 카바레 볼테르 Cabaret Voltaire를 열었고 이곳이 시인, 작가들의 아지트가 되며 시작되었습니다. 이때는 제1차세계대전이 전 유럽을 휩쓸고 있던 시기로 인간에 대한 환멸과 허무함이 가득했고 다다이즘의 특징이라 할 수 있는 허무적 이상주의와 반항 정신은 여기에서 왔다고 할 수 있습니다. 전쟁이 끝나고 취리히의 다다이스트들은 각자 자신들의 고향으로 돌아가 활동을 계속합니다. 이들의 활동은 회화, 문학, 공연, 영화 등 전 분야로 퍼져나갔고 이후 초현실주의로 이어집니다. 우리나라의 시인 이상(1910~1937)의 시 〈오감도〉나 백남준, 오노 요코 등의 비디오 예술가들도 다다이즘의 영향을 받았다고 할 수 있습니다. 이러한 다다이즘이 시작된 카바레 볼테르 Cabaret Voltaire는 지금도 실험적인 예술가의 발표장이면서 취리히 젊은이들의 아지트 역할을 하고 있습니다.

지도 P.82-B1 ▶ 주소 Spiegelgasse 1 홈페이지 www.cabaretvoltaire. ch 운영 [카페·바] 화~목 13:30~24:00, 금·토 13:30~02:00, 일 13:30~18:00, [도서관·전시] 화~일 13:30~18:00 (화·목 ~20:00) 요금 CHF14, 취리히 카드 소지자 무료

르 코르뷔지에 센터 Pavillon Le Corbusier

콘크리트의 마법사라고 불리는 현대건축의 아버지 르 코르뷔지에 Le Corbusier(1887-1965)의 마지막 건물. 르 코르뷔지에의 강력한 후원자였던 하이디 베버 Heidl Weber의 의뢰로 지어진 건물로 르 코르뷔지에 사망 2년 후에 완공되었다. 작은 연못 옆에 있는 건물로 노출 콘크리트가 주를 이루던 이전 작품들과 달리 철제와 유리로 만든 외관이 이채롭다. 르 코르뷔지에 특유의 비례가 사용된 벽면은 원색으로 칠해져 있는데 자세히 보면 몬드리안 Mondrian의 <콤퍼지션 Composition>을 3D 프린터로 인쇄해 만든 것 같기도 하다. 내부는 르 코르뷔지에의 그림, 드로잉, 조각과 설계 작업 때 사용한 도구들이 전시되어 있고 기획전이 열리기도 한다. 르 코르뷔지에의 팬이라면 꼭 가봐야 할 명소로, 2019년부터 취리히 디자인 미술관의 일부로 편입되어 운영되고 있다.

지도 P.81-B2 **주소** Hoeschgasse 8 **홈페이지** www.pavillon-le-corbusier.ch **운영**(2024년) 5/3~11/24 화~일요일 12:00~18:00(목요일 ~20:00) **휴무** 월요일 **요금** 성인 CHF12, 학생 CHF8(스위스 뮤지엄 패스, 취리히 카드 소지자 무료) **가는 방법** 트램 2, 4번 Hoeschgasse 하차, 호수 방향으로 도보 2분.

Travel Plus +

봄이 오는 소리 젝세로이텐 Sächsilüüte

춥고 어두운 겨울이 지나고 꽃피는 봄을 맞이하는 전통 축제. 4월 중순에 열리는 축제로 눈사람 모양의 인형 뵈그 Böögg가 오페라 하우스 앞 광장 Sechseläutenplatz 중앙에 서고 전통 의상을 입은 길드 대표자들이 말을 타고 퍼레이드를 펼치다가 뵈그를 향해 달리며 횃불을 던져 뵈그를 태우는 행사다. 뵈그가 타는 모습도 장관이지만 전통 의상을 입은 사람들의 행렬, 다양한 먹거리 등 볼거리가 많은 행사이니 여행 중 일정이 된다면 참여해 보자.

축제 일정(2025년) 4/25~28, 눈사람 태우기 행사 4/28 **축제 정보** www.sechselaeuten.ch

FIFA 세계 축구 박물관 FIFA World Football Museum

전 세계가 열광하는 스포츠인 축구, 국제축구연맹 FIFA가 자리한 도시 취리히에서 FIFA가 만든 축구 박물관으로 2016년에 개관했다. 매표소를 지나 들어가면 C자형 구조물에 FIFA 회원국들의 유니폼을 색깔별로 전시해 놓은 것이 있으니 낯익은 유니폼을 찾아보는 것도 좋겠다. 지하 1층에는 FIFA 월드컵 관련 전시물들이 가득하다. 1930년 첫 번째 우루과이 월드컵부터 2018년 러시아 월드컵까지 삽화, 영상, 유니폼, 공인구 등이 전시되어 있는데 2002년 한·일 월드컵이 아니었다면 우리의 흔적은 찾아보기 어려웠을 공간. 그만큼 전 세계가 열광하는 스포츠지만 유럽과 남미 중심의 스포츠라는 것을 상기시키는 곳이기도 하다. 2층에는 축구와 관련된 다양한 전시물들이 가득하고 여러 기념품을 구입할 수 있는 숍과 직접 공을 차볼 수 있는 체험 공간이 마련되어 있다. 축구 마니아라면 절대 지나쳐서는 안 될 공간. 짐을 보관할 수 있는 라커에서 아는 이름 또는 좋아하는 선수 이름을 찾아서 물건을 보관하는 것도 소소한 재미일 듯하다. 대한민국 축구의 전설 차붐(차범근) 또한 한 자리를 차지하고 있다.

지도 P.82-A2 **주소** Seestrasse 27 **홈페이지** www.fifamuseum.com **운영** 화~일요일 10:00~18:00 **휴무** 월요일, 4/15, 9/9, 12/25 **요금** 성인 CHF26, 학생 CHF15(스위스 뮤지엄 패스 소지자 무료, 취리히 카드 30% 할인) **가는 방법** 트램 5, 6, 7번 타고 Bahnhof Enge 하차, 또는 13, 17번 타고 Bahnhof Enge/Bederstrasse 하차 후 도보 1분, 중앙역에서 S-Bahn 2, 8, 21, 24호선 타고 Bahnhof Enge 하차 후 도보 1분.

RESTAURANT | 취리히의 식당

구시가 쪽에 스위스 전통 음식을 먹을 수 있는 레스토랑들이 모여 있다. 한국어로 된 메뉴판을 밖에 걸어둔 곳도 있다. 중앙역 메인홀에서는 매주 수요일마다 식료품 시장이 열리는데, 여러 가지 식재료와 함께 간단한 식사도 해결할 수 있으며 가격도 저렴하다.

스위스 추치 Swiss Chuci

구시가에 자리한 스위스 음식 전문점. Adler 호텔 건물 1층에 있으며, 눈에 띄는 노란 차양 덕에 찾기 쉽다. 다양한 스위스 전통 음식을 맛볼 수 있으며 호텔 투숙객에게 제공되는 조식 뷔페가 CHF20에 여행자들에게 판매된다. 조식이 제공되지 않는 숙소에서 묵는다면 아침에 들러도 좋을 듯.

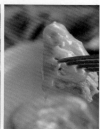

지도 P.82-B1 **주소** Rosengasse 10 **전화** 044-542-46-33 **홈페이지** www.swiss-chuchi.ch **영업** 식사 매일 11:30~23:15, 조식 뷔페 월~금요일 06:15~10:00, 토·일요일 07:00~10:30 **예산** 전식 CHF8.50~17.50, 고기요리 CHF34.50~42.50, 라클레트 CHF28.50~39.50, 퐁뒤 CHF42.50 **가는 방법** 중앙역 맞은편 다리 건너 강변길 따라 오른쪽으로 도보 3분.

힐틀 다흐테라세 Hiltl Dachterrasse

취리히에서 가장 번화한 반호프 거리의 대규모 쇼핑몰 PKZ WOMEN에 자리한 채식 뷔페. 싱그러운 분위기의 인테리어 속에서 신선한 채소와 과일을 즐길 수 있다. 같은 계열사인 티비츠 tibits보다 음식 수는 더 많고 고급스럽다.

지도 P.82-B1 **주소** Bahnhofstrasse 88 **전화** 044-888-88-00 **홈페이지** www.hiltl.ch **영업** 월~목요일 09:00~23:00, 금·토요일 09:00~24:00, 일요일 10:00~22:00 **예산** 커피 CHF7~, 조식 CHF14~ **가는 방법** 중앙역 맞은편 다리 건너 강변길 따라 오른쪽으로 도보 3분.

티비츠 바이 힐틀 tibits by HILTLi

오페라 하우스 뒤편에 위치한 뷔페 레스토랑으로 여러 가지 채식 위주의 샐러드를 즐길 수 있다. 파스타, 볶음밥 등 따뜻한 음식도 준비되어 있고 디저트 케이크도 맛있다. 여성 여행객이라면 350~450g, 남성 여행자라면 500g 정도면 든든하게 먹을 수 있다. 담는 만큼 비용을 내야 하니 조심조심 담을 것.

지도 P.81-B2 **주소** Seefeldstrasse 2 **전화** 044-260-32-22 **홈페이지** www.tibits.ch **영업** 월~목요일 06:30~23:00, 금요일 06:30~24:00, 토요일 08:00~24:00, 일요일 00:00~23:00 **예산** 샐러드 뷔페 100g당 CHF4.50, 음료 CHF3.50~ **가는 방법** 트램 2, 4번 Operahaus 하차.

요지스 yooji's

간단한 식사와 테이크아웃이 가능한 초밥 전문점. 따뜻한
우동도 먹을 수 있다. 도시락처럼 만들어진 세트 메뉴가
특히 알차다. 지하에 회전 초밥 레스토랑이 있어 조금 편
하게 식사할 수 있다. 이른 아침이면 커피와 빵 등 조식
메뉴도 판매한다.

지도 P.82-B1 **주소** Bahnhofstrasse 102 **전화** 044-212-12-25
홈페이지 www.yoojis.com **영업** 월~금요일 07:00~23:00, 토요
일 09:00~23:00, 일요일 11:00~23:00,
회전 초밥 매일 11:00~
예산 초밥 세트 CHF
8.80~, 샐러드 CHF
7.90~ **가는 방법** 중
앙역 플랫폼 등지고 왼
쪽 출구로 나와 길 건너
두 번째 블록 코너.

스프륑글리 SPRÜNGLI

스위스 은행업무의 중심지인 파
라데플라츠 Paradeplatz에 자
리한 카페. 1836년에 설립한 스
위스 고급 과자브랜드에서 운영
하고 있으며 취리히 중앙역, 공항에도 숍이 있다. 향
긋한 커피가 맛있고 고급스러운 초콜릿은 선물용으
로도 제격이다. 현지인들에게는 브런치도 인기 좋은
메뉴. 브런치 식사를 원한다면 예약하는 것이 좋다.

지도 P.82-A2 **주소** Bahnhofstrasse 21 **전화** 044-224-47-11 **운영** 월~금 07:00~18:30, 토 09:00~18:30, 일 09:00~17:00
예산 커피 CHF 5.50~7, 차 CHF 5.50, 케이크류 CHF 7~15 **가는 방법** 성모교회에서 도보 3분

프란초스 franzos

구시가 초입에 위치한 작은 카
페. 따스한 분위기 속에서 맛
좋은 커피와 함께 프랑스식 아
침 식사 프티 데주네를 먹을
수 있다. 조식을 제공하지 않
는 숙소에 묵었다면 한 번 정
도 들러볼 만한 곳. 점심, 저녁

에는 단품 요리가 CHF20 정도에 판매된다. 지나가다 들러 커피 마시기에도 좋다.

지도 P.82-B1 **주소** Limmatquai 138 **전화** 044-542-46-33 **홈페이지** www.franzos.ch **영업** 월~목요일 08:00~23:00, 금
요일 08:00~24:00, 토요일 09:00~24:00, 일요일 10:00~22:00 **예산** 커피 CHF7~, 조식 CHF14~ **가는 방법** 중앙역 맞은
편 다리 건너 강변길 따라 오른쪽으로 도보 3분.

SHOPPING 취리히의 쇼핑

가장 번화가인 반호프 거리에 유명 브랜드 상점이 밀집되어 있다. 구시가 니더도르프 거리에는 서민적 분위기의 개성 있는 상점들이 모여 있다. Weingasse에서 각종 특산물 상점이 모이는 장이 서기도 하니 찾아가 보자.

크리스마스 시장 Weihnachtsmarkt

취리히의 크리스마스 시장은 커다란 트리와 별의 비로 요약된다. 중앙역 로비에는 크리스마스 관련 상품과 먹거리를 판매하는 상점이 160개 이상 들어서고 15m의 높이에 7,000개가 넘는 스와로브스키 크리스마스트리가

세워져 여행자들의 눈길을 끈다. 시내 광장 곳곳에 마켓이 서는데 특히 취리히에서 파라데플라츠 Paradeplatz부터 반호프플라츠 Bahnhofplatz까지 이어지는 가장 번화한 거리 반호프슈트라세 Bahnhofstrasse의 트램 노선을 따라 별이 비가 내리듯 전구가 장식되어 환상적인 풍경을 만들어 낸다.
2024년 일정 11/21~12/23

프라이탁 플래그십 스토어 취리히 FREITAG Flagship Store Zürich

재활용 명품이라 불리는 스위스의 가방 브랜드. 1993년 마커스 프라이탁과 다니엘 프라이탁 형제가 설립한 브랜드다. 그래픽 디자이너 동생이 비가 와도 젖지 않는 가방을 만들고자 시작했던 일이 지금은 업사이클링 Upcycling의 대명사가 되었다. 일정 기간 이상 사용된 방수천 타폴린, 자동차 안전벨트, 자전거 튜브 등을 재활용해 수작업으로 만들어 제품마다 디자인이 다르다. 현재 취리히의 가장 뜨는 구역 취리히 웨스트에 자리 잡고 있다. 컨테이너를 층층이 쌓은 프라이탁 상점은 이 구역의 주인공은 나라고 외치는 듯하다.

지도 P.81-A2 **주소** Geroldstrasse 17 **홈페이지** www.freitag.ch **영업** 월~금요일 10:30~19:00, 토요일 10:00~18:00 **휴무** 일요일 **예산** 가방류 CHF150~ **가는 방법** 중앙역 앞에서 트램 4번 타고 Schiffbau 하차 후 도보 5분, 또는 중앙역에서 S-Bahn 5, 6, 7, 9, 11, 12, 15, 16호선 타고 Zürich Hardbrücke 하차 후 도보 5분

필라텔리 발터 PHILATELIE WALTER AG

각종 우표가 모여 있는 상점으로 1970년도에 개업
했다. 유명인사나 만화, 소설 등을 주제로 한 우표
들을 살 수 있고 관련 액세서리도 판매한다. 수공
으로 만든 노트도 있지만 매우 비싸다. 손편지의
추억이 있다면 향수에 젖을 수 있는 곳.

지도 P.82-B2 ▶ 주소 Rämistrasse 7 홈페이지 www.
philateliewalter.ch 영업 월~금요일 09:00~18:30, 토
요일 09:00~16:00 휴무 일요일 예산 우표 4장 세트
CHF10~ 가는 방법 대사원 옆길로 도보 10분, 벨뷔 광
장에서 도보 3분.

유미하나
YUMIHANA

중앙역 부근에 있는
아시아 마트. 취사가
가능한 숙소에 머문
다면 유용할 라면, 즉
석 식품 등을 구할 수
있고 각종 아이스크림
도 구비되어 있다. 한
국 음식, 한국 식품 뿐만 아니라 일본 식품과 각종 문구와 화장품 등도 판매되고 있다.

지도 P.82-B1 ▶ 주소 Bahnhofquai 9-11 영업 월~토 09:00~19:00 가는 방법 중앙역에서 도보 3분

토이셔 Teuscher

1932년 스위스에서 시작된 초콜릿 장인 아돌프 토이셔 Adolf Teuscher의 숍. 현재 아들 토이셔 주니어가 이끌
고 있다. 방부제를 포함한 인공첨가물을 전혀 사용하지 않는 수제 초콜릿이 고급스럽고 맛있다. 시기와 용도에
따른 패키지가 다양하게 마련되어 있는 게 장점. 반호프 거리에도 매장이 있다.

지도 P.82-B2 ▶ 주소 Storchengasse 9 영업 매일 10:00~18:30 예산 초콜릿 CHF 7.50~ 가는 방법 성모교회에서 도보 3분

HOTEL   취리히의 호텔

스위스 제 1의 도시로 비즈니스 출장객이 많은 만큼 호텔에서는 깔끔하고 군더더기 없는 서비스를 제공한다. 숙박비는 비싼 편. 공식 유스호스텔은 중앙역에서 좀 떨어진 곳에 자리하는데 트램이 바로 연결되어 크게 불편한 점은 없다.

호텔 슈바이처호프 취리히
HOTEL SCHWEIZERHOF ZÜRICH ★★★★

1876년 개업한 호텔로 취리히 최고의 호텔 자리를 지켜오고 있다. 중앙역 길 건너 맞은편에 위치해 접근성 역시 좋다. 클래식하고 고전적 분위기가 가득한 객실에 전동식 침대가 놓여 있고 세련된 태블릿 PC로 호텔에 서비스를 요청하고 방의 전자제품들을 조종할 수 있다는 것이 재미있다.
체크인하면 과일과 웰컴 드링크가 마련되어 있고, 보라색으로 대변되는 영국의 유명 브랜드 Asprey 제품이 욕실 어메니티로 사용되는데 은은하고 자연적인 향으로 많은 사랑을 받는다. 동남아 휴양지 빌라에서 흔히 볼 수 있는 버틀러 서비스 Butler Service(투숙하는 동안 다양한 서비스를 제공하는 일종의 개인 비서 서비스)가 인상적인데 비즈니스 관련 투숙객들이 특히 좋아한다.

지도 P.82-A1 **주소** Bahnhofplatz 7 **전화** 044-218-88-88 **홈페이지** www.hotelschweizerhof.com **부대시설** 레스토랑, 컨시어지 서비스, 피트니스 **주차** 인근 공영주차장 City-Parkhaus 1일 CHF30 **요금** CHF485~, 도시세 CHF2.50 **가는 방법** 중앙역 플랫폼 등지고 왼쪽 출구 길 건너.

호텔 브리스톨 HOTEL BRISTOL ★★★

중앙역에서 가까운 호텔. 전반적으로 심플한 분위기의 호텔이다. 장식적 요소 없는 실내지만 깔끔하고 세련된 분위기의 로비가 깔끔하다. 널찍하고 시원한 채광의 인테리어를 갖춘 객실에서 직관적이고 군더더기 없는 서비스를 제공한다. 시내 여행하는 데 참고할 만한 브로슈어를 갖추고 있으며 친절한 스태프들이 여행을 도와준다. 주차는 호텔 맞은편에 할 수 있고 야간 요금은 무료다.

지도 P.82-B1 **주소** Stampfenbachstrasse 34 **전화** 044-258-44-44 **홈페이지** www.hotelbristol.ch **주차** 인근 공영주차장 1일 CHF42 **요금** CHF205~, 도시세 CHE2.50 **가는 방법** 중앙역에서 나와 다리 건너 왼쪽 언덕길 도보 5분.

호텔 글로켄호프 HOTEL GLOKENHOF ★★★★

종을 제조하던 공장 부지에 지어진 호텔. 이름에서 그 유래를 알 수 있다. 91개의 객실을 운영하며 100년 이상 운영된 호텔이지만 내부는 리모델링을 거쳐 깔끔하고 모던한 분위기다. 욕실도 널찍하고 깔끔하며 욕조가 설치되어 있어 여행 중 쌓인 피로를 풀기에도 그만이다. 객실마다 캡슐커피 머신이 구비되어 있고, 가든 레스토랑 분위기가 좋아 저녁 시간엔 자리 잡기 어려울 정도도. 푸짐한 조식과 함께 체크인 시 바에서 사용할 수 있는 웰컴 드링크 쿠폰도 매력적이다.

지도 P.82-A1 **주소** Sihlstrasse 31 **전화** 044-225-91-91 **홈페이지** www.glockenhof.ch **부대시설** 레스토랑, 컨시어지 서비스 **주차** 호텔 전용 주차장 1일 CHF30 **요금** CHF375~, 도시세 CHF2.50 **가는 방법** 중앙역 정문 앞 정류장에서 트램 11, 13번 타고 2번째 정류장 Rennweg에서 하차해 Füsslistrasse 따라 도보 1분.

유스호스텔 Jugendherberge Zürich

시내에서 좀 떨어진 곳에 위치한 공식 유스호스텔. 호스텔 바로 앞에 버스 정류장이 있고 500m 정도 떨어진 곳에 트램 정류장이 있다. 침대에 개인 등과 콘센트가 설치되어 있고 방마다 세면기가 설치되어 있다. CHF20에 마련되는 저녁 식사는 푸짐하고 맛있어서 외부 레스토랑의 식사가 부담스럽다면 이용할 만하다. 그 외 샌드위치, 컵라면 등 가벼운 음식과 탄산음료, 맥주 등도 판매하며 커피포트를 빌릴 수 있고, 전자레인지와 토스터기는 늘 사용 대기 중. 7번 트램 정류장 가까이에 대형마트인 미그로 Migros(주소 Etzelstrasse 3, 영업 월~토요일 07:30~20:00)가 있어서 알뜰하게 식사 해결이 가능하다. 리셉션이 위치한 로비에서 와이파이 사용이 가능하다고는 하나 그 속도나 안정성은 답답한 수준이다.

지도 P.81-A2 **주소** Mutschellenstrasse 114 **전화** 043-399-78-00 **홈페이지** www.youthhostel.ch/zuerich **부대시설** 라운지, 와이파이, 전자레인지, 토스터기, 커피포트, 당구대 **주차** 1박 CHF10 **요금** 4인 도미토리 CHF50~, 싱글룸 CHF99~, 더블룸 CHF116~, 도시세 CHF2.50(아침, 시트 포함) **가는 방법** 중앙역에서 트램 7번 타고 Morgental에서 하차해 트램을 타고 온 방향(Mutschellenstrasse 방향)으로 도보 5분.

영상보기

한걸음 더!
거대한 물줄기와 함께하는
라인 폭포 Rheinfall

INFORMATION

➡ **홈페이지** www.rheinfall.ch
➡ **유람선 정보** www.maendli.ch
➡ **꼬마 기차 정보** www.rhyfall-express.ch
➡ **가는 방법**
①취리히 중앙역에서 샤프하우젠행 S-Bahn 12호선 타고 Schloss Laufen am Rheinfall 하차(50분 소요), 또는 샤프하우젠행 S-Bahn 9호선 타고 Neuhausen Rheinfall 하차 후 역에서 나와 도보 200m(50분 소요, 이 노선은 독일 영토를 지나게 되므로 스위스 패스 소지자일 경우 취리히에서 티켓에 대한 문의 필요).
②슈타인 암 라인에서 S-Bahn 8호선 타고 샤프하우젠 하차(27분 소요) 후 빈터투어 Winterthur행 S-Bahn 33 호선으로 갈아타고 Schloss Laufen am Rheinfall 하차, 또는 샤프하우젠역 앞에서 21번 버스 타고 4번째 정류장 Neuhausen, Rheinhof 하차.
[라인 폭포 여행안내소] 주소 Rheinfallquai, 8212 Neuhausen am Rheinfall **운영** 09:30~17:00

스위스 중부 알프스에서 발원해 1,320km를 굽이굽이 돌아 북해로 흘러가는 라인강은 예로부터 중부 유럽의 중요한 교역로였다. 라인강을 따라 주변 도시가 교역지로 번성했고, 강을 따라가는 화물선은 물자를 나르고 유람선은 여행자들의 사랑을 받았다. 고즈넉한 강변의 풍경 사이로 거대하고 거친 자연의 모습을 볼 수 있는데 라인강의 유일한 폭포이자 유럽 최대의 폭포인 라인 폭포가 바로 그것이다.

라인 폭포는 Neuhausen 지역의 서던 뱅크 Southern Bank와 라우펜 성 Schloss Laufen am Rheinfall 역 주변의 노던 뱅크 Northern Bank 두 구역으로 나뉜다. 샤프하우젠에서 21번 버스를 타고 도착한 곳은 Neuhausen 지역. 버스에서 내려 길을 건너 표지판을 따라 아래쪽으로 내려가면 거대한 물소리가 들리고 피어오르는 물보라가 눈에 들어온다. 어느 순간 탁 트인 공간과 함께 나타나는 거대한 라인 폭포의 풍경은 그야말로 장관이다.

라인 폭포의 높이는 23m로 높지 않은 편. 그러나 폭이 150m나 되어 초당 700㎥의 물이 떨어지면서 만들어내는 소리와 풍경이 압권. 중간에 우뚝 솟아 있는 바위는 수천 년 동안 강물뿐만 아니라 비바람을 견디며 서 있다. 여행자들은 유람선을 이용해 이곳에 도착하면 바위에 올라 폭포를 가까이서 바라볼 수 있다.

Neuhausen 지역에서 전망대에서 내려와 평탄하게 만들어진 강가를 걷다 보면 유람선 선착장을 만나게 된다. 4~5개의 노선이 마련되어 있는데 쏟아지는 물줄기에 가까이 접근하면 마치 놀이동산에 온 것 같은 기분도 든다. 유람선의 운항 여부는 날씨에 따라 다르다. 비가 많이 오면 수량이 많아 장대하고 멋있는 풍경을 보여주지만 유람선이 폭포 가까이에 접근하지는 못한다.

건너편 라우펜 성 Schloss Laufen 지역으로 넘어가면 폭포를 조금 더 가까이에서 볼 수 있다. 라인 폭포를 관람하는 여행자의 통로 역할을 충실하게 하고 있지만, 라우펜 성은 1,000년의 역사를 가진 스위스의 고성이다. 잠시 시간을 내어 내부 역사관의 전시물을 돌아보는 것도 의미있는 시간이 될 것이다.

한걸음 더!

라인강의 보석이 된 라인강의 돌
슈타인 암 라인
Stein am Rhein

자그마한 구시가 건물 외벽을 가득 채운 프레스코 화가 인상적인 도시 슈타인 암 라인. 라인강 변 도 시 중에서도 가장 완벽한 중세시대의 모습을 보존 하고 있음을 인정받아 스위스문화유산협회 Swiss Heritage Society에서 1972년 제정한 바커 상 Wakker Prize의 초대 수여지이기도 하다. 도시의 이 름을 그대로 직역하면 '라인강의 돌'이라는 뜻이다. 작은 돌멩이 형태의 아담한 구시가 골목골목을 걷다 보면 흔히 만날 수 있는 돌멩이가 아닌, 작지만 단단 하게 빛나는 보석임을 알게 되는 곳이다.

취리히에서 출발해 샤프하우젠 Schaffhausen이나 빈 터투어 Winterthur에서 기차를 갈아타고 도착하는 슈

타인 암 라인 역은 자그마한 집 모양을 하고 있다. 이 곳에서 구시가를 뜻하는 'Altstadt' 표지판을 따라 걸 으며 만나는 풍경은 특별할 것 없는 조용한 주택가다. 하지만 라인강을 가로지르는 마을 입구의 다리를 건너 구시가로 들어오는 순간 주변 풍경은 완전히 바뀐다.

여행의 중심은 시청 광장 Rathausplatz. 스위스의 광장 중 가장 아름다운 모습을 가진 광장 중 하나로, 광장 가운데 서서 주변을 둘러보면 건물 외벽을 장식 하고 있는 프레스코화의 이야기들을 볼 수 있다. 하 나하나 보면서 담겨 있는 사연을 유추해보는 것도 재 미있는 일. 힌트는 그림과 건물의 이름에 있다. 정교 하고 화려한 프레스코화 속 인물들과 이곳을 찾는 여행자로 인해 늘 사람들로 붐빈다. 벽 중간에 돌출 되어 있는 퇴창과 프레스코화의 정교함 정도는 건물 소유자의 부의 척도였다고 한다. 중심에 자리한 시청 은 16세기에 지어진 건물로 한때 백화점으로도 사용 되었고 의회 홀은 박물관으로 사용되고 있으며 관람 하려면 예약을 해야 한다.

강변을 따라 자리한 레스토랑에서 강바람 맞으며 식
사를 즐기는 것도 좋고, 목적 없이 골목 사이를 걷는
것도 좋지만 어딘가 관람하고 싶다면 주저하지 않고
추천하고 싶은 곳은 크리펜벨트 박물관 Krippenwelt
Museum이다. '침대의 세계'로 직역되는, 1300년대에
지어진 건물 안에 80여 개국에서 온 예수 그리스도
의 탄생을 모티브로 하는 인형, 공예품 600여 점이
전시되어 있는 곳이다. 스위스 최초이자 유일한 예수
탄생 박물관으로 세계 각국의 문화의 향기가 묻어
있는 전시품이 흥미롭다. 인형들을 보며 어디에서 왔
는지 유추해 보는 것도 또 다른 재미다. 한복을 입은
인형들도 있으니 천천히 둘러보자.

19세기 지역 주민의 생활상을 볼 수 있는 린트부
름 박물관 Lindwurm Museum, 폐허가 된 수도원
을 복구해 박물관으로 꾸민 장크트 게오르겐 박물관
Museum Kloster Sankt Georgen도 독특한 모습의
박물관이다.

홈페이지 tourismus.steinamrhein.ch **가는 방법** 취리
히 중앙역에서 샤프하우젠 Schaffhausen이나 빈터투어
Winterthur에서 환승 1시간 10분 소요.

주요 관광지

➡ **크리펜벨트 박물관** Krippenwelt
주소 Oberstadt 5 **홈페이지** www.krippenwelt-ag.ch
운영 수~일요일 10:00~17:00(12월~1월 중순 매일 오픈)
휴무 월·화요일 **요금** CHF10(스위스 뮤지엄 패스 소지자
무료)

➡ **장크트 게오르겐 박물관** Museum Kloster Sankt Georgen
주소 Fischmarkt 3 **운영** 4·5·9·10월 화~일요일 11:00~17:00,
6~8월 화~일요일 11:00~18:00 **휴무** 월요일, 11~3월 **요
금** CHF5(스위스 뮤지엄 패스 소지자 무료), 린트부름
+장크트 게오르겐 박물관 콤비 티켓 CHF7

➡ **린트부름 박물관** Lindwurm Museum
주소 Understadt 18 **홈페이지** www.museum-
lindwurm.ch **운영** 3~10월 화~일요일 10:00~17:00 **휴
무** 월요일, 11~2월 **요금** CHF5(스위스 뮤지엄 패스 소
지자 무료), 린트부름+장크트 게오르겐 박물관 콤비
티켓 CHF7

크리스마스 시장

한걸음 더!
크리스마스에 가장 빛나는 도시
장크트 갈렌 St. Gallen

아름다운 도서관과 반짝반짝 빛나는 크리스마스 시장이 인상적인 도시 장크트 갈렌은 오랜 역사와 문화를 가진 스위스의 도시. 612년 아일랜드 수도사 갈루스 Gallus가 이 지역에 터전을 잡고 수도원을 세운 것으로 도시가 시작되었다. 중세시대 귀족들의 교육기관이었던 수도원은 오늘날 장크트 갈렌 대학교 Universität St. Gallen로 명맥을 이어가고 있으며 해마다 개최하는 장크트 갈렌 심포지엄 St. Gallen Symposium은 유럽 최고 지성인들의 모임이라는 찬사를 받는다.

장크트 갈렌의 가장 큰 볼거리는 장크트 갈렌 수도원 부속 도서관 Stiftsbibliothek St. Gallen이다. 스위스에서 가장 오래된 도서관이며 세계에서 가장 아름다운 도서관으로 꼽히는 이곳은 1983년 스위스 최초로 유네스코 세계문화유산으로 지정되었다. 이 도서관은 입장할 때 신발을 갈아 신어야 하고 소음을 내는 것, 사진 촬영 모두 엄격히 금지되어 있다. 로코코 양식으로 장식된 열람실에 들어가면 그 화려함과 장엄함에 사진을 찍을 생각도 못할 정도로 넋을 놓고 관람하게 된다. 8~12세기에 쓴 라틴 철학, 의학, 문학서 등을 손으로 필사한 자료가 있으며 만든 지 1,000년이 넘은 책들도 있다고 한다. 가장 안쪽에 보관된 7세기경 이집트 사제의 미라도 이곳의 볼거리다. 오래된 책들이 가득한 벽면을 둘러보면 옛 성현들의 노력과 기운이 느껴지기도 한다.

우뚝 솟은 두 종탑이 인상적인 대성당 St. Gallen Cathedral 역시 로코코 양식으로 장식한 실내와 정갈한 기둥과 화려한 천장이 인상적이다. 크리스마스 시즌에는 성당 앞에 1만 8,000여 개의 전구를 단 20m 높이의 크리스마스트리가 세워지고 저마다의 소원이 매달린다. 여러 세기에 걸쳐 만들어진 다양한 모양의 스테인드글라스도 눈길을 끈다.

Zürich

©Stiftsbibliothek St.Gallen ©Stiftsbibliothek St.Gallen

101
바로크 양식의 대성당

구시가를 걷다 보면 밖으로 돌출된 창을 보게 되는데 장크트 갈렌을 상징하는 건축양식 퇴창 Erker이다. 이곳에 거주했던 상인들의 집에 각양각색의 그림으로 장식한 퇴창은 그 크기와 장식의 정교함으로 집주인의 재력을 나타낸다.

크리스마스 시즌이면 장크트 갈렌은 별의 도시가된다. 구시가 곳곳에 700여 개의 별이 뜨는데 그모습은 가히 환상적이다. 겨울 시즌 풍부한 적설량과 더불어 반짝반짝 빛나는 크리스마스 시장은 여행자를 유혹하는 또 하나의 요소로 다양한 수공예품과 먹거리들이 여행자를 즐겁게 만든다(2024년 크리스마스 시장 일정 11/28~2025/1/6). 오래된 모습을 간직한 수도원 주변 구시가에서 조금 빠져나오면세련된 건물과 함께 강렬한 자태를 뽐내는 빨간색의 광장을 만나게 되는데 시티 라운지 Stadtlounge라 불리는 공간이다.

장크트 갈렌을 걷다 보면 섬유와 원단을 파는 상점을많이 보게 된다. 이 지역은 예전부터 리넨과 면직물공업이 발달했고 20세기 초에는 레이스와 자수의 명산지로 이름 높았다. 그 흔적을 볼 수 있는 곳이 텍스타일 박물관 Textil Museum. 이 지역에 면직물 공업이 시작된 초기 역사부터 지금까지의 과정과 각종기계, 원단 작품 등을 만날 수 있는 곳으로 입장 티켓 또한 천으로 만든 것이 흥미롭다. 스위스의 미술관에서 독특한 형태의 티켓을 주는 경우가 있는데이곳 역시 그중 하나다.

홈페이지 st.gallen-bodensee.ch 가는 방법 취리히 중앙역에서 기차로 1시간 15분, 루체른 중앙역에서 보랄펜 익스프레스 Voralpen-Express 기차로 2시간 15분 소요.

주요볼거리

➡ 장크트 갈렌 수도원 도서관 Stiftsbibliothek St. Gallen
주소 Klosterhof 6D 운영 매일 10:00~17:00(목요일 ~19:00) 휴무 12/24~25 요금 CHF18(스위스 뮤지엄 패스 소지자 무료)

➡ 텍스타일 박물관 Textil Museum
주소 Vadianstrasse 2 홈페이지 www.textilmuseum.ch 운영 매일 10:00~17:00 휴무 12/24·31 요금 CHF12(스위스 뮤지엄 패스 소지자 무료)

시티 라운지 시티 라운지 텍스타일 박물관
텍스타일 박물관

산, 강, 호수의 삼위일체

루체른
LUZERN

평화롭고 아름다운 호수와 전설을 품은
알프스 봉우리들 사이에 둘러싸인 도시
루체른은 스위스의 매력이 한곳에 모
여 있는 곳이다. 독일어로 '빛의 도시'
라는 어원을 가진 루체른은 13세기에서
19세기까지 알프스 무역의 중심지가 되
어 부를 쌓았고 지금도 그 풍요로움이
도시 곳곳에 묻어있다. 구시가 골목에서
볼 수 있는 프레스코화와 호수 옆 모던
한 건물이 한데 어우러진 도시, 유럽 내
주요한 음악제가 열리는 도시 루체른에
서 중세의 향기에 흠뻑 빠져보자.

이런 사람 꼭 가자!

아기자기한 알프스를 만끽하고 싶다면.
호수 위의 낭만을 느끼고 싶다면.

INFORMATION 〉 알아두면 좋은 **루체른 여행 정보**

클릭! 클릭!! 클릭!!!

루체른 관광청 www.luzern.com

여행안내소

중앙역

위치 중앙역 3번 플랫폼 옆 **주소** Zentralstrasse 5 **전화** 041-227-17-27 **운영** 6~9월 월~금요일 08:30~19:30, 토·일요일 09:00~19:30, 5·10월 09:00~18:30, 11~4월 월-금요일 08:30~17:30, 토·일요일 9:00~13:00

슈퍼마켓

Coop Rail City

위치 중앙역 지하 **운영** 월~토요일 06:00~22:00, 일요일 07:00~22:00

우체국

주소 Bahnhofplatz(중앙역 옆) **운영** 월~금요일 07:30~18:30, 토·일요일 09:00~17:00

경찰서

주소 Hirschengraben 17a

ACCESS 〉 **루체른 가는 방법**

스위스의 중심부에 위치한 대표적인 여행·휴양 도시로 매년 많은 여행자들이 방문한다. 수많은 기차와 버스 노선이 루체른으로 발착하는데, 특히 루체른과 인터라켄 사이를 연결하는 루체른-인터라켄 익스프레스 Luzern-Interlaken Express(P.36) 노선은 유럽에서도 아름답기로 손꼽힌다. 또한 피어발트슈테터 호수 Vierwaldstättersee에서 유람선을 이용해 플뤼엘렌 Flüelen을 거쳐 로카르노 Locarno와 루가노 Lugano로 가는 고타드 파노라마 익스프레스 Gotthard Panorama Express(P.34)의 시작점이기도 하다. 장크트 갈렌 St. Gallen과 루체른을 이어주는 보랄펜 익스프레스 Voralpen Express도 다채로운 풍경을 감상하며 이동할 수 있는 노선으로 각광받고 있다.

루체른의 관문인 루체른 중앙역은 수많은 여행자가 이용하는 기차역답게 Rail City와 같은 대형 슈퍼마켓이 입점해 있으며 현대적인 시설을 갖추고 있다. 기차 예약 사무소는 지하에 위치하며 주말에도 영업하는 병원, 은행, 환전소 등이 있다.

중앙역에서 나오면 역 앞 광장에 시내 곳곳을 연결하는 시내버스와 트램이 정차한다. 광장 맞은편에 유람선 선착장(Luzern Bahnhofquai)이 있는데, 이곳에서 리기 Rigi, 필라투스 Pilatus 등으로 가는 유람선이 출발한다. 강변을 따라 100m 정도 걸어가면 루체른의 대표적인 여행 명소인 카펠교가 등장한다.

[루체른 중앙역] 지도 P.106-A1 **주소** Zentralstrasse 1
[루체른 유람선 선착장] 지도 P.107-B1

Travel tip!

기차역 주요 시설 정보

· **코인 라커**
위치 2번 플랫폼 왼쪽, 15번 플랫폼 오른쪽 **요금** (24시간 기준) 사이즈에 따라 CHF6~10

▶▶ **루체른에서 주변 도시로 이동하기**

루체른 ▶ 취리히 **HB** 열차 1시간 소요
루체른 ▶ 바젤 **SBB** 열차 1시간~1시간 30분 소요
루체른 ▶ 주네브 **Cornavin** 열차 3시간 소요
루체른 ▶ 베른 열차 1시간~1시간 25분 소요
루체른 ▶ 인터라켄 **Ost·West** 열차 2시간~2시간 25분 소요

TRANSPORTATION 루체른 시내 교통

기차역 앞 광장에서 출발하는 버스가 시내 곳곳을 연결하지만 볼거리들은 주로 구시가 쪽에 모여 있어서 교통수단을 이용할 일이 별로 없다. 루체른에 도착해 숙소까지 대중교통을 이용할 예정이라면 대중교통 1회권(요금 CHF4)을 구입해서 이동하자. 숙소 체크인을 하면 비지터 카드 Visitor Card(Gästekarte Luzern)를 받게 된다. 일부 구간(Zone 10)에 한해 대중교통 무제한 이용, 볼거리 입장 할인, 무료 와이파이 이용 등의 혜택이 주어지므로 비지터 카드를 이용하면 효율적으로 여행할 수 있다.

역 앞에 펼쳐지는 피어발트슈테터 호수를 가로지르는 유람선을 이용해 리기 Rigi, 필라투스 Pilatus로 올라가는 길목에 있는 마을과 남부 티치노 Ticino 지방으로 가는 길목의 플뤼엘렌 Flüelen 등으로 갈 수 있다.

유레일 패스와 스위스 패스 소지자는 무료로 유람선을 이용할 수 있다.
유람선 홈페이지
www.lakelucerne.ch

비지터 카드

GÄSTEKARTE
Luzern–Vierwaldstättersee
VISITOR CARD
Luzern–Lake Lucerne Region

Travel tip!

교통권 자판기 이용 방법
①목적지를 누른다(예: 중앙역-유스호스텔은 Z Zone 10). ▶ ②자판기에 돈을 넣는다. ▶ ③티켓과 거스름돈을 받는다.

루체른와 친해지기

루체른 시내만 돌아볼 계획이라면 반나절에서 하루 정도 할애하면 된다. 중앙역을 출발해 빈사의 사자상이 있는 공원으로 가자. 타국의 왕실을 위해 자신의 임무를 완수한 786명의 스위스 용병들에게 묵념하고 그 위의 빙하공원에 간다. 자연이 만들어낸 신비한 궤적들을 만날 수 있다.
루체른이 성곽으로 둘러싸여 있었다는 것을 보여주는 무제크 성벽을 따라 산책을 즐기고 쉬프로이어 다리를 건너자. 밝고 경쾌한 바로크 양식의 예수교회를 둘러보고 다시 카펠교를 건너 구시가를 걸으며 작은 골목과 건물을 장식하고 있는 프레스코화, 작은 미술관들을 관람해보자.
알프스 여행을 계획했다면 오전 일찍 산에 다녀오고 오후 시간에 빈사의 사자상과 카펠교, 구시가를 둘러보며 저녁 시간을 맞이할 수 있다.

루체른 MUST DO!

☑ 프랑스 대혁명 당시 프랑스 왕실을 위해 죽은 786명의 스위스 근위병을 애도하며 세운 빈사의 사자상 앞에서 묵념.

☑ 넓은 호수 위에서 유람선을 즐기며 시원한 바람과 맑은 공기를 느껴보자.

☑ 산의 여왕 리기, 용이 나올 것 같은 거친 필라투스, 빙빙 돌아가는 케이블카를 타고 만년설을 볼 수 있는 티틀리스 중 어디로 갈까?

☑ 구시가 곳곳에 숨어 있는 벽화와 동상을 찾아보자.

루체른 추천 코스

중앙역 ▶▶ 도보 14분 ▶▶ **빈사의 사자상** P.110 ▶▶ 도보 2분 ▶▶ **빙하공원** P.110

구시가지를 통해 도보 20분

예수 성당 P.113 ◀◀ 도보 6분 ◀◀ **쉬프로이어 다리** P.111 ◀◀ 도보 10분 ◀◀ **무제크 성벽** P.111

도보 3분

카펠교 P.108 ▶▶ 바로 ▶▶ **구시가** P.114

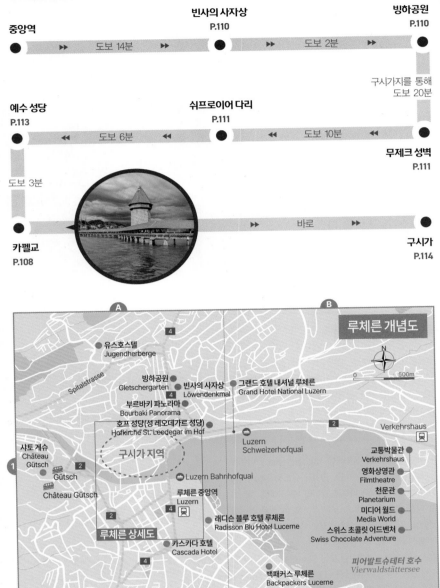

루체른 개념도

A B

유스호스텔
Jugendherberge

빙하공원
Gletschergarten

빈사의 사자상
Löwendenkmal

그랜드 호텔 내셔널 루체른
Grand Hotel National Luzern

부르바키 파노라마
Bourbaki Panorama

호프 성당(성 레오데가르 성당)
Hofkirche St. Leodegar im Hof

구시가 지역

Luzern
Schweizerhofquai

Verkehrshaus

샤토 게슈
Château Gütsch

Gütsch

Château Gütsch

교통박물관
Verkehrshaus

영화상영관
Filmtheatre

천문관
Planetarium

미디어 월드
Media World

스위스 초콜릿 어드벤처
Swiss Chocolate Adventure

Luzern Bahnhofquai

루체른 중앙역
Luzern

루체른 상세도

래디슨 블루 호텔 루체른
Radisson Blu Hotel Lucerne

카스카다 호텔
Cascada Hotel

백패커스 루체른
Backpackers Lucerne

피어발트슈테터 호수
Vierwaldstättersee

Spitalstrasse

●볼거리 ●숙소

루체른 상세도

무제크 성벽
Museggmauer

치트탑
Zytturm

비르츠하우스 줌 레브스톡
Wirtshaus zum Rebstock

호텔 줌 레브스톡
Hotel zum Rebstock

호텔 슈바이처호프 루체른
Hotel Schweizerhof Luzern

Museggstrasse

Mariahilfgasse

헤이니 Heini

바라바스 호텔 루체른
Barabas Hotel Luzern

송 피 농
Song Pi Nong

구시가 지역

피어발트슈테터 호수
Vierwaldstättersee

쉬프로이어 다리
Spreuerbrücke

마시다
Masida

Coop

Kornmarktgasse

트위니 스테이션
Twiny Station

라트하우스 양조장
Restraunt Rathaus Brauerei

루체른 문화 콘퍼런스 센터
Kultur und Kongresszentrum Luzern(KKL)

로이스강
Reuss

호텔 데 발랑스
Hotel des Balances

Rathaussteg

카펠교
Kapellbrücke

팔각형 물탑 Wasserturm

Reussbrücke

Luzern
Bahnhofquai

Bahnhofpl.

호텔 빌덴 만
Hotel Wilden Mann

예수 성당
Jesuitenkirche

Bahnhofstrasse

Luzerner
Theater

Swisscom

시내버스 터미널

Hirschengraben

Globus Luzern
Warenhaus

UBS

i

9

Coop Rail City

9

Franziskanerkirche
(성당)

로젠가르트 미술관
Sammlung Rosengart

Starbucks

티비츠 tibits

Townhouse
Luzern

McDonald's

루체른 중앙역
Luzern

경찰서

Betreibungsamt
Stadt Luzern

Burgerstrasse

Morgartenstrasse

호텔 콘티넨탈 파크 루체른
Hotel Continental-Park Luzern

University of
Luzern

Sozial Info REX
Stadt Luzern

Hirschmattstrasse

더 호텔 루체른, 오토그래프 컬렉션
The Hotel Luzern, Autograph Collection

LUNA Die Luzerner
Natur-Drogerie(약국)

Obergrundstrasse

Murbacherstrasse

Sempacherstrasse

N

0   200m

● 여행의 기술   ● 볼거리   ● 식당   ● 쇼핑   ● 숙소

ATTRACTION 루체른의 볼거리

루체른은 호수와 강을 중심으로 양쪽의 분위기가 다르다. 중앙역 부근의 느낌은 모던한 반면 카펠교 북쪽 지역은 중세 느낌이 물씬 풍기는 작은 골목이 기다리고 있다. 도시 여행이 지루하다면 호숫가를 거닐며 하루를 보내거나 인근의 알프스에 올라도 좋다.

카펠교 Kapellbrücke

현존하는 유럽의 목조다리 중 가장 오래된 다리로 루체른의 상징이다. 1333년에 세워졌고 길이는 204m, 처음에는 도시를 지키는 요새의 일부로 만들어졌다. 다리 전체에 지붕이 있는 특이한 형태다. 영문으로는 'Chaple Bridge', 즉 '교회 다리'라는 뜻으로 인근에 성 페터 성당 Peterskapelle 이 있어 이런 이름이 붙었다. 내부 천장에는 루체른에서 일어난 역사적 사건과 수호성인들을 표현한 한스 하인리히 베그만 Hans Heinrich Wägmann의 판화 작품이 걸려 있다. 600여 년 동안 굳건히 자리를 지키던 이 다리는 1993년 8월 화재로 거의 전소되고 내부 천장의 판화도 2/3가 훼손되었으나 복구 작업을 거쳐 1994년에 다시 개방되어 지금의 모습을 갖게 되었다. 다리 끝에 있는 높이 34.5m의 팔각형 물탑 Wasserturm은 다리보다 30여 년 앞서 지어진 것으로 감옥으로 쓰이기도 했고, 보물이나 각종 서류를 보관하던 곳이었으나 지금은 기념품점이다.

지도 P.107-B1 **가는 방법** 중앙역 맞은편 도보 2분.

피어발트슈테터 호수 Vierwaldstättersee

스위스에서 다섯 번째로 큰 호수. 면적 114km², 가장 깊은 곳 수심 210m, 최대 길이 30km, 최대 너비 20km의 호수로 전체의 모양은 마치 개업하는 상점 앞에서 춤추는 인형처럼 보이기도 한다. 루체른호라고 부르기도 하는데 원래 이름은 피어발트슈테터 호수다. 독일어로 '4개의 숲의 호수'라는 뜻인데 스위스 최초의 4주인 슈비츠주, 운터발덴주, 우리주, 루체른주와 접하고 있어 이 이름이 지어졌다고 한다. 현재 운터발덴주가 니트발덴주와 옵발덴주로 분리되어 지금은 5개의 주와 접하고 있으며 리기산, 필라투스산이 호수를 사이에 두고 마주 보고 있다.

호숫가를 산책하는 것도 좋지만 유람선을 타고 물 위를 흐르는 여행을 떠나보자. 이곳에서 비츠나우 Vitznau 행 유람선을 타면 리기산으로, 알프나흐슈타트 Alpnachstad행을 타면 필라투스로 갈 수 있다. 또한, 플뤼엘렌 Flüelen행 유람선은 고타드 파노라마 익스프레스의 일부로 로카르노 또는 루가르노 연결된다. 굳이 목적지를 정하지 않더라도 한가로이 호수 위를 떠다니는 시간을 즐기는 것도 좋다. 유람선은 왕복 운항하며 스위스 패스로 무료로 탑승할 수 있다.

지도 P.106-B1·P.107-B1 ▶ **홈페이지** 유람선 정보 www.lakelucerne.ch **가는 방법** 중앙역에서 도보 5분.

부르바키 파노라마 Bourbaki Panorama

거대한 둥근 건물 내부에 담긴 커다란 파노라마 그림을 볼 수 있는 곳. 프러시아 전쟁 당시 부르바키 Bourbaki 장군이 지휘하는 프랑스 군이 스위스로 넘어오던 중의 일화들을 관람할 수 있다. 1880년 에두아르 카스트르 Edouard Castres가 그린 그림으로 높이 10m, 둘레 112m의 원형 그림으로 전쟁 당시 대중들의 눈에 비친 모습과 그들의 감정을 주제로 전쟁의 참혹성을 전달하고 있다. 건물은 리모델링을 거쳐 2002년에 재개관했으며 파노라마 그림 전시실과 함께 레스토랑, 극장, 박물관, 기념품숍 등이 들어서 있는 종합문화시설이다.

지도 P.106-A1 ▶ **주소** Löwenplatz 11 **홈페이지** www.bourbakipanorama.ch **운영** 매일 3~10월 09:00~18:00, 11~3월 10:00~17:00 **휴무** 12/25 **요금** CHF15(스위스 뮤지엄 패스, 루체른 뮤지엄 카드 소지자 무료) **가는 방법** 중앙역에서 도보 15분. 또는 1, 19, 22, 23번 버스를 타고 두 번째 정류장 Löwenplatz 하차.

빙하공원 Gletschergarten

루체른이 빙하지대였다는 것을 보여주는 유적지로 1872년 창고를 짓기 위해 땅을 파던 농부가 발견했다.
5년여 간의 리모델링 작업을 거쳐 완성된 새로운 빙하공원에서는 2만 년 전 빙하가 움직이며 만든 소용돌
이의 흔적과, 바위산 안에 만들어진 암석 전시장에서 루체른에서 발견된 여러 화석과 암석의 변화를 볼 수
있다. 전망대 알펜블릭 Alpenblick에서는 루체른 시를 한 눈에 볼 수 있다. 1896년에 만들어진 거울 미로
Spiegellabyrinth는 스페인 그라나다 알함브라 궁전의 사자의 정원 모형을 찾아가는 과정이 흥미롭다.

지도 P.106-A1 **주소** Denkmalstrasse 4 **홈페이지** www.gletschergarten.ch **운영** 4~10월 09:00~18:00, 11~3월
10:00~17:00 **요금** 성인 CHF22(스위스 뮤지엄 패스, 스위스 트래블 패스 소지자 무료) **가는 방법** 중앙역에서 도보 15분
또는 버스 1, 19번 Löwenplatz 하차.

빈사의 사자상 Löwendenkmal

등에 창을 꽂은 채 부르봉 왕가의 문장이 새겨져 있
는 방패를 가슴에 안고 있는 사자가 처연한 표정으
로 쉬고 있는 조각으로 덴마크의 유명 조각가 베르
텔 토르발트젠 Bertel Thorvaldsen의 디자인을 루카
스 아른 Lukas Ahorn이 조각한 작품이다.
1792년 프랑스 대혁명 당시 파리 튈르리 궁전에
서 루이 16세와 마리 앙투아네트 등의 왕실 인물
을 호위하다 전사한 786명의 스위스 용병을 기리
기 위해 만들어졌다. 사자상 위쪽에 새겨진 문구
'Helvetiorum Fidei ac Virtuti(스위스의 용맹과 충
성심을 기리며)'가 그들의 정신을 나타내고 있다. 사
자상 아래 새겨진 글자들은 당시 희생된 스위스 용
병들의 이름이라고. 정면에서 보는 모습도 멋지지
만, 왼쪽에 있는 계단에 올라가 보는 사자의 표정 또
한 인상적이다. 미국의 유명 작가 마크 트웨인 Mark
Twain은 이 조각상을 본 후 '세계에서 가장 슬프고
감동적인 조각상'이라고 말했다고 한다.

지도 P.106-A1 **주소** Denkmalstrasse 4 **가는 방법** 호프
성당 앞 뢰벤 거리 Löwenstrasse를 따라 도보 300m.

쉬프로이어 다리
Spreuerbrücke

카펠교와 비슷하게 지붕이 있는 형태의 다리로 카펠교처럼 요새의 일부분이었으며 1408년에 세워졌다. 카펠교의 명성에 가려져 있지만 카펠교에 비하면 옛 모습을 잘 간직하고 있는 또 하나의 루체른의 명물이다. 내부에는 걸려 있는 67개의 그림은 1627년에 제작된 멤링거의 작품으로 전염병을 물리친 뒤의 모습을 묘사하고 있어 〈죽음의 춤 Totentanz〉이라는 부제가 붙었다.

 지도 P.107-A1 ▶ 가는 방법 중앙역에서 도보 10분.

로젠가르트 미술관
Sammlung Rosengart

1924년에 신고전주의 양식으로 건설한 우아한 은행을 개조해 미술관으로 꾸며 2002년에 개관했다. 피카소의 친구이기도 한 미술상 안젤라 로젠가르트 Angela Rogengart의 컬렉션으로 G층(우리나라 1층)에는 피카소의 작품들만이 전시되어 있고 다른 드로잉과 판화들은 1층(우리나라 2층)에 전시되어 있다. 그 외 파울 클레의 스케치와 세잔, 칸딘스키, 미로, 모딜리아니와 샤갈의 작품들이 가득하다. 19세기 고전 모티니스트와 인상파 회화에 관심 있는 여행자라면 들러보자.

지도 P.107-B2 ▶ 주소 Pilatussrtasse 10 홈페이지 www.rosengart.ch 운영 4~10월 10:00~18:00, 11~3월 11:00~17:00 요금 성인 CHF20, 학생 CHF10, 스위스 뮤지엄 패스 소지자 무료 가는 방법 중앙역 왼편 Pilatusstrasse를 따라 도보 5분.

무제크 성벽
Museggmauer

1386년 건설된 성벽으로 당시에는 루체른 전체를 둘러싸고 있었으나 지금은 구시가 북쪽 900m 정도와 100m 간격으로 있는 탑만이 남아 있다. 이 중 3개의 탑이 여름철에 내부 견학이 허용되며 루체른 시민의 산책로로 사랑받는 공간이다.

지도 P.107-A1 ▶ 가는 방법 쉬프로이어 다리 건너 왼쪽 길 따라 도보 10분.

루체른 문화 콘퍼런스 센터 Kultur und Kongresszentrum Luzern(KKL)

프랑스의 건축가 장 누벨 Jean Nouvel이 설계한 건물로 철골과 유리로 지어진 거대한 건물이다. 내부에는 콘서트장과 루체른 시립미술관이 자리하고 있다. 콘서트홀은 배를 닮았는데 내부의 울림이 환상적이라는 평가를 받는다. 시립미술관은 상설 전시보다는 수준 높은 기획 전시로 명성이 높다. 겨울 시즌에는 건물 앞에 아이스 링크가 설치되기도 한다. 내부는 토·일요일에 가이드 투어로 돌아볼 수 있다. 영어, 독일어, 중국어로 진행되며 미리 예약해야 한다. 요금은 성인 CHF15.

지도 P.107-B2 ▶ **주소** Europaplatz 1 **홈페이지** www.kkl-luzern.ch **가는 방법** 중앙역 정문으로 나와 오른쪽 옆 건물.

호프 성당(성 레오데가르 성당)
Hofkirche St. Leodegar im Hof

735년에 세워진 작은 수도원에서 시작한 성당으로 오늘날 루체른의 랜드마크 중 하나가 되었다. 1455년 베네딕토 수도원으로 건설되었고 로마네스크 양식으로 건설이 시작되어 고딕 양식으로 지어졌다. 뾰족하게 길게 솟은 두 탑이 인상적이다. 1633년 화재로 훼손된 이후 르네상스 양식으로 재건되어 지금의 모습을 갖게 되었다. 성당에는 7,374개의 파이프로 된 오르간이 있는데 스위스에서 가장 큰 오르간이라고 한다. 루체른 페스티벌 기간에 이 오르간이 연주된다고 하니 이 기간 중 루체른을 방문한다면 시간 맞춰 들러보자.

지도 P.106-A1 ▶ **주소** St. Leodegarstrasse 6 **운영** 매일 07:00~19:00 **가는 방법** 중앙역 맞은편 다리를 건넌 후 큰길을 따라 도보 5분.

예수 성당 Jesuitenkirche

1666~1677년 사이에 지어진 스위스 최초의 대규모 바로크 양식 성당이다. 건물 양쪽 탑 위 양파 모양의 돔이 인상적이다. 처음에는 인근 학교의 부속 기관으로 건설되었으며 지금도 루체른 음악학교의 교회음악과에서 주최하는 음악회가 자주 열린다. 내부는 로코코 양식으로 장식되어 있으며 밝고 화려한 느낌이다.

지도 P.107-A2 ▶ **주소** Bahnhofstrasse 11A **홈페이지** www.jesuitenkirche-luzern.ch **운영** 매일 09:30~18:30(화·수요일 06:30~) **휴무** 2024/7/1~5 **가는 방법** 중앙역에서 반호프 거리 Bahnhofstrasse를 따라 도보 3분.

교통박물관 Verkehrshaus

1959년에 개관한 유럽 최대의 교통박물관으로 리기산 방문 이후 유람선을 이용해 루체른으로 돌아온다면 중간에 내려 들러볼 만한 곳이다. 옛날부터 지금까지 사용된 대부분의 교통수단을 볼 수 있으며 전시된 증기기관차, 등산열차, 비행기, 자동차 등을 직접 만지고 운전대 앞에 앉을 수 있어 특히 어린이들이 좋아할 만한 곳이다.

각종 교통수단을 볼 수 있는 박물관과 함께 스위스 최대 규모의 영화 상영관 Filmtheatre에서 다양한 다큐멘터리를 볼 수 있으며 천문관 Planetarium은 스위스 최대 규모로 잠시 우주로의 360도 비행으로 인도한다. 또한, 최신 커뮤니케이션 동향을 볼 수 있는 미디어 월드 Media World도 재미있는 시설. 스위스 초콜릿 어드벤처 Swiss Chocolate Adventure에서는 쌉싸름하고 단단한 카카오 콩이 달콤한 스위스 초콜릿으로 만들어지는 과정을 볼 수 있다.

지도 P.106-B1 ▶ **주소** Lidostrasse 5 **홈페이지** www.verkehrshaus.ch **운영** 4~10월 09:00~18:00, 11~3월 10:00~17:00 **요금** 성인 CHF32, 학생 CHF22, 영화관·천문관·스위스 초콜릿 어드벤처 각 CHF16, 데이패스 CHF56, 스위스 트래블 패스·스위스 뮤지엄 패스 소지자 CHF40 **가는 방법** 중앙역에서 S3 또는 Voralpen-Express를 타고 Luzern Verkehrshaus 하차 후 도보 8분 소요. 또는 중앙역 앞 버스 정류장에서 버스 6, 8, 24번 타고 Verkehrshaus 하차. 또는 14, 73번 타고 3번째 정류장 Brüelstrasse 하차 후 도보 7분. 중앙역 맞은편 다리를 건넌 후 호숫가 산책로를 따라 도보 30분. 비츠나우나 베기스에서 루체른으로 돌아오는 유람선 타고 Verkehrshaus/Lido 하차 후 길 건너 맞은편.

중세의 흔적을 간직한 곳
구시가 ALTSTADT

카펠교와 쉬프로이어 다리 Seebrücke 사이의 강 북쪽 일대 구역. 시간이 멈춘 듯한 이 구역은 돌로 포장된 좁은 길 사이로 프레스코화가 벽면을 메우고 있는 건물들이 늘어서 있고 곳곳의 분수가 고풍스러운 분위기를 만들어낸다. 또한, 잘츠부르크나 로텐부르크에서 볼 수 있었던 꼬불거리는 간판들도 여행자들의 눈길을 이끈다. 르네상스 양식의 시청사와 카펠 광장 Kapell Platz, 와인 시장 Weinmarkt, 곡물 시장 Kornmarkt 등이 볼 만하다. 굳이 볼거리를 찾지 않더라도 길을 걷는 것 자체로도 타임머신을 타고 시간을 거슬러 여행 온 듯한 느낌을 받게 된다. 간간이 보이는 최신 유행 상품 가득한 상점만이 현재의 시간을 일깨워줄 뿐이다.

지도 P.106-A1·P.107-A1·B1 ▶ **가는 방법** 중앙역에서 로이스강변을 따라 걷다가 카펠교를 건너 바로. 또는 중앙역에서 유람선 선착장 쪽으로 나와 쉬프로이어 다리를 건너면 구시가 초입이 나온다.

Löwengraben

Weggisgasse

Werchlaubengässli

1779년 괴테가 머물렀던 곳 5

•히르셴 광장
Hirschenplatz

Rössligasse

와인 거래가 열리던 시장 Weinmarkt을 상징하는 그림.
예수 그리스도의 첫 번째 기적 〈가나의 혼인잔치〉
아기자기한 장식이 그려진 건물

Weinmarkt

코른마르크트 광장•
Kornmarkt
(곡물 시장)

Furrengasse

Am-Rhyn-Haus

3 Weinmarkt

Weinmarktgasse 1

Brandgässli

루체른 구시청사

Changemaker

Kramgasse

4
보라색으로 꾸며진 건물

제빵사 길드가 있던 건물 2

✈
카펠교

Metzgerrainle

Metzgerrainle 6
화난 얼굴을 찾아보세요

Unter der Egg

Rathaussteg

Reussbrücke

로이스강

RESTAURANT 루체른의 식당

강변에 줄지어 있는 레스토랑들은 분위기는 좋지만, 가격대가 다소 높은 편이다. 구시가 골목에 전통음식을 먹을 수 있는 레스토랑들이 있고 기차역을 마주 보고 오른쪽 구역에서 다국적 음식들을 맛볼 수 있다.

비르츠하우스 줌 레브스톡 WIRTSHAUS ZUM REBSTOCK

호프 성당 부근에 자리한 식당. 지역 전통 요리법과 현대적인 요리법을 가미한 음식들을 맛볼 수 있다. 식당 내부 분위기도 좋지만 맑은 날 뒤뜰에 마련된 좌석도 인기가 좋다. 전반적으로 따뜻한 서비스를 받으며 즐거운 식사를 즐길 수 있는 곳. 사슴고기가 특히 별미라는 평가도 있다.

지도 P.107-B1 **주소** St. Leodegarstrasse 3 **전화** 041-417-18-19 **홈페이지** www.rebstock-luzern.ch **영업** 매일 07:00~24:00(식사 11:30~23:00) **예산** 수프 CHF9.50~16.90, 샐러드 CHF9.80~24.80, 스위스 전통음식류 CHF16.80~36.50, 스테이크 등 육류 요리 CHF32.80~50 **가는 방법** 호프 성당 맞은편 작은 광장에 위치.

라트하우스 양조장 Restraunt Rathaus Brauerei

시청사 아래 강변에 자리한 식당으로 필라투스산에서 끌어온 물로 직접 제조하는 맥주를 마실 수 있다. 가볍고 산뜻한 맛의 라거가 대표적이며, 시즌별로 특별한 맥주가 서빙된다. 스위스 특유의 육류 요리가 맛있고 목~토요일마다 스페셜 요리가 제공되는데 이 또한 별미다.

지도 P.107-A1 **주소** Unter der Egg 2 **전화** 041-410-52-57 **홈페이지** www.rathausbrauerei.ch **영업** 매일 09:00~23:30 **예산** 맥주 CHF4.70~8.50, 샐러드 CHF9.50~21.50, 소시지 요리 CHF15.50~26.50, 육류 요리 CHF24.50~42.50 **가는 방법** 카펠교 옆 보행자 다리 Rathaussteg를 건너 오른쪽.

티비츠 tibits

채식주의자 식단으로 운영되는 뷔페 레스토랑. 스위스 전역에 체인이 있다. 신선한 채소, 과일과 함께 조금 낯선 채식주의 음식 일명 콩고기, 팔라펠 등이 1kg당 CHF42 정도에 판매된다. 레스토랑에서는 CHF25 정도로 식사가 가능하다. 테이크아웃은 CHF40. 직접 만들어 주는 과일 주스, 주류 등도 준비되어 있으며 물은 무료다.

지도 P.107-B2 ▶ 주소 Zentralstrasse 1 전화 041-226-18-88 영업 월~목요일 06:30~23:00, 금·토요일 06:30~24:00, 일요일 08:00~23:00 예산 뷔페 1kg당 CHF42 가는 방법 중앙역 2층에 위치.

마시다 MASIDA

한국인이 운영하는 테이크아웃 전문점. 점포 내에서 식사도 가능하나 공간이 비좁다. 데리야키 등 일본 음식과 따뜻한 우동, 라면도 판매되고 있으며 잡채도 맛볼 수 있다. 점심 시간에는 인근 미술학교 학생들과 주변 직장인들로 매우 붐빈다. 루체른 주변 산에 올랐다 내려와 간식을 먹으러 들르기에도 좋다.

지도 P.107-A1 ▶ 주소 Rössligasse 2-4 전화 041-412-30-00 홈페이지 www.mashida.ch 영업 월~금요일 11:00~20:00, 토요일 11:00~17:00, 일요일 15:00~18:00 예산 면 요리 CHF10~13, 밥류 CHF15~18 가는 방법 구시가 중심 Hirschenplatz 광장에서 도보 2분.

송 피 농 Song Pi Nong

구시가 중심에 있는 태국 음식점. 깔끔한 실내에서 다양한 태국 음식을 맛볼 수 있다. 면, 카레, 볶음밥, 샐러드 등 다양한 메뉴가 준비되어 있는데, 볶음밥과 카레가 특히 맛있다. 테이크아웃도 가능하며 약간의 할인 혜택을 받을 수 있는 것도 장점이다.

지도 P.107-A1 ▶ **주소** Sternenplatz 6 **전화** 041-412-12-13 **홈페이지** www.songpinong.ch **영업** 월~토요일 11:00~15:00, 17:00~21:30 **휴무** 일요일 **예산** 면 요리 CHF19~27.50, 카레 CHF21~26, 볶음밥 CHF18.50~25 **가는 방법** 카펠교 건너 왼쪽 골목으로 들어가 직진, 도보 3분 Stadkeller 맞은편.

트위니 스테이션 Twiny Station

최고의 바게트 샌드위치를 만날 수 있는 곳. 물가가 비싼 스위스에서 저렴한 가격으로 훌륭한 한 끼 식사가 가능해서 식사 시간이면 길게 줄을 서 있다. 잘 구운 바게트에 햄, 참치, 닭고기, 치즈 등 원하는 재료를 넣어주는데 그 맛이 별미다. 다만 입천장이 까지는 것은 감수하자.

지도 P.107-A1 ▶ **주소** Rössligasse 13 **전화** 041-410-31-62 **홈페이지** www.twinystation.ch **영업** 월~수요일 09:30~18:30, 목요일 09:30~21:00, 금요일 09:30~20:00, 토요일 09:30~16:00 **휴무** 일요일 **예산** 샌드위치 CHF4~9, 감자튀김 CHF5.50, 핫도그 CHF5 **가는 방법** 쉬프로이어 다리 옆 보행자 다리 Reussbrücke를 건너 직진해 걷다 넓은 공간 나오면 오른쪽.

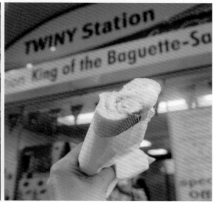

헤이니 Heini

화려한 케이크가 쇼윈도 가득한 디저트 카페. 1957년부터 시작되었으며 아직도 약 600여 종의 케이크와 빵, 초콜릿, 쿠키 등이 판매되고 있다. 현지인이나 여행자 모두 즐겁게 쉬어갈 수 있는 곳이다. 아침 시간 조식 메뉴도 풍성하고 맛있다. 숙소에서 조식을 제공하지 않는다면 들러봐도 좋다. 빈사의 사자상 부근과 중앙역 앞에도 지점이 있다.

지도 P.107-A1 ▶ 주소 Falkenplatz 전화 041-412-20-20 홈페이지 www.heini.ch 영업 월~금요일 07:00~18:30, 토요일 07:00~17:00, 일요일·공휴일 09:00~17:00 예산 커피 CHF 4.70~, 조각 케이크 CHF4.50~ 가는 방법 중앙역 앞 다리 Seebrücke 건너 만나는 큰 광장 Schwanenplatz에서 가장 왼쪽 길 Grendelstrasse 따라 직진 도보 3분.

ENTERTAINMENT **루체른의 즐길 거리**

루체른 페스티벌 Lucerne Festival

유럽에서 손꼽히는 클래식 음악 축제. 부활절 전 주말 3일 동안 개최되는 봄 축제, 5월의 피아노 페스티벌, 여름 페스티벌 그리고 가을의 포워드 페스티벌로 구성되어 있다. 2024년 봄 축제에는 베토벤 교향곡들을 연주했고, 5월에는 피아노 페스티벌이 이고르 레빗 Igot Levit의 기획하에 열린다. 여름 축제 기간에는 세계 유수의 교향악단이 해마다 선정되는 주제에 따른 음악을 들려준다. 2024년 여름 축제의 주제는 호기심 Curiosity. 호기심에서 시작된 수많은 아이디어를 연결해 장벽을 허물고 축제가 어떻게 진행되는지에 대한 전반적인 과정을 이해하게 하는 것을 목적으로 한다. 우크라이나 청소년 심포니 오케스트라의 연주를 시작으로 루체른 페스티벌 오케스트라, 드레스덴 페스티벌 오케스트라, 체코 필하모닉 등 세계 유수의 오케스트라 연주를 감상할 수 있다.

©Peter Fischli / LUCERNE FESTIVAL

주 공연장은 루체른 문화 콘퍼런스 센터(KKL)이며 시내 성당, 호텔, 레스토랑에서도 가벼운 형식의 연주가 매일 밤 개최된다. 클래식 음악을 좋아하는 여행자라면 놓치지 말 것.

축제 기간 2024년 피아노 페스티벌 5/9~12, 여름 축제 8/13~9/15, 포워드 페스티벌(가을) 11/15~19, 2025년 봄 축제 4/11~13 홈페이지 www.lucernefestival.ch

HOTEL 루체른의 호텔

루체른에는 최고급 호텔부터 저렴한 도미토리까지 다양한 숙박 시설이 있다. 호수를 조망하는 숙소와 방은 조금 비싼 편이고, 구시가 내 호텔들이 저렴한 편이다. 일부 숙소는 직접 예약하면 이메일로 교통카드를 먼저 보내주는 서비스도 시행한다.

호텔 빌덴 만 Hotel WILDEN MANN ★★★★

2017년 500주년을 맞이한 역사의 호텔, 작은 규모의 여인숙으로 시작한 것이 점점 확장되어 지금은 7개 건물을 개조해 운영되고 있다. 48개의 객실이 있으며 오래된 건물인 만큼 에어컨 대신 고전적 디자인의 선풍기가 객실 한편에 자리하고 있다. 객실마다 담당 메이드의 사인이 곁들여진 환영 카드가 인상적이며 각기 다른 분위기의 객실이 이채롭다. 전체적으로 로맨틱하고 따뜻한 분위기로 편히 쉬어가기 좋은 호텔. 호텔 1층의 레스토랑은 루체른에서 가장 오래된 레스토랑 중 하나로 나무로 장식된 내부 분위기가 어둡지만 아늑함을 준다.

지도 P.107-A2 ▶ **주소** Bahnhofstrasse 30 **전화** 041-210-16-66 **홈페이지** www.wilden-mann.ch **부대시설** 레스토랑 **요금** CHF360~, 도시세 CHF4.40 **주차** 호텔 인근 공영주차장 1일 CHF30 **가는 방법** 중앙역 앞 버스 정류장에서 버스 2, 9, 12, 18번 타고 3번째 정류장 Hirzenhof 하차 후 첫 번째 코너로 들어가 도보 1분.

호텔 콘티넨탈 파크 루체른 Hotel CONTINENTAL PARK Luzern ★★★★

3대째 운영하는 가족 호텔로 두 개의 건물을 연결해 사용하고 있다. 92개의 객실은 현대적이면서 세련된 객실 인테리어를 자랑하며 모든 방에 커피머신이 구비되어 있다. 홈페이지에서 직접 예약 후 체크인하면 선물을 제공한다. 1층 레스토랑 벨리니 로칸다 티치니스 Bellini Locanda Ticinese는 특별한 날을 보내는 이들이 선호하는 장소로 유명하다. 남부의 엄선된 농장에서 공수해오는 식재료를 사용하고 있으며 글루텐 프리 Gluten-Free(글루텐을 사용하지 않은 음식) 식사도 가능하다. 조금 더 특별한 시간을 보내고 싶다면 지하 와인저장고의 테이블을 예약하는 것을 추천한다.

지도 P.107-B2 ▶ **주소** Murbacherstrasse 4 **전화** 041-228-90-50 **홈페이지** www.continental.ch **부대시설** 레스토랑, 주차장(25대 수용) **요금** CHF279~ **주차** 호텔 전용 주차장 1일 CHF24, 도시세 CHF4.40 **가는 방법** 중앙역 플랫폼 등지고 왼쪽 출구로 나와 바로 뒤돌아 직진 두 블록, 도보 5분 거리.

호텔 데 발랑스 HOTEL DES BALANCES ★★★★

46개 객실의 소규모 호텔로 1199년에 설립되었고 지금의 위치에서는 1836년부터 운영되고 있다. 노벨문학상을 받은 아일랜드의 유명 극작가 버나드 쇼가 숙박하기도 했다. 강변에서 바라보는 모습은 정갈하고 구시가에서 들어가는 입구 쪽은 고전적인 분위기다. 로이스강변에 자리해 강변 쪽 객실 전망이 매우 아름답고 조식당의 테라스 역시 인기가 좋다. 아르누보 스타일로 장식된 로비에 비해 객실은 세련된 분위기. 만약 허니문 여행이라면 미리 이야기하자. 객실을 특별하게 꾸며준다. 주차장은 외부 주차장을 이용해야 하며 요금은 하루 CHF35 정도.

`지도 P.107-A1` **주소** Weinmarkt **전화** 041-418-28-28 **홈페이지** www.balances.ch **부대시설** 레스토랑 **요금** CHF380~, 도시세 CHF4.40 **주차** 호텔 인근 전용 주차장 1일 CHF33 **가는 방법** 중앙역에서 나와 강변길 따라 걷다 카펠교 옆 두 번째 보행자 다리 Reussbrücke를 건너 구시가로 들어가 오른쪽 첫 번째 골목.

호텔 슈바이처호프 루체른 Hotel SCHWEIZERHOF Luzern ★★★★★

중앙역 맞은편에 자리한 대규모 호텔. 1861년에 개관하여 5대째 운영하고 있다. 장중한 건물과 편리한 위치로 루체른을 방문한 유명 인사들의 사랑을 받고 있다. 총 101개 객실을 운영하고 있으며 가장 저렴한 스탠더드룸은 시내 쪽 전망을, 스위트룸과 슈피리어 룸은 호수 쪽 전망을 갖고 있다. 바그너, 톨스토이, 닐 암스트롱, 마크 트웨인 등 이곳에 숙박했던 유명 인사들을 콘셉트로 인테리어한 객실과 침대 머리에 새겨놓은 그들의 명언 한 구절이 인상적이다. 또한 그들의 사인, 마셨던 와인 등을 보관, 전시하고 있는 것도 특별하다. 밤이 되면 호텔 창문이 총천연색으로 장식되는데 그 모습을 촬영하기 위해서도 많이 찾는 호텔이다.

`지도 P.107-B1` **주소** Schweizerhofquai 3 **전화** 041-410-04-10 **홈페이지** www.schweizerhof-luzern.ch **부대시설** 사우나, 피트니스, 레스토랑, 주차장 **요금** CHF399~ **주차** 호텔 내 공영주차장 CHF30, 도시세 CHF4.40 **가는 방법** 중앙역 맞은편 다리 Seebrücke 건너 오른편으로 도보 5분.

래디슨 블루 호텔 루체른 Radisson BLU Hotel Lucerne ★★★★

다국적 호텔 체인 래디슨 블루 계열 호텔. 기차역에서 매우 가까운 곳에 자리하고 있다. 유리로 된 외관이 세련된 느낌을 주고 전체적으로 깔끔하고 모던한 인테리어를 추구하고 있다. 2006년 오픈했고 189개 객실을 운영한다. 객실에 커피머신 외 에어컨이 완비되어 있으며 사우나와 스파도 갖춰져 있어 알프스 하이킹 후 피로를 풀기에도 제격이다. 세련된 인테리어만큼 세련된 서비스를 보여주는 곳으로 중국인 단체여행자도 많이 사용하는 호텔이다.

지도 P.106-A1 **주소** Lakefront Centre, Inseliquai 12 **전화** 041-369-90-00 **홈페이지** www.radissonblu.com/en/Hotel-lucerne **부대시설** 피트니스, 사우나, 스파, 레스토랑 **주차** CHF32 **요금** CHF368~, 도시세 CHF4.40 **가는 방법** 중앙역 플랫폼 등지고 오른쪽 출구로 나와 루체른 문화 콘퍼런스 센터 뒤를 지나 호숫가 큰길을 따라 도보 8분.

그랜드 호텔 내셔널 루체른 GRAND HOTEL NATIONAL LUZERN ★★★★★

1870년부터 루체른 호숫가에 자리하고 있는 고급 호텔. 매우 큰 규모의 건물이지만 객실은 41개만 운영하고 22개의 레지던스를 운영하고 있다. 그만큼 객실이 넓다. 루체른에서 유일하게 실내 수영장이 있는 호텔이기도 하다. 상아색과 금색이 조화로운 실내가 무척 우아해서 종종 방송 촬영이 있다. 객실 내에 비치된 태블릿 PC를 통해 호텔 관련 정보, 날씨, 도시 정보는 물론 여러 가지 주문도 가능하다. 장기 근속자가 많고 그만큼 능숙하고 세련된 컨시어지 서비스를 제공하는 것도 호텔의 자랑거리. 식당 추천, 예약부터 투어 예약, 티켓 판매 등 모든 일을 도와준다. 자동차로 도착한 여행자들에게 발레파킹 서비스를 제공하며 루체른 문화 콘퍼런스 센터 맞은편까지 셔틀 보트 서비스를 시행한다. 각각 오너가 다른 4개의 레스토랑과 세련된 분위기의 바가 유명하다.

지도 P.106-B1 **주소** Haldenstrasse 4 **전화** 041-419-09-09 **홈페이지** www.grandHotel-national.com **부대시설** 수영장, 피트니스, 스파, 사우나, 레스토랑 **요금** CHF342~, 도시세 CHF4.40 **주차** 호텔 내 공영주차장 CHF35 **가는 방법** 중앙역 앞 버스 정류장에서 버스 6, 8, 24번 타고 3번째 정류장 Casino-Palace 하차, 버스 오던 방향으로 도보 2분.

카스카다 호텔 Cascada HOTEL ★★★★

스위스의 유명한 폭포를 테마로 한 객실이 인상적인 부티크 호텔. 호텔의 역사는 40년 정도로 비교적 짧은 편이지만 투숙객들에게 제공하는 서비스나 고객 응대 서비스는 높은 평가를 받고 있다. 각 객실에 각기 다른 폭포 이름이 붙어 있고 정갈하고 깔끔한 인테리어와 함께 침대 머리맡의 역동적인 폭포 사진이 인상적이다. 허니문이나 생일 등 특별한 날이라면 미리 언급해 두는 것도 좋다. 특별하게 객실을 장식해주고 과일 서비스 등을 시행하는데 여행자들에게 좋은 평가를 받고 있다고. 무료로 제공되는 미니바도 좋은 평가에 한몫하고 있으며 함께 운영하는 레스토랑은 세계 각국의 음식을 먹을 수 있어 현지인들에게도 인기가 좋다.

지도 P.106-A1 **주소** Bundesplatz 18 **전화** 041-226-80-88 **홈페이지** www.cascada.ch **부대시설** 주차장(예약 필수), 피트니스, 사우나, 컨시어지 서비스 **요금** CHF410~, 도시세 CHF4.40 **주차** 1박 CHF22, 분데스플라츠 주차장 Parkplatz Bundesplatz 주차건물 원 피트니스 Parkhaus ONE Fitness 이용, 미리 예약 필요 **가는 방법** 중앙역 플랫폼 등지고 왼쪽 출구로 나와 길 건너 직진, 도보 5분.

더 호텔 루체른, 오토그래프 컬렉션 THE HOTEL Luzern, Autograph Collection ★★★★

건축가 장 누벨 Jean Nouvel이 에로영화를 콘셉트로 디자인하여 개관 당시 화제가 되었던 호텔. 지금은 메리어트 호텔 그룹에 속해 있다. 30개의 객실 천장에 영화 속 에로틱한 장면이 붙어 있어 가족 여행자들보다는 신혼여행자나 커플여행객에게 좋은 호텔이다. 영화 장면에 사용된 색깔을 객실 벽에 연결해 몽환적이고 고혹적인 분위기를 낸다. 객실 복도는 건조한 분위기라 객실 문을 열었을 때의 신비감이 극대화되는 것도 재미있다. 호텔은 작은 공원과 접해 있는데 모든 객실에서 공원을 바라볼 수 있어 시원하고 밝은 공간감을 주고 밤에는 외부에서 객실 천장이 보여 호기심을 불러일으키는 것도 재미있다.

지도 P.107-B2 **주소** Sempacherstrasse 14 **전화** 041-226-86-86 **홈페이지** www.the-Hotel.ch **부대시설** 레스토랑, 바 **요금** CHF365~, 도시세 CHF4.40 **주차** 1박 CHF35 Parkhaus Hirzenmatt 주차장 이용 **가는 방법** 중앙역 플랫폼 등지고 왼쪽 출구로 나와 왼쪽으로 직진, 오른쪽 두 번째 길 Murbacherstrasse로 들어가 공원 지나 코너 건물.

샤토 게슈 HOTEL GUTSCH ★★★★★

루체른 시내를 바라보는 옛 고성에 자리한 호텔. 호텔에서 내려다보는 루체른 시내와 루체른 호수가 무척 아름답고 리기산을 보며 시간을 보낼 수 있다. 캐노피가 늘어진 침대와 욕조는 마치 바로크시대 궁전에서 숙박하는 기분을 느낄 수 있으며 무료 미니바와 웰컴드링크 등 여행자들을 위한 소소한 배려가 엿보이는 곳. 1730년에 설립된 플로리스 Floris사의 어메니티는 은은한 향과 고급스러운 품질로 투숙객들이 좋아하는 요소 중 하나다. 전기자동차 충전소가 마련되어 있고 구내 주차장을 저렴한 비용으로 사용할 수 있다는 것도 장점이다.

지도 P.106-A1 **주소** Kanonenstrasse **전화** 041-289-14-14 **홈페이지** www.chateau-guetsch.ch **부대시설** 마사지, 컨시어지 서비스, 레스토랑, 바 **요금** CHF370~, 도시세 CHF4.40 **주차** 호텔 내 전용 주차장 1일 CHF15 **가는 방법** 중앙역 앞 버스 정류장에서 2, 12, 18번 버스 타고 5번째 정류장 Gütsch 하차, 길 건너 푸니쿨라 타고 정상으로 올라가 하차.

바라바스 호텔 루체른 Barabas Hotel Luzern ★★

1862년부터 1998년까지 교도소로 사용되던 건물을 호텔로 개조해서 운영 중인 숙소로, 스위스에서 첫 번째로 만들어진 감옥 호텔이다. 감옥 같은 분위기로 꾸며진 객실과 복도가 재미있기도 하고 약간 삭막한 기분도 들지만 특별한 공간에서 숙박해보고 싶다면 한 번쯤은 가볼 만하다. 모든 객실이 감옥 같은 인테리어는 아니고 도서관처럼 꾸며진 객실도 있고, 장중한 가구가 놓인 객실도 있으며, 도미토리도 운영한다. 호텔 이름 속 바라바스 Barabas는 양심적 병역 거부자로(스위스는 징병제를 운영하는 나라다) 1975년까지 이곳에서 수감생활을 하면서 여성, 돈, 와인 등을 그린 프레스코화를 남겼다.

지도 P.107-A1 **주소** Löwengraben 18 **전화** 041-417-01-99 **홈페이지** www.barabas-luzern.ch **부대시설** 레스토랑 **요금** CHF115~, 도시세 CHF4.40 **주차** 불가 **가는 방법** 중앙역에서 카펠교 옆 Rathaussteg 다리 건너 구시가 안쪽으로 도보 10분.

유스호스텔 Jugendherberge

시내에서 약간 떨어진 곳에 있는 공식 유스호스텔.
중앙역과 18번, 19번 버스로 연결되어 크게 불편하
진 않지만, 18번 버스는 20:00 이후에는 운행하지 않
으니 주의하자. 건물에 엘리베이터가 없고 와이파이
도 공용 구역에서만 사용할 수 있다. 주방시설은 없
지만 전자레인지와 전기 주전자가 있어서 간단한 냉
동식품이나 컵라면 정도는 먹을 수 있다. 리셉션에서
스낵, 컵라면, 음료수 등을 판매하며 스위스 내 다른
도시의 공식 유스호스텔 예약을 대행해준다.

지도 P.106-A1 ▶ 주소 Sedelstrasse 12 전화 041-420-
88-00 홈페이지 www.yothhostel.ch/luzern 리셉션 운
영시간 4/1~10/31 07:00~24:00, 11/1~3/31 07:00~10:00,
15:00~24:00, 체크아웃 10:00 부대시설 레스토랑 저녁
식사(CHF10~15), 공용구역 와이파이, 세탁·건조(CHF10),
자판기, 전자레인지, 전기 주전자, 짐 보관 라커 요금 도
미토리 CHF37~(아침, 시트 포함), 호스텔 카드 미 소지
자 추가 요금 CHF6 주차 1일 CHF7 가는 방법 중앙역
에서 버스 18번 Jugendherberge 하차 후 오던 길 따라
도보 3분 또는 버스 19번 Rogenberg 하차 후 버스 오
던 방향으로 유스호스텔 표지판 따라 도보 8분(18번 버
스는 20:00 이후 운행하지 않는다).

백패커스 루체른 Backpackers Lucerne

중앙역 뒤에 위치한 조용하고 깔끔한 호스텔. 저렴
한 가격과 위치 덕분에 늘 인기가 많다. 인테리어가
산뜻하고 공간이 널찍해서 도미토리도 답답하지 않
다. 객실마다 개인 라커가 구비되어 있고 침대마다
개인 조명, 자주 쓰는 소지품을 얹어 놓을 수 있는
선반 등이 마련되어 있는 것도 편리하다. 같은 나라
사람들끼리 방을 만들어 준다. 많은 한국인 여행자
를 만날 수 있다.

지도 P.106-B1 ▶ 주소 Alpenquai 42 전화 041-360-04-
20 홈페이지 www.backpackerslucerne.ch 요금 도미
토리 CHF30~, 2인실 CHF36~(시트 포함) 부대시설 주
방 가는 방법 기차역 앞 정류장에서 6, 7, 8번 버스 타
고 네번째 정류장 Weinbergli에서 하차, 버스에서 내려
Tribschenstrasse 따라 걷다 Migros를 지나 왼쪽 두 번
째 골목 Spelteriniweg로 들어가 길 끝까지 가면 왼쪽
코너에 위치. 또는 중앙역에서 나와 호수를 왼쪽으로 끼
고 계속 직진하다 고가보도를 내려가 오른쪽, 중앙역에
서 도보 15분.

루체른 주변 알프스

루체른에서 즐기는 3색 알프스 매력

루체른에서는 피어발트슈테터 호수 주변의 알프스를 즐길 수 있다. 그중 여행자들에게 잘 알려진 알프스는 리기 Rigi, 필라투스 Pilatus, 티틀리스 Titlis다. 고도 1,800~3,030m로 융프라우 Jungfrau보다 낮지만 모두 특색 있고 산에서 즐길 수 있는 시설도 다양하다. 산을 오르기 위한 교통수단이 각기 다르고 각각의 매력이 있어서 산으로 향하는 길부터 즐거운 여행이 시작된다. 우아한 능선의 리기, 거친 필라투스, 만년설의 필라투스. 3색의 알프스를 찾아 떠나보자.

루체른 주변 알프스 가는 법 개념도

N

루체른
Luzern

35분

리기 칼트바트
Rigi Kaltbad

리기산
Mt. Rigi

10분

크리엔스
Krienz

베기스
Weggis

10분

50분

아트 골다우
Arth-Goldau

크린세레크
Krienseregg

20분

55분

35분

30분

5분

프레크뮌테크
Fräkmüntegg

50분

비츠나우
Vitznau

필라투스산
Mt. Pilatus

피어발트슈테터 호수
Vierwaldstättersee

30분

알프나흐슈타트
Alpnachstad

1시간

플뤼엘렌
Flüelen

알트도르프
Altdorf

엥겔베르크
Engelberg

20분

트립제
Tribsee

5분

슈탄트
Stand

5분

티틀리스산
Mt. Titlis

버스
케이블카
등산열차
기차
유람선

우아한 능선을 가진 여왕의 산
리기 Rigi

우아한 능선과 평탄한 지형으로 '산의 여왕'이라는 별명이 붙은 리기산. 1871년에 만들어진 유럽 최초의 등산철도로 산에 오르면 스위스 최초의 산정 호텔 Hotel Rigi Kulm과 발아래 펼쳐지는 피어발트슈테터 호수를 만나게 된다. 리기산 위에서 바라보는 일출과 일몰은 멘델스존, 빅토르 위고 등에게 영감을 주어 여러 작품의 원동력이 되었다고 한다. 경사가 완만해 여름이면 하이킹을 즐기는 여행자로 가득 찬다. 리기 쿨름 Rigi Kulm에서 리기 칼트바트 Rigi Kaltbad까지 등산열차 선로를 따라가는 완만한 길로 하이킹을 즐겨보자.

홈페이지 www.rigi.ch

ACCESS 루체른에서 리기 가는 방법

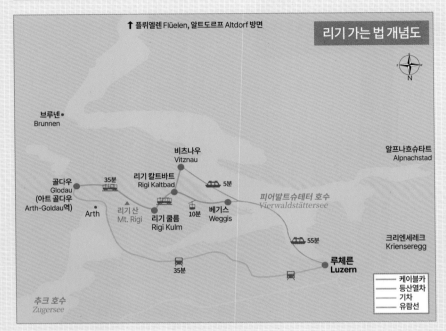

루체른에서 리기산으로 가는 방법은 세 가지가 있다. 기차를 타고 아트 골다우 Arth-Gldau에서 하늘색 등산열차를 타거나, 유람선을 타고 비츠나우 Vitznau에서 빨간색 등산열차를 이용하거나 베기스 Weggis에서 케이블카와 등산열차를 갈아타고 가는 방법이다. 이왕이면 호수를 건너 세계에서 가장 오래된 등산열차에 몸을 맡겨보자. 유람선이 지루하다면 아트 골다우에서 기차를 이용해도 좋다. 단, 이때는 빨간색 등산열차가 아닌 파랑색 등산열차를 타야 하므로 유의하자.

요금 등산열차·케이블카 왕복 요금 CHF78, 유람선 포함한 루체른 왕복 요금 CHF131, 스위스 패스 소지자 무료, 유레일 패스 소지자 50% 할인 **운행** 베기스→리기 칼트바트 08:10~19:10, 리기 칼트바트→베기스 06:30~19:25(매주 금·토요일 막차 23:20), 비츠나우→리기 칼트바트→리기 쿨룸 08:15~19:15, 리기 쿨룸→리기 칼트바트→비츠나우 09:00~17:00, 아트골다우→리기 쿨룸 07:55~18:23, 리기 쿨룸→아트 골다우 08:58~19:16 **휴무** 베기스↔리기 칼트바트 케이블카 11/18~29

COURSE ## 리기 추천 코스

| 루체른 | 비츠나우 | 리기 쿨름 |
| Luzern | Vitznau | Rigi Kulm |

○ ▸▸ 유람선 1시간 ▸▸ ○ ▸▸ 빨간색 등산열차 35분 ▸▸ ○

등산열차 20분
또는 하이킹 1시간 30분

○ ◂◂ 유람선 55분 ◂◂ ○ ◂◂ 케이블카 10분 ◂◂ ○

| 루체른 | 베기스 | 리기 칼트바트 |
| Luzern | Weggis | Rigi Kaldbad |

리기산 Mt. Rigi

정상에 오르면 야트막하고 우아한 능선과 푸른 초원이 펼쳐지고 멀리 피어발트슈테터 호수의 전경이 보인다. 빨간색 표지판과 벤치가 포인트를 주는 풍경을 만끽했다면 정상으로 올라보자. 역 뒤쪽 길로 올라가면 표지판이 나타나는데 왼쪽은 170m 길이의 가파른 젊은이의 길, 오른쪽은 270m 길이의 완만한 노인의 길이다. 별 차이는 없으니 마음 가는 대로 발길을 옮겨보자. 방송 송전탑이 있는 정상에서 주변의 경관을 감상한 후 하이킹을 즐기거나 원하는 경로로 하산하면 된다.

추천!
☀ HIKING COURSE ☀

리기 쿨름 Rigi Kulm~ 리기 칼트바트 Rigi Kaldbad 구간

구글맵 연결

리기산 정상에서 등산열차 선로를 따라 걷는 내리막길. 정상에서 오른쪽으로 내려오면 자그마한 예배당 Bergkapelle Rigi Kulm 앞을 지나 기차 선로 옆을 걸어 내려온다. 고즈넉하고 우아한 풍경을 보며 내려오다 가 크로이터 호텔 에델바이스 Kräuterhotel Edelweiss가 있는 갈림길에서 왼쪽으로 가면 전망대로 유명한 칸 젤리 Känzeli를 거치는 길이고 오른쪽으로 내려오면 약간 급한 경사로가 통과하는 마을을 지나게 된다. 상황과 체력에 맞는 길을 선택하자. 종착지에 다다르면 모던한 분위기의 큰 건물이 보이는데 온천을 즐길 수 있는 미 네랄바드&스파 리기 칼트바트 Mineralbad&SPA Rigi Kaldbad로, 스위스의 유명 건축가 마리오 보타 Mario Botta가 설계했다. 실내외 온천이 있어 하이킹 후 피로를 풀기에도 좋고 야외 온천에서 바라보는 풍경 또한 사 시사철 아름다워 한 번쯤 들러볼 만하다. 이곳에서 베기스 Weggis까지는 케이블카로 내려가거나 비츠나우행 기차를 타면 된다.

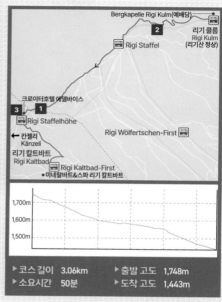

Bergkapelle Rigi Kulm(예배당)

리기 쿨름
Rigi Kulm
(리기산 정상)

Rigi Staffel

크로이터호텔 에델바이스

Rigi Staffelhöhe

Rigi Wölfertschen-First

← 칸첼리
Känzeli
리기 칼트바트
Rigi Kaltbad
Rigi Kaltbad-First
●미네랄바트&스파 리기 칼트바트

1,700m
1,600m
1,500m

| ▶ 코스 길이 | 3.06km | ▶ 출발 고도 | 1,748m |
| ▶ 소요시간 | 50분 | ▶ 도착 고도 | 1,443m |

미네랄바트&스파 리기 칼트바트 Mineralbad&SPA Rigi Kaldbad

티치노 지역에서 출생한 건축가 마리오 보타 Mario Botta가 리모델링한 온천 휴양시설. 호텔도 함께 운영하고 있다. 정갈한 분위기 속에서 푸른 알프스를 바라보며 뜨거운 물에 몸을 담가보자. 루체른에서 출발할 때 수영복을 챙겨 가면 좋다. 대여도 가능하다.

주소 6356 Rigi Kaltbad 전화 041-41-397-04-06 홈페이지 www.mineralbad-rigikaltbad.ch 운영 10:00~19:00(미네랄탕과 스파는 18:30까지 입장 가능) 요금 온천 CHF41, 타월 대여료 CHF6+보증금 CHF20, 수영복 대여료 CHF8+보증금 CHF20, 수영복+타월 대여료 CHF11+보증금 CHF40

악마와 용이 살고 있는 산
필라투스 Pilatus

필라투스는 해발 2,120m의 거친 바위산이다. 험한 산세 때문인지 여러 이야기가 전해져 오는데 예수 그리스도에게 사형을 선고한 빌라도가 이곳에서 죽음을 맞이했다는 이야기와 그의 시신이 여기저기를 떠돌다 이곳에 매장된 후 필라투스라 이름이 붙여졌다는 이야기가 있다. 또한, 중세시대부터 용과 악령이 살고 있다는 전설이 전해진다. 그만큼 거칠고 험하다. 루체른에서 보면 뾰족뾰족한 정상이 입을 벌리고 무언가 거친 함성을 내지르는 듯하다.

48도의 급격한 경사를 오르는 등산열차로 정상에 오르면 아름다운 호수와 알프스를 감상할 수 있다. 내려갈 땐 케이블카를 이용해 반대편으로 가자. 올라올 때와 전혀 다른 모습의 필라투스를 만끽할 수 있다. 중간중간 마련되어 있는 놀이시설을 즐기는 것도 색다른 재미다.

홈페이지 www.pilatus.ch

ACCESS 루체른에서 필라투스 가는 방법

필라투스 가는 법 개념도

플라워 트레일
Flower Trail

필라투스 쿨룸
Pilatus Klum

톰리스호른
Tomlishorn

용의 길
Drachenweg

에셀
Esel

호텔 필라투스 쿨룸
Hotel Pilatus Klum

호텔 벨레뷰
Hotel Bellvue

프레크뮌테크
Fräkmüntegg

크리엔세레크
Krienseregg

크리엔스
Kriens

루체른
Luzern

알프나흐슈타트
Alpnachstad

알프나흐 호수
Alpnachersee

피어발트슈테터 호수
Viervaldstattersee

- 버스
- 케이블카
- 등산열차
- 기차
- 유람선 (11~5월 운휴)

30분
30분
20분
50분

루체른 Luzern 중앙역에서 Giswil행 S-Bahn을 타고 20분 정도 걸리는 알프나흐슈타트 Alpnachstad로 가서 역 밖으로 나오면 맞은편에 필라투스 행 등산열차 정류장이 있다. 루체른 에서 필라투스로 가는 유람선을 운항

하기도 하지만 기차는 20분, 유람선은 1시간 가까이 걸리므로 기차로 오는 것이 더 편리하다. 티켓을 구입하고 급격한 경사로를 30분 정도 오르면 필라투스 쿨룸 Pilatus Kulm이 나온다.

운영 [등산열차] 알프나흐슈타트→필라투스 08:10~17:30, 필라투스→알프나흐슈타트 08:44~18:04, [케이블카] 크리엔스 →프레크뮌테크→필라투스 4/1~10/20 08:30~17:00, 11/9~2025/3/31 08:30~16:00, 필라투스→프레크뮌테크→크리엔스 4/1~10/20 09:00~17:30, 11/9~2025/3/31 09:00~16:30 **요금** 알프나흐슈타트/크리엔스→필라투스 쿨룸 왕복 요금 CHF78, 루체른→크리엔스→필라투스 쿨룸 왕복 요금 CHF86.20, 골든 라운드 트립(5~10월 루체른→알프나흐슈타트→필라투스 쿨룸→크리엔스→루체른) 2등석 CHF113.80, 1등석 CHF130.80, 실버 라운드 트립(11~4월 루체른→알프나흐슈타트→필라투스 쿨룸→크리엔스→루체른) 2등석 CHF88.20, 1등석 CHF92, 스위스 패스 소지자 CHF39

Travel tip!

유람선 운항 스케줄을 확인하자

유람선 운항 여부에 따라 여행 방법이 달라지며 가격도 변한다. 케이블카 운행 또한 날씨의 영향을 받을 수 있으며 10~11월 사이에는 케이블카가 보수에 들어가고 등산열차는 5~11월 사이에, 유람선은 5~10월 사이에만 운행한다. 여행을 떠나기 전 운항 스케줄을 반드시 확인하고 움직이자.

2024년 케이블카 보수기간 10/21~11/8
2024년 등산열차 운행기간 5/6~11/17
2024년 유람선 운행기간 5/6~10/21

COURSE 필라투스 추천 코스

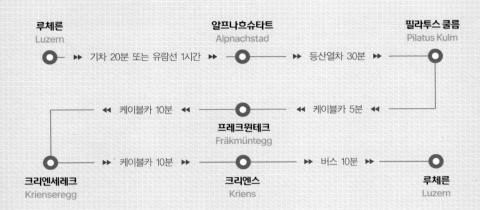

루체른
Luzern

알프나흐슈타트
Alpnachstad

필라투스 쿨름
Pilatus Kulm

▶▶ 기차 20분 또는 유람선 1시간 ▶▶ ▶▶ 등산열차 30분 ▶▶

◀◀ 케이블카 10분 ◀◀ ◀◀ 케이블카 5분 ◀◀

프레크뮌테크
Fräkmüntegg

▶▶ 케이블카 10분 ▶▶ ▶▶ 버스 10분 ▶▶

크리엔세레크
Krienseregg

크리엔스
Kriens

루체른
Luzern

필라투스 정상 Mt. Pilatus

필라투스 전망대는 크게 두 부분으로 나뉜다. 등산열차와 케이블카가 도착하는 둥근 모양의 호텔 벨레뷰 Hotel Bellevue와 직사각형 모양 건물의 호텔 필라투스 쿨름 Hotel Pilatus Kulm이다. 두 건물을 연결하는 통유리창 건물에는 기념품숍, 레스토랑, 호텔 등이 자리한다. 용이 살고 있다는 전설 때문인지 용을 모티브로 한 귀여운 소품들이 눈길을 끈다.

전망대는 에셀 Esel(해발 2,118m)과 최고봉인 톰리스호른 Tomlishorn(해발 2,132m) 사이의 능선에 자리하고 뒤쪽으로 오버하우프트 Oberhaupt(해발 2,106m)가 병풍처럼 서 있다. 톰리스호른까지 가는 코스는 1시간 30분 정도 걸리고 오버하우프트나 에셀을 오르는 코스는 20분 정도 걸린다. 오버하우프트 뒤쪽으로 조성된 용의 길 Dragonweg을 따라 걷는 길도 재미있는 풍경과 함께할 수 있어 재미있다.

1 필라투스 정상 → 프레크뮌테크
Fräkmüntegg

산에서 내려올 때는 올라올 때와 반대로 케이블카를 타고 내려가자. 필라투스 쿨름 Pilatus Kulm에서 프레크뮌테크까지 내려가는 드래건 라이드 케이블카 Dragon Ride Cable Car는 사방이 유리로 만들어져 탁 트인 풍경을 감상할 수 있다. 프레크뮌테크 Fräkmüntegg에서 내려 케이블카로 갈아타야 하는데 이곳에 재미있는 놀이시설이 많이 있다.

• **자일파크** Seilpark

거미줄처럼 이어진 로프 위를 타고 다니면서 민첩성을 시험해 볼 수 있는 곳. 숲속 나무 사이사이로 10개의 다양한 난이도의 코스가 있다. 안전장비를 착용한 채 줄 위에 오르고 매달리며, 공중에 만들어진 구름다리를 건너는 등 다채로운 체험을 할 수 있는 놀이시설이다.

운영 매일 5/4~6/30·9/2~10/20 10:00~17:00, 6/1~9/1 09:30~17:30. 단 날씨 상황에 따라 운영 여부가 바뀔 수 있음. **요금** 성인 CHF28, 8-15세 CHF21

2 프레크뮌테크 Fräkmüntegg → 크리엔스 Kriens → 루체른

프레크뮌테크에서 소형 곤돌라를 갈아타고 크리엔스로 내려온다. 단, 곤돌라는 바람 상태에 따라 운행하지 않을 때도 있으니, 여행 전 운행 여부를 미리 확인해 두는 것이 좋다. 크리엔스에서 내려 케이블카 정류장 밖으로 나와 길을 따라 내려오면 한국 식당이 있고 그 앞을 지나 큰길까지 내려와서 만나는 버스 정류장에서 1번 버스를 타면 루체른 중앙역 앞에 도착한다.

빙글빙글 도는 케이블카로 올라 만나는 만년설

티틀리스 Titlis

티틀리스는 해발 3,020m로 루체른 주변 봉우리 중 가장 높아서 일 년 내내 눈을 볼 수 있다. '천사의 산'이라는 이름을 가진 마을 엥겔베르크 Engelberg를 기점으로 코스가 시작되며 앞의 두 산보다 단조롭지만, 정상에서 만나는 만년설과 여러 시설이 짜릿함을 느끼게 한다.
홈페이지 www.titlis.ch

ACCESS 루체른에서 티틀리스 가는 방법

루체른에서 엥겔베르크까지는 두 도시 사이를 운행하는 열차 루체른-엥겔베르크 익스프레스 Luzern-Engelberg Express로 45분 정도 걸린다. 역에서 내려 역 맞은편에 보이는 벨레뷰 테르미누스 호텔 Bellevue-Terminus을 지나 강을 건넌 후 강을 따라 왼쪽으로 7분 정도 걸어가면 티틀리스로 오르는 케이블카 정류장이 보인다. 이곳에서 티켓을 구입하고 케이블카에 탑승한다.

처음 타는 케이블카는 각 나라의 국기가 외벽에 그려진 4인승 케이블카다. 이 케이블카를 타고 슈탄트 Stand까지 올라가 케이블카를 갈아타는데 티틀리스의 상징, 회전 케이블카 티틀리스 로테어 Titlis Rotair를 타게 된다. 세계 최초 회전 케이블카를 타고 5분 정도 올라가면 티틀리스 정상이다. **운영** 엥겔베르크→티틀리스 08:30~16:00(4/25~8/23~17:00), 티틀리스→엥겔베르크08:30~17:00 (4/25~8/23 ~18:00) **휴무** 2024/11/4~15 **요금** 엥겔베르크→티틀리스 케이블카 왕복 요금 CHF96, 스위스 패스 소지자 50% 할인

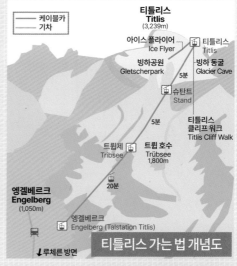

케이블카 / 기차

티틀리스 Titlis (3,239m)
아이스 플라이어 Ice Flyer
방하공원 Gletscherpark
티틀리스 Titlis
빙하 동굴 Glacier Cave
5분
슈탄트 Stand
티틀리스 클리프 워크 Titlis Cliff Walk
5분
5분
트립제 Tribsee
트립 호수 Trübsee 1,800m
20분
엥겔베르크 Engelberg (1,050m)
엥겔베르크 Engelberg (Talstation Titlis)
↓루체른 방면

티틀리스 가는 법 개념도

COURSE 티틀리스 추천 코스

루체른 Luzern ▶▶ 기차 1시간 ▶▶ **엥겔베르크** Engelberg ▶▶ 케이블카 20분 ▶▶ **트립제** Trubsee

케이블카 5분

슈탄트 Stand ◀◀ 케이블카 5분 ◀◀ **티틀리스** Klein Titlis ◀◀ 케이블카 5분 ◀◀ **슈탄트** Stand

케이블카 5분

트립제 Trubsee ▶▶ 케이블카 20분 ▶▶ **엥겔베르크** Engelberg ▶▶ 기차 1시간 ▶▶ **루체른** Luzern

티틀리스 정상

다른 산에 비해 올라오는 길이 단조로웠다면 이제 재미있게 즐길 준비를 하자. 여러 가지 시설을 둘러보다 보면 시간이 언제 이렇게 지나갔을까 싶다.

1 빙하 동굴 Glacier Cave

케이블카에서 내리면 기념품숍, 식당 등이 있고 이곳을 지나면 빙하 동굴로 연결된다. 빙하의 내부로 들어가 볼 수 있는 공간으로 꽤 추우니 옷을 단단히 챙겨 입어야 한다. 이곳에 티틀리스 클리프 워크 Titlis Cliff Walk와 연결되는 통로가 있다.

2 티틀리스 클리프 워크 Titlis Cliff Walk

'유럽에서 가장 높은 현수교'라는 타이틀을 가진 곳으로 3,041m 높이에 100m가 조금 넘는 길이다. 발밑으로 보이는 절벽과 바위가 오싹한 기분을 느끼게 해준다. 끝까지 걸어가 계단을 내려가면 빙하 동굴과 연결되는 통로를 만날 수 있다.

3 아이스 플라이어 Ice Flyer

6인승 리프트로 빙하 위를 앉아서 이동하는 기분이 그
만이다. 장대한 빙하와 깊이 파인 크레바스를 지나며
보는 풍경이 압권. 바람이 센 날에는 운행하지 않는다.
왕복 요금 CHF12(스위스 트래블 패스 할인 불가).

4 빙하공원 Gletscherpark

아이스 플라이어를 타고 도착하는 곳이다. 5~9월
사이에 만년설 위에서 썰매 타기를 즐길 수 있는
곳으로 자동으로 움직이는 컨베이어벨트가 있어 편
리하게 이용할 수 있다. 입장료는 없지만, 날씨와 설
질에 따라 운영하지 않을 수도 있다.

티틀리스 → 엥겔베르크

만년설 위에서의 시간을 충
분히 즐겼다면 이제 돌아갈
시간. 아쉽다면 트륍제에서
내려 하이킹을 즐기거나 트
로티바이크에 도전해 보자.

곤돌라 뒤로 보이는 호주가 트륍제

Travel Plus +

천사들이 살 것 같은 평화로운 마을, 엥겔베르크 Engelberg

1,000년 가까운 역사를 가진 베네딕토 수도원이 들어서며 번성하기 시작한 마을로 '천사의 산'이라는 이름
을 갖고 있다. 잔잔한 마을 풍경이 티틀리스 산의 번잡함을 씻어준다. 천천히 목적 없이 걸어보는 것도 좋
다. 걷다 만나는 양과 눈인사를 나누고 이 마을의 시작을 함께한 수도원에서 고요한 시간을 보내보자. 수도
원 부속 치즈 공방에서 갓 만들어낸 신선한 치즈 맛은 더욱 즐거운 보너스다.

장대한 자연의 품에 안겨보자

베르네제 오버란트

BERNESE OBERLAND

베르네제 오버란트는 '베른 너머 저편'이라는 뜻을 가진 지역으로 우리에겐 인터라켄 Interlaken과 융프라우요흐 Junhfraujoch로 대변되는 스위스 알프스 지대를 말한다. '유럽의 지붕'이라 일컬어지는 융프라우 Jungfrau, 묀히 Mönch, 아이거 Eiger 3개의 산과 그 주변 봉우리가 만들어내는 장대한 파노라마는 여행자의 눈을 사로잡기에 더할 나위 없이 매력적이다. 깎아 지르는 경사를 오르는 톱니바퀴의 등산열차, 고전적인 푸니쿨라, 흔들리는 곤돌라 등 다양한 교통수단으로 산을 오르고 다양한 하이킹 코스를 걸으며 자연과 교감해 보자. 복잡하고 각박한 도시 생활에서 지친 심신을 달래주는 최고의 힐링타임이 될 것이다.

이 **영화** 보고 가자!

007 여왕 폐하 대작전

이 **사람** 알고 가자!

빌헬름 텔

INFORMATION ▶ 알아두면 좋은 베르네제 오버란트 여행 정보

클릭! 클릭!! 클릭!!!

융프라우 관광청 www.jungfrau.ch

동신항운 www.jungfrau.co.kr

ACCESS ▶ 베르네제 오버란트 가는 방법

베르네제 오버란트로의 이동은 그 자체만으로도 여행의 진수를 맛볼 수 있는 시간이다. 주변 풍경이 그만큼 아름답기에 시간 가는 줄 모르고 이동시간을 즐길 수 있다. 베르네제 오버란트 지역 여행의 중심지는 인터라켄 Interlaken으로 기차나 유람선을 이용해서 도착하는 것이 일반적이다.

기차

주네브에서 이동한다면 스위스의 유명한 파노라마열차인 골든패스 익스프레스 Golden Pass Express 열차에 탑승해 보자. 커다란 창밖으로 스쳐 지나가는 스위스 산골 마을의 풍경이 아늑하고 깜찍한 느낌이다. 루체른-인터라켄 구간은 루체른-인터라켄 익스프레스 Luzern-Interlaken Express라는 이름으로 부르며 스위스 내에서도 아름답기로 소문났다(자세한 설명은 P.36 참고). 2022년 12월부터 취리히 클로텐 공항에서 인터라켄까지 직행열차가 운행해 이동의 편리함이 더해졌다.

스위스 외 다른 나라에서 인터라켄으로 오는 기차는 직행이 거의 없다. 파리에서 온다면 TGV를 타고 베른 Bern, 바젤 Basel, 주네브 Geneve 등에서 환승한다. 프랑크푸르트에서는 1~2회 직행 ICE가 운행하고 있어 편리하게 접근할 수 있다. 이탈리아 여행을 마치고 밀라노에서 이동할 경우 시간대에 따라 1~3회 환승하게 되는데 주로 브리그 Brig와 슈피츠 Spiez에서 환승한다.

인터라켄 시내에는 동역 Interlaken Ost(지도 P.163-C1)과 서역 Interlaken West(지도 P.163-A2) 두 개의 기차역이 있다. 인터라켄에 도착하는 열차는 두 역에 모두 정차한다.

> ### 베르네제 오버란트에서
> ### 주변 도시로 이동하기
>
> **인터라켄 Ost·West ▶ 주네브 Cornavin**
> 기차 2시간 50분 소요(베른에서 환승)
> **인터라켄 Ost·West ▶ 바젤 SBB**
> 기차 1시간 55분~2시간 소요
> **인터라켄 Ost·West ▶ 베른**
> 기차 50분 소요
> **인터라켄 Ost·West ▶ 루체른**
> 기차 2시간~2시간 25분 소요
> **인터라켄 Ost·West ▶ 취리히**
> 클로텐 공항 2시간 20분

유람선

아름다운 호수의 나라 스위스. 기차 여행이 지루해졌다면 시원한 바람과 함께 호수 위를 떠다녀보자. 인터라켄은 호수 사이에 자리한 마을로 유람선을 이용해 도착할 수 있다. 주네브나 베른 방면에서 온다면 툰 Thun 또는 슈피츠 Spiez에서, 루체른 방면에서 온다면 브리엔츠 Brienz에서 각각 유람선을 이용해 보자. 기차로 여행하는 것과는 또 다른 기분을 가져다준다. 브리엔츠 유람선 선착장은 역에서 내리면 바로 보이고, 툰 Thun역과 선착장 거리는 3분 정도. 그러나 슈피츠는 약간의 비탈길을 10분 정도 내려가야 한다. 시간은 기차로 이동할 때보다 좀 더 걸리지만(툰→인터라켄 2시간 10분 소요, 슈피츠→인터라켄 1시간 30분 소요, 브리엔츠→인터라켄 1시간 15분 소요) 파란

물빛의 아름다운 호수와 시원한 바람이 여행의 피로를 씻어준다.

툰 호수 유람선을 탔다면 서역 뒤편(지도 P.163-A2)에, 브리엔츠 호수 유람선을 탔다면 동역 뒤편(지도 P.163-C1)에 도착한다. 스위스 패스, 유레일패스 소지자, 여름 융프라우 VIP 패스 소지자는 무료로 탑승할 수 있고 있다(선택 사용 패스 사용자는 사용 일자를 기입해야 함).

배의 선실은 2층으로 만들어져 있는데 1등석 패스 소지자만 2층 선실 탑승이 가능하다. 배 안에 매점, 카페 등이 있으나 가격이 비싸다. 유람선 탑승 전에 슈퍼마켓에서 미리 간식거리를 준비해 두는 것이 좋다. 홈페이지 www.bls.ch/schiff

Travel tip!

유람선 운항 정보

· 툰 호수 유람선 운항

	툰(슈피츠) → 인터라켄 West	인터라켄 West → 툰
3/9~5/17, 10/21~11/10	09:40(10:28), 11:40(12:28)	12:10, 14:10
5/18~8/25	08:40(09:28)~15:07(16:28)	11:10~18:10
8/26~10/20	09:40(10:28)~15:40(16:28)	12:10~18:10
11/11~12/14	11:40	14:10

· 브리엔츠 호수 유람선 운항

	브리엔츠 → 인터라켄 OST	인터라켄 OST → 브리엔츠
4/13~5/8, 9/16~10/20	11:40~16:40	10:07~15:07
5/9~9/15(매일 4회)	10:40~16:40(토 ~20:40)	09:07~16:07(토 ~19:07)

Zoom in

베르네제 오버란트 지역 내 교통

융프라우요흐로 올라가는 등산열차는 인터라켄에서 시작해 산골짜기 산악 마을을 지나 산 정상으로 여행자들을 인도한다. 급격한 경사면을 오르기 위해 레일에 톱니바퀴가 깔린 모습이 이채로우며 굽이굽이 돌아가는 풍경이 근사하다. 인터라켄 시내에서 한 번에 정상까지 오르는 것이 아니라 각각의 산악 마을에서 기차를 갈아타고 올라가게 되는데 총 3가지의 등산열차를 이용하게 된다.

그 외의 전망대는 각각의 마을에서 케이블카, 버스 등으로 갈아타고 올라가게 된다. 이때 이용하게 될 교통수단이 융프라우 VIP 패스를 이용할 수 있는 구간인지, 스위스 패스를 이용할 수 있는 구간인지 먼저 알아두는 것이 좋다.

융프라우 VIP 패스 사용 구간 **스위스 패스 사용 가능 구간**

베르네제 오버란트 철도
Bernese Oberland Bahn(BOB)
인터라켄에서 그린델발트 Grindelwald/라우터브루넨 Lauterbrunnen까지 연결해 주는 철도로 짙은 청색과 노란색으로 꾸민 열차가 운행된다. 1등석, 2등석 구분이 있으니 탑승 시 주의할 것.

융프라우 VIP 패스 사용 구간

벵엔알프 철도 Wengenalp Bahn(WAB)
그린델발트/라우터브루넨에서 클라이네 샤이덱 Kleine Scheidegg까지 연결해주는 철도. 노란색과 녹색으로 꾸민 열차가 운행되며 일부 열차칸은 파노라마 창이 설치되어 있다. 간혹 옛날 느낌의 짙은 청록색 열차가 운행되기도 한다.

융프라우 VIP 패스 사용 구간(단, 1회 왕복만 가능)

융프라우 철도 Jungfrau Bahn(JB)
클라이네 샤이덱에서 융프라우요흐 전망대까지 운행하는 빨간색 열차. 융프라우요흐역까지 오르는 동안 모니터를 통해 주변 정보, 철도 이야기를 알아볼 수 있다.

융프라우 VIP 패스 사용 구간

쉬니게 플라테 철도 Schynige Platte Bahn(SPB)
1893년부터 운행을 시작한 클래식한 느낌의 빨간 열차. 유럽 도시 내 트램과 같은 모습이다.

융프라우 VIP 패스 사용 구간

하르더 푸니쿨라 Harder Bahn(HB)
인터라켄 동역 Interlaken Ost 뒤편에서 출발하는
1.4km의 단거리 철도. 깎아 지르는 듯한 절벽을 오르
고 내리며 보는 풍경이 일품이다.

융프라우 VIP 패스 사용 구간

피르스트 케이블카 First Bahn
1991년에 만들어진 케이블카로 그린델발트 Grindelwald
에서 피르스트 First까지 매시간 1,200여 명의 여행
자를 운송한다.

융프라우 VIP 패스 사용 구간   **스위스 패스 사용 가능 구간**

뮈렌 철도&케이블카
라우터브루넨 Lauterbrunnen과 뮈렌 Mürren을 연결하는 구간. 그뤼트샬프 Grütschalp까지는 25인승 케이블
카로 올라간 후 장난감 열차 같은 외형의 열차로 뮈렌까지 간다.

융프라우 VIP 패스 사용 구간

멘리헨 케이블카
인터라켄의 배꼽 멘리헨으로 오르는 두 가지 케이블카. 벵겐에서 출발하는 25
인승 케이블카와 그린델발트 터미널 터미널에서 출발하는 10인승 케이블카 양
방향에서 운행한다. 스위스 패스 사용 시 50% 할인된다.

Travel tip!

더 이상 짐 들고 이동하지 마세요! 라이제게팍 Reisegepack 서비스
베르네제 오버란트 지역을 여행하면서 각 마을을 숙박할 예정이라면 짐 배송 서비스 라이제게팍을 이용하
는 것을 추천한다. 당일 오전에 요청하면 베르네제 오버란트 지역 산악 마을로 짐을 보내주기 때문에 몇 번
씩 왔다 갔다 하는 수고를 덜 수 있다. 요금은 CHF5~10. 각 마을은 물론 스위스 내 다른 대도시로도 짐을
보낼 수 있다.

핑슈텍 케이블카

나무로 만들어진 듯한 고전적인 외관이 특색있는 케이블카. 피르스트행 케이블카 정류장 맞은편 5분 거리에 자리한 정류장에서 핑슈텍으로 출발한다. 스위스 패스 사용 시 50% 할인된다.

쉴트호른 케이블카

슈테첼베르크에서 김멜발트, 뮈렌을 거쳐 쉴트호른까지 올라가는 케이블카. 35분 동안 다채로운 풍경을 만끽할 수 있다. 스위스 패스 사용 시 50% 할인된다.

알멘트후벨반 Allmendhubel Bahn

뮈렌에서 알벤트후벨까지 연결해주는 푸니쿨라. 투명한 외벽을 통해 밖을 바라보는 것도 좋고 하이킹 중 만나는 길목에서 열차와 인사를 나누는 재미도 그만이다. 스위스 패스 사용 시 50% 할인 된다.

▌스위스 패스 사용 가능 구간 ▐

포스트 버스 Post Bus

인터라켄과 그 주변, 라우터브루넨과 슈테첼베르크 구간, 그리고 그린델발트에서 볼 수 있는 노란색 버스. 전 노선마다 스위스 패스 사용이 가능하며 일부 노선의 경우 융프라우 VIP가 통용되고 시내 안에서는 숙소에서 지급하는 게스트 카드로 탑승 가능하다.

▌융프라우 VIP 패스 사용 구간 ▐

아이거 익스프레스 Eiger Express

그린델발트 터미널과 아이거글렛쳐를 이어주는 대형 케이블카. 투명한 외벽으로 사방을 바라볼 수 있고, 특히 아이거 북벽을 바라보며 공중으로 이동하는 근사한 경험을 선사한다.

Zoom in

융프라우 VIP 패스

베르네제 오버란트 지역에 머물면서 두 군데 이상의 산(쉴트호른 Schilthorn 제외)에 오르거나 이틀 이상 숙박하며 주변을 여행한다면 융프라우 VIP 패스를 꼭 구입하자. 1일 패스부터 6일 패스까지 판매한다. 정해진 기간 동안 인터라켄 지역 등산열차를 무제한으로 이용할 수 있으며(단 클라이네 샤이덱 ↔ 융프라우요흐 구간은 1회만 왕복 가능) 그 외 여러 혜택이 풍성하다. 인터라켄 동역 Interlaken Ost, 라우터브루넨 Lauterbrunnen역, 그린델발트 Grindelwald역, 빌더스빌 Wilderswil역에서 구입 가능하다. QR 코드를 통해 할인 쿠폰을 신청하면 할인된 가격으로 VIP 패스를 구입할 수 있다. 유레일 패스, 스위스 패스 소지자는 추가 할인도 받을 수 있다. 판매 기간은 여름 VIP 패스는 2024/3/29~12/10, 겨울 VIP 패스는 2024년 12월 초순~2025년 4월 중순(2024년 겨울 VIP 패스 정확한 날짜 미정)까지다.

등산열차
할인 쿠폰 신청

패스 기간	할인 쿠폰 소지자	스위스패스 소지자(사용일 기재)	유스 요금(만16~25세)
1일	CHF190	CHF175	CHF170
2일	CHF215	CHF200	CHF190
3일	CHF240	CHF215	CHF205
4일	CHF265	CHF235	CHF220
5일	CHF290	CHF260	CHF235
6일	CHF315	CHF275	CHF250

※어린이(만 6~15세) VIP 패스 요금 CHF30
※VIP 패스 유스 요금이란?
　만 16~25세의 여행자가 패스 발권 시 여권을 제시하면 스위스 패스 소지자 요금보다 조금 저렴하게 패스 구입이 가능하다. 단 유스 요금을 발권된 패스를 갖고 여행 시 늘 여권을 소지해야 한다.

VIP 패스 소지자 사용 구간 및 공통 혜택
▸ 융프라우요흐 1회 왕복권 소지자 보너스 혜택
▸ 1회 왕복 구간 : 클라이네 샤이덱-융프라우요흐, 아이거글렛쳐-융프라우요흐
▸ 무제한 탑승 구간 : 인터라켄 동역-라우터브루넨/그린델발트-클라이네 샤이덱, 그린델발트-피르스트,
　빌더스빌-쉬니게 플라테, 인터라켄-하르더 쿨름, 라우터브루넨-그뤼트샬프-뮈렌, 벵겐-멘리헨-그린델발트 터미널
▸ 인터라켄 Zone 750+103번 버스(이젤발트) 무료　　　　▸ 인터라켄 키르흐퍼 현금 10%, 카드 8% 할인
▸ 인터라켄 - 스피츠 - 툰 - 베른 2등석 열차 왕복 무료　　▸ 그린델발트 터미널 쇼핑 10% 할인
▸ 인터라켄 후시 비어하우스 메인요리 10% 할인(패스 제시하고 메뉴 문의 필요)
▸ 그린델발트 스포츠센터 실내 아이스링크 입장 무료(스케이트화 대여비 1일 CHF6)
▸ 인터라켄 오스트-브리엔츠-마이링겐 2등석 열차 무제한 탑승
▸ 벵겐 실버호른 스터브 Silberhorn-Stube 레스토랑 일품요리 10% 할인
▸ 탑 오브 유럽 숍 Top of Europe Shops 15% 할인
▸ 피르스트 레스토랑 할인(주문 시 패스 제시하고 메뉴 문의 필요)
▸ 그린델발트 마을 버스 121, 122, 123번 무료
▸ 그린델발트 터미널 Coop 슈퍼마켓 10% 할인

여름 VIP 패스 소지자 혜택

- **융프라우요흐 정상 스노 편 40% 할인**
- 클라이네 샤이텍/아이거글렛쳐-융프라우요흐 구간 철도 예약비 무료(정상 요금 CHF10)
- 피르스트 레포츠 30% 할인(피르스트 플라이어/피르스트 글라이더/마운틴 카트/트로티바이크)
- 융프라우요흐 눈썰매, 짚라인, 스키&보드 40% 할인
- 인터라켄 펑키 초콜릿 클럽 5% 할인
- 벵겐 야외 수영장 입장권 무료(2024/5/25~8/31) 매일 10:00~19:00
- 벵겐 미니 골프 50% 할인(2024/5/25~10/13)
- 하르더 쿨름 파노라마 레스토랑 조각 치즈, 뢰슈티, 라클렛, 그릴 스테이크 10% 할인
- 툰/브리엔츠 호수 유람선 탑승
- 슈발츠발트알프-마이링겐 산악버스 50% 할인(2024/5/18~10/20, 그린델발트~슈발츠발트알프 정상 요금)
- 쉬니케 플라테 레스토랑 비엔나 스타일 메뉴 CHF10 할인

겨울 VIP 패스 소지자 혜택

- 스키·하이킹 스포츠 패스 무료 제공(그린델발트 - 벵겐 지역 리프트권)
- 클라이네 샤이텍 Wyss Sport, 융프라우 지역 인터스포츠 렌털 네트워크 스키/보드 렌털 15% 할인
- INTERSPORT Rent-Network 스키·스노보드·눈썰매 렌탈 15% 할인
- 피르스트 플라이어, 피르스트 글라이더 무료

작지만 큰 혜택 게스트 카드
Guest Card

스위스 다른 도시처럼 호스텔이나 호텔에 숙박하면 제공되는
교통카드. 시내 교통수단을 이용할 수 있고 각종 스포츠 시설
무료입장이나 할인 혜택을 받을 수 있다. 알뜰한 여행자라면
게스트 카드와 함께 주는 브로슈어를 꼼꼼히 살펴보자.

융프라우요흐/피르스트 등산열차 1회 왕복권

시간이 넉넉하지 않아 하루 머물며 산에 오른다
면 등산열차 1회권으로 여행을 하게 된다. 융프라
우요흐, 피르스트 등에 오르기 위한 등산열차 1회
왕복권은 인터라켄 동역에서 구입하면 된다. QR
코드를 통해 할인쿠폰을 신청하면 할인된 가격으
로 구입할 수 있다.

[융프라우요흐 1회 왕복권 소지자 보너스 혜택]

- CHF6 바우처(컵라면 교환, 융프라우요흐 식당,
  융프라우요흐나 클라이네 샤이텍 기념품점에서
  택1 사용)

등산열차 할인 쿠폰 신청

출발역	할인 종류	정상 가격	할인 요금
인터라켄 동역 Interlaken Ost	할인 쿠폰	CHF 223,80~ 249,80	CHF160
	스위스· 유레일 패스 (사용일 기재)		CHF130
그린델발트 / 라우터브루넨 Grindelwald / Lauterbrunnen	할인 쿠폰	CHF 213,60~ 239,60	CHF155
	스위스· 유레일 패스 (사용일 기재)		CHF145

※어린이 요금 CHF20

베르네제 오버란트와 친해지기

베르네제 오버란트를 방문하는 목적은 이 지역에서 가장 유명한 알프스 봉우리 융프라우요흐에 오르기 위함이다. 물가가 비싸지만 알프스를 제대로 만끽하기 위해서는 적어도 이틀은 묵어야 한다. 첫날 도착해서는 숙소를 구하고 다음 날 오를 전망대를 결정한다. 하이킹에 관심이 있다면 본인 체력에 맞는 하이킹 코스를 알아 놓는 것도 중요한 일이다. 동역 뒤편에서 하르더 쿨름에 올라서 마을을 굽어보며 내일의 다짐을 하는 것도 좋겠다. 둘째 날은 아침 일찍 일정을 시작한다. 융프라우요흐로 오르는 등산열차는 중간에 2번을 갈아타야 하며 여름 성수기에는 그마저 앉아가기 힘들다. 클라이네 샤이덱/아이거글렛쳐~융프라우요흐 구간은 개인 여행자도 좌석 예약이 가능하다(왕복 CHF10). 시간이 바쁘다면 미리 예약하는 것이 좋다. 산을 오르내리는 중간중간 하이킹을 즐길 계획이라면 서두르자. 일정에 여유가 있다면 하루 더 숙박하면서 다른 전망대를 등정하거나 한국에서 쉽게 즐길 수 없는 레포츠를 즐겨보는 것도 좋겠다. 패러글라이딩, 스카이다이빙, 번지점프 등은 반나절이면 가능하고 래프팅은 하루를 계획해야 한다. 겨울에 여행한다면 스키나 스노보드도 빼놓을 수 없는 레포츠. 가격이 부담스럽거나 스키, 스노보드 문외한이라면 썰매라도 타보자.

베르네제 오버란트 MUST DO!

- ☑ 대자연의 경이로움, 알프스의 만년설과 빙하!
- ☑ 동굴 속 거대한 빙하폭포
- ☑ 호수 속의 알프스, 바흐알프 호수
- ☑ 자연과 하나 되는 시간 알프스 하이킹
- ☑ 만년설 위에서 걷거나, 뛰거나

베르네제 오버란트 추천 코스

〈프렌즈 스위스〉에서는 이 지역 대표 전망대에 오르는 4가지 코스를 제안한다. 모든 코스는 인터라켄 동역에서 출발한다. 여행자가 숙박하는 지역에 따라 경로는 조금씩 변한다. 모든 경로는 역순으로도 가능하다.

COURSE 1 융프라우와 친구 되기

융프라우요흐에 오르는 코스로 1회 왕복 티켓을 십분 이용하는 코스. 산악 마을에서 숙박하고 싶다면 전날 라우터브루넨이나 그린델발트로 올라가 숙박한 후 진행하자. 하이킹 여부와 융프라우요흐 전망대에서 머무는 시간에 따라 달라지겠지만 예상 소요시간은 6시간~9시간 30분이다. 순서는 제시되어 있는 대로 해도 좋고, 역으로 해도 좋다.

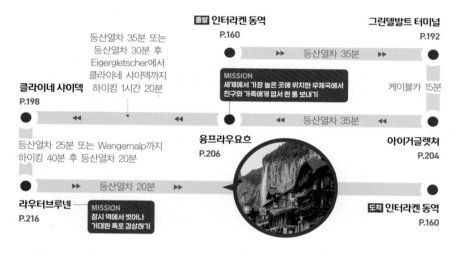

출발 인터라켄 동역 P.160

그린델발트 터미널 P.192

등산열차 35분 또는 등산열차 30분 후 Eigergletscher에서 클라이네 샤이덱까지 하이킹 1시간 20분

▶▶ 등산열차 35분 ▶▶

MISSION
세계에서 가장 높은 곳에 위치한 우체국에서 친구와 가족에게 엽서 한 통 보내기

클라이네 샤이덱 P.198

케이블카 15분

◀◀ ◀◀ ◀◀ 등산열차 35분 ◀◀

융프라우요흐 P.206

아이거글렛쳐 P.204

등산열차 25분 또는 Wengernalp까지 하이킹 40분 후 등산열차 20분

▶▶ 등산열차 20분 ▶▶

라우터브루넨 P.216

MISSION
잠시 역에서 벗어나 거대한 폭포 감상하기

도착 인터라켄 동역 P.160

COURSE 2 쉴트호른과 친구 되기

1969년 제작된 007시리즈 6탄 〈여왕 폐하 대작전〉의 배경이었던 쉴트호른 전망대에 오른다. 라우터브루넨을 경유해 작은 산악 마을 뮈렌에서 케이블카를 타고 올라간다. 예상 소요시간은 5시간 정도.

출발 인터라켄 동역 P.160

라우터브루넨 P.216

슈테첼베르크 지도 P.218

쉴트호른 P.226

▶▶ 등산열차 20분 ▶▶ ▶▶ 포스트 버스 15분 ▶▶ ▶▶ 케이블카 30분 ▶▶

케이블카 20분

◀◀ 등산열차 20분 ◀◀ ◀◀ 케이블카 5분 ◀◀ ◀◀ 기차 15분 ◀◀

도착 인터라켄 동역 P.160

라우터브루넨 P.216

그뤼트샬프 지도 P.223

뮈렌 P.221

COURSE 3 그린델발트에서 알프스와 친구 되기

아기자기한 산악 마을 그린델발트를 거점으로 움직이는 코스. 그린델발트에서 가장 인기 있는 전망대 피르스트로 간다. 여기서 바흐알프 호수까지는 완만하고 평탄한 길로 1시간 정도 걸리니 가볍게 하이킹을 즐겨보자. 피르스트에서 그린델발트로 내려오는 길은 자전거 하이킹도 가능하다. 예상 소요시간은 4시간 30분~6시간.

출발 인터라켄 동역
P.160

그린델발트
P.177

피르스트
P.185

바흐알프 호수
P.189

▶▶ 등산열차 35분 ▶▶ ● ▶▶ 케이블카 15분 ▶▶ ● ▶▶ 하이킹(P.194) 1시간 ▶▶

하이킹 1시간

MISSION
중간에 레포츠 즐기기

◀◀ 등산열차 35분 ◀◀ ● ◀◀ 케이블카 15분 ◀◀

도착 인터라켄 동역
P.160

그린델발트
P.177

피르스트
P.185

COURSE 4 인터라켄의 중심 멘리헨 오르기

베르네제 오버란트 3대 봉우리와 라우터브루넨, 멀리 툰 호수까지 한눈에 들어오는 전망대 멘리헨에 오르자. 다른 전망대와 다른 특별한 기분을 느끼게 될 것이다. 아침 일찍부터 서둘러야 한다. 너무 바쁘다면 융프라우요흐 등정을 생략하거나 그린델발트에서 바로 멘리헨으로 올라가도 된다. 예상 소요시간은 6시간 30분~8시간.

출발 인터라켄 동역
P.160

그린델발트 터미널
P.192

멘리헨
P.193

클라이네 샤이덱
P.198

▶▶ 등산열차 30분 ▶▶ ● ▶▶ 케이블카 30분 ▶▶ ● ▶▶ **하이킹 1시간 20분** ▶▶ ●

*이 코스의 하이라이트!
P.198

등산열차 35분

◀◀ 등산열차 20분 ◀◀ ● ◀◀ 등산열차 25분 ◀◀ ● ◀◀ 등산열차 1시간 ◀◀ ●

도착 인터라켄 동역
P.160

라우터브루넨
P.216

벵겐
P.212

융프라우요흐
P.206

⫸⫸ SPECIAL PAGE ⫸⫸

알프스와 함께하는 레포츠

인터라켄은 알프스 등반 외에도 여러가지 레포츠가 있다. 시내 곳곳에 예약할 수 있는 안내소와 사무실이 있으니 이곳이 아니면 쉽게 즐기지 못할 레포츠에 도전해 보자. 숙소와 연관된 곳에서는 약간의 할인도 제공한다.

번지점프 Bungy Jump

뉴질랜드 원주민의 성인식에서 유래한 레포츠로 긴 밧줄에 몸을 의지하고 알프스의 영봉을 바라보며 뛰어내리는 짜릿함이 일품이다. 안전요원의 어설픈 한국어 발음이 재미있고, 최근에는 야간 번지점프도 있다니 도전해 보자.

요금 CHF129~169

래프팅 Rafting

8인승 보트를 타고 웅장한 알프스 계곡의 급류를 내려오는 레포츠다. 숙달된 조교와 함께하기에 위험하지 않고 색다른 스릴을 맛볼 수 있다. 업체에서 수영복, 구명조끼, 헬멧, 안전화 등을 제공하며 개인 수영복과 수건, 젖은 물건을 담을 비닐 가방은 각자 준비해야 한다.

요금 CHF130~

스카이다이빙 Sky Diving

경비행기를 타고 까마득한 높이의 창공에 올라 지상으로 뛰어내리는 스포츠. 전문요원과 함께하기 때문에 안전은 걱정하지 않아도 된다. 하늘에서 바라보는 알프스라니. 생각만 해도 짜릿하지 않은가? 자, 이륙 준비!

요금 CHF550 내외

패러글라이딩 Para Gliding

직사각형 낙하산을 타고 하늘을 나는 경험을 할 수 있는 레포츠로 알프스의 아름다운 풍경을 맘껏 즐길 수 있다. 베테랑 전문 요원이 함께 뛰어내리니 걱정하지 말고 바람에 몸을 맡겨보자. 특히 피르스트~그린델발트 구간을 추천한다.

요금 CHF150~270
(※고도와 비행시간에 따라 차이가 있음.)

스키와 스노보드 Ski & Snow Board

스키나 스노보드 마니아라면 그냥 지나치기 힘든 만년설의 유혹. 융프라우의 본격적인 스키 시즌은 11월부터 피르스트, 클라이네 샤이덱/멘리헨. 뮈렌/쉴트호른의 세 구간으로 나뉘며 슬로프가 매우 다양해서 실력에 맞는 슬로프 선택이 가능하다. 알프스 영봉을 바라보며 즐기는 자연설 위에서의 스키는 색다른 경험이 될 것이다. 스포츠 패스를 구매하면 슬로프 간 이동뿐만 아니라 마을간 이동 시에도 모든 철도, 곤돌라, 리프트 사용이 가능하다.

장비 대여는 장비별로 CHF5~50 정도로 한국처럼 패키지로 대여하는 것이 아니라 품목별로 따로 대여해야 한다. 본인 장비가 있다면 챙겨 갈 수 있는 것은 챙겨 가자.

스키 패스 요금

이용 지역	전 지역
반일권	-
1일권	CHF75
2일권	CHF149
3일권	CHF221
4일권	CHF284
5일권	CHF337
6일권	CHF385
7일권	CHF428

캐니어닝 Canyoning

몸에 줄을 묶고 점프, 다이빙, 수영 등을 하면서 계곡을 내려가는 레포츠. 차가운 빙하 계곡 물에 몸을 담그면서 계곡을 탐험할 수 있다. 레포츠 업체에서 전신 슈트, 헬멧 등을 제공하니 본인의 수영복과 타월은 챙겨가자.

요금 CHF150 내외

Travel tip!

스위스 주요 레포츠 회사
· **알파인래프트**
  www.alpinraft.com
· **아웃도어 인터라켄**
  www.outdoor-interlaken.ch
· **패러글라이딩 융프라우**
  www.paragliding-jungfrau.ch

베르네제 오버란트 지역 개념도

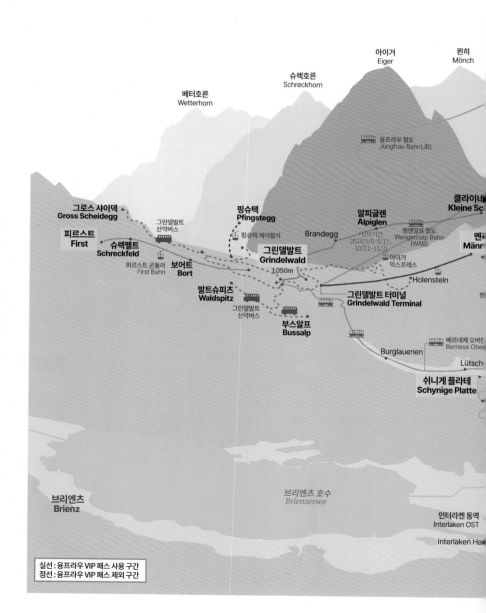

아이거
Eiger

묀히
Mönch

슈렉호른
Schreckhorn

베터호른
Wetterhorn

융프라우 철도(JB)
Jungfrau Bahn(JB)

클라이네
Kleine Sc

그로스 샤이덱
Gross Scheidegg

핑슈텍
Pfingstegg

알피글렌
Alpiglen

(정비기간
2024/5/6~5/17,
10/21~11/3)

그린델발트
산악버스

벵엔알프 철도
Wengernalp Bahn
(WAB)

피르스트
First

슈렉펠트
Schreckfeld

핑슈텍 케이블카

Brandegg

묀리
Männ

피르스트 곤돌라
First Bahn

보어트
Bort

그린델발트
Grindelwald

1,050m

아이거
익스프레스

발트슈피츠
Waldspitz

그린델발트
산악버스

Holenstein

그린델발트 터미널
Grindelwald Terminal

부스알프
Bussalp

베르네제 오버
Bernese Obe

Burglauenen

Lütsch

쉬니게 플라테
Schynige Platte

브리엔츠
Brienz

브리엔츠 호수
Brienzersee

인터라켄 동역
Interlaken OST

Interlaken Ha

실선 : 융프라우 VIP 패스 사용 구간
점선 : 융프라우 VIP 패스 제외 구간

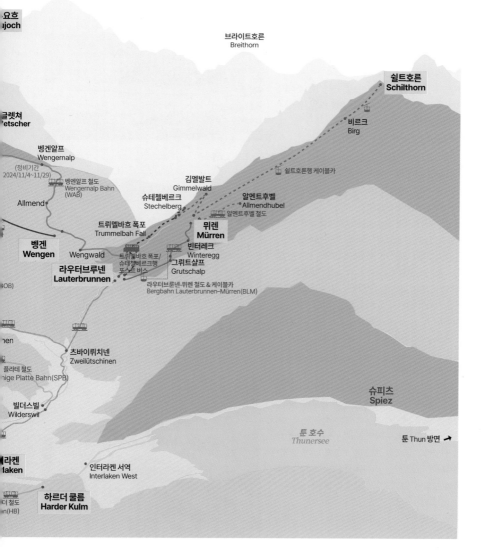

융프라우
Jumfrau

요흐
ujoch

브라이트호른
Breithorn

쉴트호른
Schilthorn

글렛쳐
etscher

비르크
Birg

벵겐알프
Wengernalp

(정비기간
2024/11/4~11/29)

벵엔알프 철도
Wengernalp Bahn
(WAB)

쉴트호른행 케이블카

김멜발트
Gimmelwald

알멘트후벨
Allmendhubel

슈테첼베르크
Stechelberg

Allmend

알멘트후벨 철도

트뤼멜바흐 폭포
Trummelbah Fall

위렌
Mürren

벵겐
Wengen

Wengwald

빈터레크
Winteregg

라우터브루넨
Lauterbrunnen

트뤼멜바흐 폭포/
슈테첼베르크행
포스트 버스

그뤼트샬프
Grutschalp

(OB)

라우터브룬넨-위렌 철도 & 케이블카
Bergbahn Lauterbrunnen–Mürren(BLM)

츠바이뤼치넨
Zweilütschinen

플라테 철도
nige Platte Bahn(SPB)

슈피츠
Spiez

빌더스빌
Wilderswil

nen

투 호수
Thunersee

툰 Thun 방면 →

라켄
laken

인터라켄 서역
Interlaken West

더 철도
n(HB)

하르더 쿨름
Harder Kulm

SPECIAL PAGE

베르네제 오버란트를 제대로 즐기는 방법, 축제

베르네제 오버란트에서는 일년 내내 축제나 이벤트가 열린다. 특히 여행자들이 많이 방문하는 6~8월에는 격주로 축제가 열리기도 한다. 많은 사람들이 모여서 복잡하긴 해도 흔히 볼 수 없는 풍경이니 일정이 맞는다면 참여해 보는 것도 좋겠다.

스노펜에어 콘서트 Snowpenair Concert

눈 녹기 전 봄을 기다리며 클라이네 샤이덱역 앞에서 펼쳐지는 록 콘서트. 해발 2,061m에서 즐기는 뜨거운 록 음악의 향연으로 인터라켄의 대표적인 음악 행사다. 2025년에는 3월 22일, 23일에 콘서트가 열린다.

홈페이지 snowpenair.ch **요금** CHF99~110

인터라켄 클래식 Interlaken Classic

매년 봄 인터라켄에서 열리는 클래식 음악제. '미래의 스타를 만나보세요'라는 모토로 젊고 주목받는 신인 음악가를 초청하는 음악제로 1961년 모차르트 음악 주간으로 시작해 1999년부터 지금의 프로그램을 진행했다고 한다. 공연이 열리는 장소는 카지노 쿠잘 Casino Kursaal로 현재 유명한 아티스트보다 앞으로 유명해질 젊은 음악가들의 열정 가득한 연주를 들을 수 있는 기회다.

홈페이지 www.interlaken-classics.ch **요금** CHF20~90 **일정** 2025/3/26~4/14

융프라우 마라톤

세계에서 가장 아름다운 코스를 달리는 마라톤 대회. 인터라켄 시내에서 출발해 라우터브루넨, 벵겐을 거쳐 클라이네 샤이덱에 이르는 코스를 달린다. 1996년에 시작했고 매년 9월 초순에 대회가 열린다. 금요일, 토요일 이틀에 걸쳐 열리는 행사이며 금요일에는 아이들 대상의 레이스, 단축 마라톤 등이 열리고 토요일에 42.195km를 달리는 본 경기가 열린다.

홈페이지 www.jungfrau-marathon.ch **일정** 2024/9/6~7

베르네제 오버란트
여행 일번지
인터라켄
INTERLAKEN

스위스를 찾는 여행자라면 10명 중 8명은 방문하는 알프스 여행의 대표주자 인터라켄. 인터라켄의 이름은 툰 호수 Thunersee와 브리엔츠 호수 Brienzersee 사이에 위치해 '호수 사이'라는 뜻의 라틴어 'Inter Lacus'에서 유래했다. 17세기 말부터 베르네제 오버란트 지역 여행의 전진기지로 명성을 쌓던 인터라켄은 1912년 융프라우 정상까지 철도를 놓으면서 본격적인 발전이 시작되었다. 알프스의 가장 유명한 봉우리인 뮌히, 아이거, 융프라우를 오르기 위해 전 세계에서 모여든 여행자들이 등산열차에 몸을 싣고 동화 속 풍경으로 빨려 들어간다.

INFORMATION ▶ 알아두면 좋은 인터라켄 여행 정보

클릭! 클릭!! 클릭!!!

인터라켄 관광청 www.interlaken.ch

여행안내소

시내 지도를 구할 수 있고 하이킹, 등산열차 정보를 얻을 수 있다. 서역에서 나와 시내로 진입하는 초입에 한 곳, 인터라켄 시내의 넓은 잔디 광장 맞은편 쪽에 자리한 메트로폴 Metropole 호텔 1층에 여행안내소가 있다.

[서역쪽 여행안내소] 주소 Höheweg 37 **전화** 033-822-21-21 **운영** 7·8월 월~금요일 08:00~18:30, 토요일 09:00~17:00, 9~6월 월~금요일 08:00~12:00, 13:30~18:00, 토요일 09:00~12:00 **가는 방법** 서역에서 나와 왼쪽 큰길을 따라 직진 5분, 동역에서 나와 오른쪽 길로 직진 15분

통신사

SWISSCOM

주소 Bahnhofstrasse 37 **운영** 월~금요일 09:00~18:30, 토요일 09:00~17:00

우체국

주소 Postplatz **운영** 월~금요일 08:30~12:00, 13:45~18:00, 토요일 08:30~11:00

경찰서

위치 동역 옆 **주소** Unterer Bönigstrasse

인터라켄 동역 주요 시설 정보

[티켓 카운터] 운영 매일 06:00~19:30, 6~9월 06:00~20:20 **[수화물 운송 서비스(Reisegepack)] 운영** 07:00~18:30 **[코인라커] 요금** 대 CHF7, 소 CHF5

인터라켄 서역 주요 시설 정보

[티켓 카운터] 운영 매일 06:00~19:30 **[코인라커] 요금** 대 CHF7, 소 CHF5

슈퍼마켓

스위스 전역에 있는 슈퍼마켓 Coop과 Migros가 동역과 서역에 큰 규모로 있다. Migros가 조금 저렴한 편. 주말에 도착했다면 동역 내의 Coop을 이용하자.

Coop

위치 동역 맞은편 **영업** 월~목요일 08:00~19:00, 금요일 08:00~20:00, 토요일 08:00~17:00

Coop Bahnhof

위치 동역 역사 내 **영업** 월~금요일 06:00~20:00, 토~일요일 07:00~20:00

Coop Pronto

위치 서역에서 나와 왼쪽 큰길로 직진, 첫 번째 작은 로터리 지나 큰길을 따라 직진 150m **영업** 매일 07:00~23:30

Migros

위치 서역 맞은편 **영업** 월~목요일 08:00~20:00, 금요일 08:00~21:00, 토요일 08:00~18:00

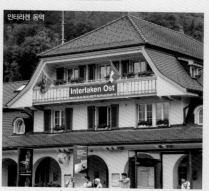

인터라켄 동역

TRANSPORTATION 인터라켄 시내 교통

포스트 버스는 인터라켄 시내 곳곳과 주변 마을을 연결해 주는 교통수단. 인터라켄 시내 요금이 CHF3.30 정도로 높은 편이긴 하나 숙소에서 제공하는 게스트 카드를 이용하면 무료로 탑승할 수 있다. 배낭여행자들 이 주로 숙박하는 서역 부근의 게스트하우스에서 등산열차가 운행하는 동역까지 이동할 때 이용하면 편리 하다. 다만 배차 간격이 길기 때문에 미리 버스 정류장의 시간표를 확인하는 것이 좋다.

인터라켄와 친해지기

시내에는 동역 Interlaken Ost과 서역 Interlaken West, 2개의 기차역이 있다. 다른 도시에서 인터라켄에 도착하는 열차는 이 두 역에 모두 정차한다. 두 역 사이는 걸어서 15분 정도 걸리며 포스트 버스 Post Bus가 운행한다. 인터라켄 동역은 라우터브룬넨, 그린델발트 등 융프라우요흐로 오르는 등산열차가 출발하는 역으로 숙소가 인 터라켄 시내가 아니라면 동역에서 하차해 등산열차로 갈아탄다. 동역에서 등산열차가 출발하는 만큼 융프라우 요흐·쉴트호른·피르스트 전망대의 날씨를 보여주는 모니터가 설치되어 있으며 작은 규모지만 기념품숍과 소규 모의 슈퍼마켓 Coop이 있다. 동역 앞에는 대형 슈퍼마켓 Coop과 쇼핑센터가 있고 동역 바로 옆에는 대규모 의 유스호스텔이 자리하고 있다.

동역과 서역 사이의 거리를 따라서 호텔, 레스토랑 쇼핑센터와 함께 넓은 잔디밭 회에마테 Höhematte가 자리 한다. 패러글라이딩 등을 즐기며 하강하는 여행자들이 만들어 내는 궤적이 아름답고 노을에 물든 묀히 봉우리 를 감상할 수 있는 포인트다.

인터라켄 시내 번화가와 가까운 서역은 동역과 1.5km 정도 떨어져 있고 걸어서 15분 정도 걸린다. 시내 호 스텔에 숙소를 정했거나 인터라켄에 도착해 여행안내 소를 먼저 들를 예정이라면 서역에서 하차하자. 역에 서 나오면 옆에 숙소 위치를 안내해 주는 커다란 전 광판이 있다. 이곳에서 본인이 예약한 숙소 버튼을 누 르고 위치를 확인한 다음 움직이자. 여행안내소까지는 걸어서 5분 정도 걸린다.

▶▶ 인터라켄에서 주변 도시로 이동하기

인터라켄 ▶ 하르더 쿨룸 10분 소요
인터라켄 ▶ 빌더스빌 10분 소요
빌더스빌 ▶ 쉬니게 플라테 55분 소요
인터라켄 ▶ 그린델발트 35분 소요
인터라켄 ▶ 라우터브루넨 20분 소요

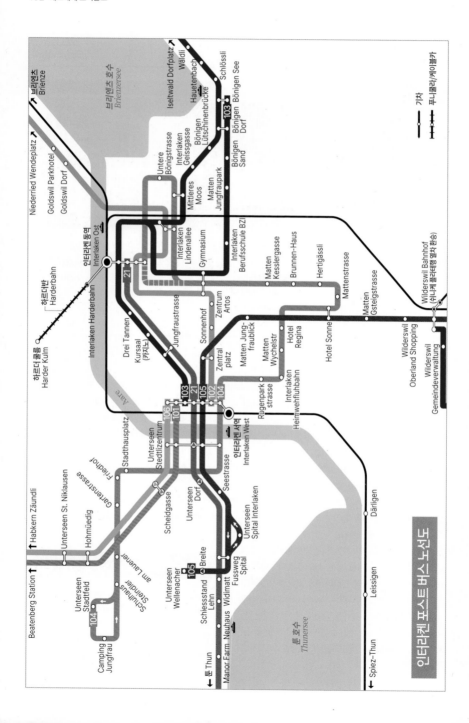

인터라켄 포스트 버스 노선도

가차

푸니쿨라/케이블카

브리엔츠
Brienze

브리엔츠 호수
Brienzersee

Niederried Wendeplatz
Goldswil Parkhotel
Goldswil Dorf

Iseltwald Dorfplatz
Wäldli
Hauetenbach
Schlössli

Bönigen Bönigen See
103
Bönigen Lütschinenbrücke
Bönigen Geissgasse
Bönigen Dorf
Bönigen Sand

Untere Böingstrasse
Interlaken Geissgasse
Mittleres Moos
Matten Jungfraupark

인터라켄 동역
Interlaken Ost

하르더반
Harderbahn

Interlaken Lindenallee
Gymnasium
Interlaken Berufsschule BZI

Matten Kesslergasse
Brunnen-Haus
Hertigässli
Mattenstrasse

21

Wilderswil Bahnhof
(하계 트라이행열차 환승)

하르더 쿨름
Harder Kulm

Interlaken Harderbahn

Drei Tannen
Kursaal (카지노)

Jungfraustrasse

Zentrum Artos
Sonnenhof

Matten Jung-fraublick
Matten Wychelstr

Hotel Regina

Hotel Sonne

Matten Gsteigstrasse

Wilderswil Oberland Shopping
Wilderswil Gemeindeverwaltung

Aare

Zentral platz

103
21
105
102
104

106
101

인터라켄 서역
Interlaken West

Rügenpark strasse

Interlaken Heimwehfluhbahn

Stadthausplatz
Unterseen Stedtlizentrum

Unterseen Dorf
Seestrasse

Unterseen Spital Interlaken

Därligen

Beatenberg Station

Habkern Zäundli

Untersen St. Niklausen
Hohmüedig

Gartenstrasse
Friedhof

am Lauener

Scheidgasse

Breite

툰 호수
Thunersee

Untersen Stadtfeld
Schulhaus
Steindler

Camping Jungfrau
104

Unterseen Wellenacher
Fussweg Spital
105

Manor Farm. Neuhaus
Schiessstand Lehn
Widimatt

Leissigen

툰 Thun
Spiez-Thun

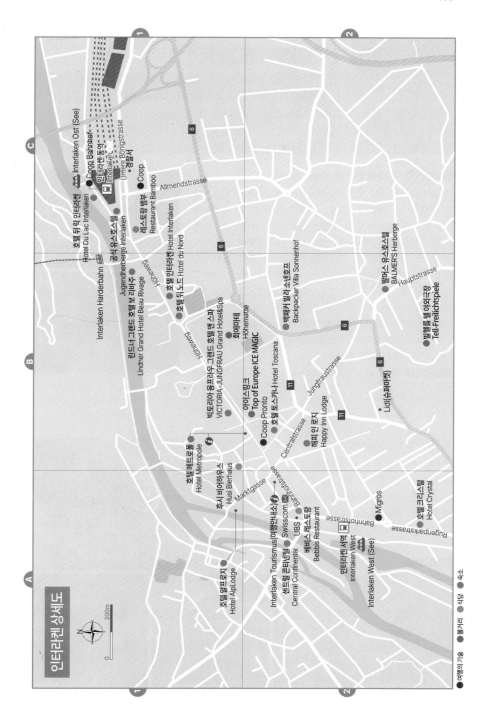

인터라켄 상세도

N

0 200m

인터라켄

Interlaken Ost (See)

Coop Bahnhof

인터라켄 동역
Interlaken Ost

경찰서

Coop

Umtere Böngistrasse

Allmendstrasse

레스토랑 뱀부
Restaurant Bamboo

호텔 뒤 락 인터라켄
Hotel Du Lac Interlaken

공식 유스호스텔
Jugendherberge Interlaken

Interlaken Harderbahn

린드너 그랜드 호텔 보 리바주
Lindner Grand Hotel Beau Rivage

호텔 인터라켄 Hotel Interlaken

호텔 뒤 노드 Hotel du Nord

호에마테
Höhematte

빅토리아 융프라우 그랜드 호텔&스파
VICTORIA-JUNGFRAU Grand Hotel&Spa

호에마테
Höhematte

백패커 빌라 소넨호프
Backpacker Villa Sonnenhof

발머스 유스호스텔
BALMER'S Herberge

Hauptstrasse

아이스링크
Top of Europe ICE MAGIC

Coop Pronto

호텔 토스카나 Hotel Toscana

Centralstrasse

벨리히슈필 야외극장
Tell-Freilichtspiele

호텔 메트로폴
Hotel Metropole

해피 인 로지
Happy Inn Lodge

Jungfraustrasse

Lidl(슈퍼마켓)

후시 비아하우스
Husi Bierhaus

Marktgasse

Interlaken Tourismus(여행안내소)
센트럴 콘티넨탈
Central Continental

Swisscom

UBS

베비스 레스토랑
Bebbis Restaurant

Bahnhofstrasse

Migros

호텔 크리스털
Hotel Crystal

Rugenparkstrasse

인터라켄 서역
Interlaken West

호텔 알프로지
Hotel AlpLodge

Interlaken West (See)

● 여행의 기술　● 볼거리　● 식당　● 숙소

ATTRACTION 인터라켄의 볼거리

인터라켄 시내에는 특별한 볼거리가 없다. 신선한 공기 속에서 가벼운 산책을 즐기며 다음 날을 기약하자. 상가와 호텔, 식당은 서역 주변에 모여 있으며 중앙 광장에 여행안내소, 우체국, 쇼핑센터 등이 있다. 시내 곳곳에 레포츠 예약을 알리는 현수막과 팸플릿이 있으니 예산과 시간을 고려해 보자. 숙박하는 숙소에서 예약을 주선하기도 한다.

빌헬름 텔 야외극장 Tell-Freilichtspiele

1912년부터 매년 6월 중순에서 9월 초 목·토요일에 실러 Schiller의 〈빌헬름 텔 Wilhelm Tell〉을 상영했던 야외극장이다. 2024년부터는 로빈 후드를 공연한다. 빌헬름 텔의 이야기가 합스부르크 왕가로부터 고통받던 스위스 국민들의 투쟁을 보여줬다면 로빈 후드는 영국의 전설적 의적의 이야기로 두 이야기가 일맥상통하는 부분이 있다. 이전과 같이 주민들이 배우로 무대에 선다는 것도 특징. 정규 공연 전 공개 투어가 진행되는데, 공연 전 무대를 살펴볼 수 있는 기회가 된다. 다만 독일어로만 진행된다는 게 아쉬운 점. 대자연의 입구인 인터라켄과 어울리도록 극장은 자연 속에 있다. 공연이 열리는 날이면 공연 3시간 전에 공연에 참여하는 배우들이 행진을 펼치며 홍보 활동을 하기도 한다.

지도 P.163-B2 ▶ 주소 Tellweg 5 운영(2024년) 6/13~9/7 목·토요일 20:00 시작
요금 CHF24~68 홈페이지 www.tellspiele.ch 가는 방법 동역에서 포스트 버스 104번 타고 Matten b. I., Hotel Sonne 하차 후 길 건너 도보 3분. 또는 서역에서 포스트 버스 102번 타고 Sonnenhof 하차 후 도보 12분 또는 버스 104번 타고 Matten b. I., Hotel Sonnne 하차 후 도보 4분.

회에마테 Höhematte

동역과 서역 사이의 넓은 잔디공원. 햇살 좋은 날 일광욕을 즐기며 만년설 쌓인 알프스를 감상할 수 있는 자리다. 패러글라이딩을 하면 이곳에 착지한다. 해 질 녘 노을빛으로 물든 묀히 봉우리의 아름다운 모습을 감상할 수도 있다. 크리스마스 시즌에는 주변에 크리스마스 시장이 서기도 한다.

지도 P.163-B1 ▶

RESTAURANT 인터라켄의 식당

인터라켄의 식당은 주로 서역과 중앙 광장 사이에 모여 있다. 한국어 메뉴판을 구비한 곳도 있으니 잘 찾아보자. 퐁뒤는 보통 2인분부터 시작이지만 1인분도 가능한 곳이 있으니 나 홀로 여행자라도 절망하지 말 것. 중국 음식이나 국물 있는 아시안 푸드가 그립다면 센트럴 거리 Centralstrasse 부근으로 가보자. 중국, 동남아 식당과 함께 한국 식당도 만날 수 있다. 동역 맞은편에도 커다란 아시안 레스토랑이 있다.

베비스 레스토랑 Bebbis Restaurant

한국인, 중국인 여행자가 많이 찾는 퐁뒤 전문점으로 우리 입맛에 맞게 변형된 퐁뒤를 먹을 수 있다. 아기자기한 실내 장식과 함께 각종 퐁뒤를 맛볼 수 있으며 샐러드를 제공한다. 퐁뒤가 아직은 익숙하지 않은 퐁뒤 입문자들에게 적합한 맛집이다.

지도 P.163-A2 ▶ 주소 Bahnhofstrasse 16 영업 월~토요일 08:00~12:30, 일요일 17:00~00:30 예산 치즈 퐁뒤 CHF22.50, 미트 퐁뒤 CHF36.00 가는 방법 서역 왼쪽 로터리 부근에 위치.

후시 비어하우스 Husi Bierhaus

자체 양조장에서 주조하는 수제맥주와 독일, 영국 등에서 생산되는 다양한 맥주를 마실 수 있는 곳. 맥주와 잘 어울리는 푸짐한 음식도 매력적이다.

지도 P.163-B1 ▶ 주소 Postgasse 3 홈페이지 huesi-bierhaus.com 영업 월·수·목요일 15:00~23:30, 금·토요일 12:30~00:30, 일요일 12:30~23:30 휴무 화요일 예산 맥주 CHF5.20~, 버거류 CHF21.90~, 샐러드 CHF14.50~, 육류 요리 CHF21.90~ 가는 방법 회에마테에서 도보 5분, 서역에서 도보 7분

레스토랑 뱀부 Restaurant BAMBOO

동역 가까이에 위치한 오래된 중식당. 오랜 시간이 지나도 변함없는 맛과 분위기를 자랑한다. 이 집의 볶음밥이 특히 맛있다. 간이 약간 세다는 점과 종업원의 응대 태도가 일정하지 않다는 것이 단점이라면 단점이다.

지도 P.163-C1 ▶ 주소 Hauptstrasse 19 홈페이지 www.mylittlethai.ch 영업 수~월요일 11:00~14:00, 17:00~22:00 휴무 화요일 예산 전식 CHF3~15, 볶음국수 CHF18~27, 카레 CHF19~27 가는 방법 동역 앞 길 건너 도보 3분.

HOTEL 인터라켄의 호텔

인터라켄 지역에는 저렴한 호스텔부터 펜션이나 콘도도 있고, 최고급 시설로 무장한 대형 호텔까지 다양한 수준의 숙소들이 모여 있다. 대부분의 숙소가 여름과 겨울, 그리고 시기별로 요금이 조금씩 차이가 있다.

호텔

알프스 관광의 일번지답게 수많은 호텔이 있다. 스파나 사우나 시설을 갖춘 호텔도 있고, 유명 인사들이 머물렀던 유서 깊은 호텔도 있다.

빅토리아 융프라우 그랜드 호텔 앤 스파 VICTORIA-JUNGFRAU Grand Hotel&Spa ★★★★★

회에마테 Höhematte 맞은편 쪽에 자리한 커다란 규모의 이 지역 최고 호텔. 216개의 객실 중 106개의 객실이 스위트 룸으로 구성되어 있다. 1856년부터 운영하고 있는 호텔로 고풍스러운 분위기의 인테리어가 장중하며, 객실과 호텔 내 설비는 매우 현대적이다. 그만큼 서비스도 우아하고 깍듯하다. 전체적으로 널찍한 객실과 창문을 열면 보이는 융프라우요흐 3대 봉우리가 시원시원하다. 호텔 이름처럼 스파 시설이 훌륭하고, 실내 피트니스와 수영장 시설은 이 지역을 찾았을 때 날씨가 좋지 않아 산에 오르지 못하더라도 아쉬움을 달랠 수 있을 정도다. 특히 저녁 시간의 야외 온천은 여행에 색다른 재미를 준다.

지도 P.163-B1 **주소** Höheweg 41 **전화** 033-828-28-28 **홈페이지** www.victoria-jungfrau.ch **부대시설** 레스토랑, 바, 스파 **주차** 호텔 내 전용 주차장 1일 CHF35 **요금** CHF650~ **가는 방법** 동역 앞에서 포스트 버스 21, 102, 103번 타고 Jungfraustrasse 하차 후 도보 2분. 또는 동역 앞 큰길을 따라 오른쪽으로 도보 12분.

호텔 인터라켄 HOTEL INTERLAKEN ★★★★

동역에서 5분 거리에 위치한 아담한 호텔. 14세기부터 운영되었다는 이 호텔에 바이런과 멘델스존이 숙박하기도 했다. 바이런과 멘델스존이 숙박했던 객실은 그들의 이름을 딴 스위트 룸으로 운영되고 있는데 객실 창문 옆 외벽에 이름과 초상이 담긴 명패가 있다. 편리한 위치가 장점이며 리모델링을 거치며 고전적이었던 분위기가 발랄하고 유쾌하게 바뀌었다. 5층에 위치한 투어리스트 클래스 룸은 공용 욕실과 공용 화장실이라는 약간의 불편을 감수한다면 다른 객실보다 훨씬 저렴한 가격으로 같은 서비스를 받으며 숙박할 수 있다.

지도 P.163-B1 **주소** Höheweg 74 **전화** 033-826-68-68 **홈페이지** www.hotelinterlaken.ch **부대시설** 라운지, 바 **주차** 호텔 뒤 공영주차장 하루 CHF10 **요금** CHF250~ **가는 방법** 인터라켄 동역 앞 큰길을 따라 오른쪽으로 도보 5분.

호텔 메트로폴
Hotel Metropole ★★★★

인터라켄에서 가장 높은 건물의 호텔. 일명 인터라켄 마천루라 부르기도 한다. 1971에 오픈했으며 96개의 객실 중 84개 객실의 창과 테라스가 회에마테 쪽으로 나 있어 전망이 매우 훌륭하다. 객실 카드 없이 엘리베이터나 객실 접근이 불가해 보안 유지에 좋으며 피트니스, 스파 등 대부분의 시설은 호텔 게스트에게만 개방된다. 객실 분위기는 정갈하고 융프라우 지역 3개의 봉우리가 한눈에 보이는 18층 레스토랑에서 먹는 조식은 푸짐하고 맛있다.

지도 P.163-B2 ▶ **주소** Höheweg 37 **전화** 033-828-66-66 **홈페이지** www.metropole-interlaken.ch **부대시설** 라운지, 피트니스 **주차** 호텔 내 주차장 1일당 CHF8 **요금** CHF250~ **가는 방법** 동역 앞 큰길을 따라 오른쪽으로 도보 12분.

호텔 뒤 노드 Hotel du Nord ★★★★

1814년부터 운영된, 오랜 역사와 전통을 가진 호텔로 세련된 객실 분위기가 일품이다. 인터라켄에 순례가 아닌 여행을 목적으로 사람들이 방문하던 시점에 수녀원 자리에 호텔을 세웠다. 2006년 신관을 개관했는데 호텔에서 바라보는 전망은 구관이 조금 더 좋다는 평가. 호텔 옆에 주차 가능하며 무료로 자전거를 대여해 주기도 한다.

지도 P.163-B1 ▶ **주소** Höheweg 70 **전화** 033-827-50-50 **홈페이지** www.hotel-dunord.ch **주차** 호텔 인근 공영주차장 **요금** CHF300~ **가는 방법** 인터라켄 동역 앞에서 포스트 버스 103번 타고 Drei Tannen 하차 후 버스 진행 방향으로 도보 2분, 또는 인터라켄 동역 앞 큰길을 따라 오른쪽으로 도보 8분.

호텔 토스카나 Hotel Toscana ★★★

서역에서 5분 거리에 위치한 호텔. 이름처럼 이탈리아풍 인테리어와 분위기가 인상적이다. 시설이 조금 오래되어 전반적으로 깔끔하지는 않지만 가족적이고 아늑하다. 대로변의 객실에는 테라스가 있고 다락방 분위기의 객실은 동화 속 주인공이 될 것 같은 분위기. 푸짐한 조식이 맛있고 1층 트라토리아 Trattoria의 음식도 일품이다.

지도 P.163-B2 **주소** Jungfraustrasse 19 **전화** 033-823-30-33 **홈페이지** www.hotel-toscana.ch **주차** 1일 CHF15(예약 필수) **요금** CHF280~ **가는 방법** 인터라켄 서역 앞 큰길을 따라 동역 방향으로 가다가 Da Rafmi 끼고 오른쪽 골목 Jungfraustrasse로 들어가 도보 2분. 인터라켄 동역에서 포스트 버스 103번 타고 Jungfraustrasse 하차, 도보 2분.

린드너 그랜드 호텔 보 리바주 LINDNER GRAND HOTEL BEAU RIVAGE ★★★★

고성과 같은 분위기의 호텔로 101개의 객실이 있으며 실내 수영장, 사우나, 스파를 운영해 하루의 피로를 풀기에 좋다. 널찍하고 깔끔한 객실이 시원시원하며 곳곳에 자리한 소품이 우아한 분위기를 더한다. 조식이 푸짐하고 맛있고, 호텔 레스토랑 또한 인터라켄 시민들도 좋은 날 찾을 만큼 분위기 좋고 맛있다고 한다. 호텔 경내에 주차장이 마련되어 있는 것도 강점.

지도 P.163-B1 **주소** Höheweg 211 **전화** 033-826-70-07 **홈페이지** www.lindner.de **주차** 호텔 내 전용주차장 1일 CHF15 **요금** CHF450~ **가는 방법** 인터라켄 동역 앞 큰길을 따라 오른쪽으로 도보 5분.

호텔 뒤 락 인터라켄
HOTEL DU LAC Interlaken ★★★★

호프만 가문이 5대째 운영하고 있는, 인터라켄 동역
뒤편에 자리한 소규모 호텔. 개별 여행자들의 예약
만 받고 있어서 조용히 휴식을 취할 수 있다. 가족
적인 분위기 속에서 따뜻한 서비스가 일품이다. 기
차역과 가깝지만 소음이 크게 들리지 않고 세련되
지는 않았으나 정감 있는 인테리어를 갖추고 있다.
싱글룸을 비롯한 대부분의 객실에 욕조가 구비되어
있는 것도 장점.

 주소 Höheweg 225 **전화** 033-822-29-
22 **홈페이지** www.dulac-interlaken.ch **주차** 전용주차장
무료 **요금** CHF200~ **가는 방법** 인터라켄 동역 플랫폼에
서 역 뒤쪽 출구로 나가 도보 3분.

센트럴 콘티넨털
HOTEL CENTRAL CONTINENTAL ★★★

인터라켄 서역 뒤편 강 건너에 자리한 호텔. 장중
한 궁전 분위기의 외부에 비해 내부는 소박하며 아
기자기하다. 객실 분위기는 정감 있으며 복도에 공
용 다리미와 다리미판이 있는 게 이채롭다. 호텔 내
에 아이리시 펍과 아시아 레스토랑이 있어 편리하
며 조식도 풍성하게 나오는 편이다.

지도 P.163-A2 **주소** Bahnhofstrasse 43 **전화** 033-823-
10-33 **홈페이지** www.central-continental.com **주차** 호
텔 내 전용주차장 1일 CHF12 **요금** CHF200~ **가는 방법**
인터라켄 서역에서 나와 왼쪽 길로 가다 만나는 다리 건
너편.

호텔 크리스털
Hotel Crystal ★★★

인터라켄 서역에서 5분 거리에 자리한 호텔. 객실
55개, 주차장이 완비되어 있어 소규모 단체 여행자
팀이 이용하기도 좋다. 아담한 분위기에 정갈한 객
실은 편리하고 조식도 풍성하며 개별 여행자는 단
체 여행자와 분리된 공간에서 식사할 수 있다. 이른
시간에 체크아웃하면 도시락을 제공하니 전날 미리
요청해 두자.

지도 P.163-A2 **주소** Rugenparkstrasse 13 **전화** 033-
822-62-33 **홈페이지** www.crystal-hotel.ch **요금**
CHF200~ **가는 방법** 인터라켄 서역 앞길에서 오른쪽으
로 도보 5분.

호스텔

합리적인 여행을 추구하는 여행자들을 위한 선택. 재미있는 시설을 갖춘 곳이나 이벤트가 열리는 곳들이 있다. 다양한 레포츠와 겨울 스포츠를 즐기기 위한 장비 대여를 연결해주기도 하니 계획이 있다면 프런트에 문의하자.

공식 유스호스텔 Jugendherberge Interlaken

동역 바로 옆의 대형 호스텔. 스위스 공식 유스호스텔의 명성대로 깔끔하고 밝은 분위기가 인상적이며 다른 도시의 공식 유스호스텔과 달리 편리한 위치에 자리하고 있어 늘 인기 만점이다. 미리 신청하면 산에 오를 때 들고 갈 수 있는 도시락(유료)을 제공하며 저녁에 레스토랑도 운영한다. 주방은 없지만 전자레인지와 전기포트가 마련되어 있어 간단한 반조리 식품이나 컵라면을 먹기 편하다.

지도 P.163-C1 **주소** Untere Bönigstrasse 3a **전화** 033-826-10-90 **홈페이지** www.youthhostel.ch/interlaken **부대시설** 전자레인지, 전기포트 **주차** 1박 CHF15 **요금** 1인실 CHF115, 2인실 CHF125/130, 4인실 도미토리 CHF62~, 6인실 도미토리 CHF55~(아침 식사, 시트 포함), 호스텔 카드 미소지자 추가 요금 CHF6, 식사 CHF17.50, 도시락 CHF8.50~, 2세 이하 유아 무료, 2~5세 아동 50% **가는 방법** 동역 바로 옆.

백패커 빌라 소넨호프
Backpacker Villa Sonnenhof

빌라를 개조해 만든 깔끔한 시설의 호스텔. 취사 시설과 세탁 시설이 잘되어 있으며 한국인 여행자들이 많이 찾는 숙소 중 하나. 발코니를 통해 알프스가 보이는 방은 조금 비싸다. 침대 커버와 수건은 주고 체크인 시 제공되는 코인으로 세탁기 사용이 가능하다.

지도 P.163-B2 **주소** Alpen strasse 16 **전화** 033-826-71-71 **홈페이지** www.villa.ch **부대시설** 주방 완비 **요금** 도미토리 CHF55, 4·5인실 CHF60, 3인실 CHF65, 2인실 CHF80, 싱글룸 CHF100(아침 식사, 시트 포함) **가는 방법** 회에마테 뒤편, 인터라켄 동역이나 서역에서 버스 102번 타고 Sonnenhof 하차 후 도보 1분, 또는 동역과 서역에서 도보 15분.

발머스 유스호스텔 BALMER'S Herberge

인터라켄 시내 배낭여행자들을 위한 호스텔 중에서도 터줏대감 같은 곳. 오랫동안 여행자들의 사랑을 받고 있다. 시설은 깔끔한 느낌은 아니지만 크게 불편할 정도는 아니다. 저렴한 도미토리는 물론 주방과 샤워, 화장실이 완비되어 있는 1~3인실 게스트하우스와 프라이빗 룸도 갖추고 있다. 호스텔 지하에 클럽이 있어 굳이 멀리까지 나가지 않아도 나이트 라이프를 즐길 수 있으며 자체 레스토랑과 주방에서 편리하게 식사를 해결할 수 있다. 버스로 3분 거리에 위치한 텐트빌리지는 또 다른 분위기로 여러 명이 함께한다면 즐거운 시간을 보낼 수 있다.

지도 P.163-B2 **주소** Hauptstrasse 23-25 **전화** 033-822-19-61 **홈페이지** www.balmers.com **부대시설** 주방, 바, 클럽 운영 **요금** 도미토리 CHF55~(아침 식사, 시트 포함) **가는 방법** 인터라켄 서역에서 버스 21, 103번 타고 Jungfraustrasse 하차 후 도보 10분, 또는 102번타고 Sonnenhof 하차 후 도보 8분, 인터라켄 동역에서 버스 104번 타고 Matten b. I., Hotel Sonne 하차.

호텔 알프로지 Hotel AlpLodge

서역에서 가까운 숙소. Riverside Bar를 같이 운영해 늘 북적거리는 분위기다. 강 쪽을 향해 있는 방에는 테라스가 있어 분위기가 좋다.

지도 P.163-A1 **주소** Marktgrasse 59 **전화** 033-822-47-48 **홈페이지** www.alplodge.com **이메일** 10분 CHF5 **부대시설** 주방 시설 완비, 바 운영 **요금** 도미토리 CHF42~, 시트 CHF2 **가는 방법** 서역에서 나와 왼쪽으로 걷다 마르크트 거리에서 다리 건너기 직전.

해피 인 로지 HAPPY INN LODGE

노란 스마일 그림이 있는 간판이 인상적인 호스텔. 간판처럼 유쾌한 분위기의 숙소. 1층에 위치한 바와 레스토랑에서 식사도 가능하다. 다양한 종류의 방이 마련되어 있고 방마다 세면대가 배치되어 있다. 건물에 엘리베이터가 없다는 단점이 있고 외출할 때마다 방 키를 맡겨야 하는 것이 조금 성가시다.

지도 P.163-B2 **주소** Rosenstrasse 17 **전화** 033-882-32-25 **홈페이지** www.happy-inn.com **부대시설** 전자레인지, 전기포트 **요금** 도미토리 CHF30~, 2인실 CHF45~, 아침 식사 CHF8 **가는 방법** 서역 도보 5분.

인터라켄과 알프스를
한눈에 바라볼 수 있는 곳
하르더 쿨름
전망대
HARDER KULM

하르더 쿨름은 해발 1,301m의 전망대로 저렴한 비용과 짧은 시간에 인터라켄 지역을 조망할 수 있는 곳이다. 점심 시간쯤 인터라켄에 도착해서 시간을 어떻게 보내야 할지 난감하다면 이곳이 해법을 줄 것이다.

동역 뒤편의 정류장에서 빨간색 작은 푸니쿨라를 타고 8분 정도 올라가면 전망대에 도착한다. 다른 전망대와 비교하면 뒷동산 정도의 높이지만 브리엔츠 Brienzersee 호수와 툰 Thunesee 호수 사이의 인터라켄 마을이 발아래에 보이고 눈을 들면 웅장한 융프라우, 아이거, 묀히 세 개의 봉우리가 한눈에 펼쳐진다. 올라가는 시간이 짧고 요금이 저렴해 부담 없이 알프스를 바라볼 수 있다. 나무 바닥과 철제 난간으로 이루어진 테라스는 공중에 떠 있어서 두 호수 사이에 서 있는 기분을 만끽하게 한다.

운영 2024/3/29~12/1 인터라켄→하르더 쿨름 09:10~21:10, 하르더 쿨름→인터라켄 09:10~21:40(시기별 막차 시간 다르니 확인 필요) **요금** 인터라켄 동역 출발 왕복 요금 정가 CHF38~44, 할인 쿠폰 요금 CHF28, 스위스 패스 소지자(사용일 기재) CHF17, 여름 VIP 패스 적용 구간 **가는 방법** 인터라켄 동역에서 나와 왼쪽으로 걷다가 첫 번째 골목에서 우회전, 아래 Aare강 건너 위치한 승강장에서 푸니쿨라로 8분.

하르더 쿨름 영상

하르더 쿨름 파노라마 레스토랑
HARDER KULM PANORAMA RESTAURANT

전망대의 멋진 풍경을 한눈에 바라보며 식사를 즐길 수 있는
장소. 테라스에 자리가 없다면 실내로 들어가 보자. 커다란 통
유리 창 너머의 알프스를 바라보며 식사를 할 수 있다.

주소 Harder Kulm, 3800 Interlaken **전화** 033-828-73-11 **영
업** 월~토요일 09:30~21:30(일요일 08:30~) **예산** 슈니첼 CHF25,
코스 요리 CHF30~45 융프라우 여름 VIP 패스 소지자 조각치즈,
뢰슈티, 라클렛, 그릴 스테이크 10% 할인(주문 전 문의 및 패스
제시 요망)

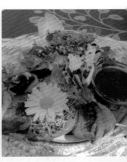

Hiking 하르더 쿨름 전망대의 하이킹

구글맵 연결

추천! HIKING COURSE!
76번 코스 ▸▸▸
하르더 쿨름 라운드 워크
HARDER KULM ROUND WALK

하르더 쿨름 파노라마 레스토랑 뒤편에서 시작해 작게 한
바퀴 도는 코스. 울창한 숲길 사이를 걷다 보면 나무 사
이사이로 보이는 브리엔츠 호수의 색깔이 아름답다. 경사
도가 가파른 곳에는 친절하게도 나무로 계단이 만들어져
있다. 미끄러질 수 있으니 조심할 것.

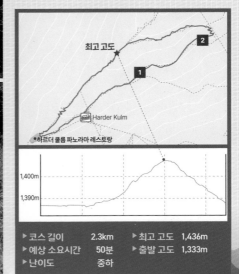

최고 고도

Harder Kulm

●하르더 쿨름 파노라마 레스토랑

1,400m

1,390m

▸ 코스 길이	2.3km	▸ 최고 고도	1,436m
▸ 예상 소요시간	50분	▸ 출발 고도	1,333m
▸ 난이도	중하		

초원과 들꽃이 펼쳐진 동화 같은 풍경

쉬니게 플라테

SCHYNIGE PLATTE

쉬니게 플라테는 해발 2,068m 높이에 자리한 전망대로 융프라우, 묀히, 아이거 등 베르네제 오버란트 지역의 대표적인 알프스 맞은편에 자리하고 있어 모든 산을 파노라마로 감상할 수 있다. 아쉬운 점이 있다면 하르더 쿨룸처럼 여름 시즌에만 등반이 가능하다는 것. 인터라켄 동역에서 출발해 첫 번째 정거장인 빌더스빌 Wilderswil에서 갈아타는 빨간색의 쉬니게 플라테 열차는 1893년에 운행을 시작했다.

7.5km의 궤적을 55분에 걸쳐 천천히 올라가면서 보는 풍경은 가히 환상적. 아름다운 툰 호수와 브리엔츠 호수의 풍경, 인터라켄 시내의 전망. 그리고 기차 레일 주변을 느릿느릿 산책하는 동물과 들꽃이 만들어 내는 풍경은 비현실적인 아름다움이다. 정상에 오르면 호텔과 레스토랑이 있다. 호텔 뒤쪽 산 능선을 따라 걷다 들꽃의 천국인 알핀 가든을 가로지르는 하이킹 코스가 여행자들이 가장 많이 찾는 곳이며 이곳에서 피르스트까지 하이킹도 가능하다.

홈페이지 www.schynigeplatte.ch **운영** 2024/6/15~10/20 인터라켄→쉬니게 플라테 07:25~16:45, 쉬니게 플라테→인터라켄 08:21~17:53 **요금** [왕복 요금] 정상 CHF71.60, 할인 쿠폰 요금 CHF52, 스위스 패스 소지자(사용일 기재) CHF30, 여름 VIP 패스 적용 구간 **가는 방법** 인터라켄 동역에서 등산열차 타고 빌더스빌 Wilderswil에서 쉬니게 플라테행 빨간색 SPB 등산열차로 55분.

쉬니게 플라테 지역 개념도

로우처호른
Louchernhorn

오버러베르그호른
Oberberghorn

호텔쉬니게플라테
Hotel Schynige Platte

파울호른 Faulhorn &
퍼스트 First 방면

알핀가든
Alpengarten

쉬니게 플라테역
Schynige Platte Bahnstation

하이킹 코스(61번)
하이킹 코스(60번)
하이킹 코스(62번)

호텔 쉬니게 플라테 Hotel Schynige Platte

쉬니게 플라테역 위쪽에 자리한 호텔과 레스토랑. 500여 석의 레스토랑과 1700여 석의 셀프 카페테리아로 구성
되어 있다. 레스토랑에서는 이 지역 농산물로 만든 전통 요리를 판매한다. 호텔은 1894년 처음 오픈했고 2011
년 리모델링을 통해 현대적 시설을 갖추었다. 특별한 하룻밤을 생각한다면 고려해 보자.

호텔 숙박 요금 1인실 CHF165, 2인실 CHF250, 3인실 CHF330(조식 뷔페 및 5코스 저녁 식사 포함) **레스토랑 예산** 샐러
드 CHF8~16.50, 메인 요리 CHF19~26.50, 융프라우 여름 VIP 패스 소지자 레스토랑 슈니첼 + 프렌치 프라이 + 아이스
크림 할인(정상가 CHF33 → CHF23, 주문 전 문의 및 패스 제시 요망)

Hiking **쉬니게 플라테의 하이킹**

쉬니게 플라테는 야생화의 천국이다. 역에서 바라보는 융프라우와 묀히, 아이거의 풍경은 사랑스럽기까지 하다. 현지 사람들이 가장 추천하는 이 지역의 하이킹 코스에서 아기자기하면서 동화 속으로 들어가는 듯한 시간을 보낼 수 있다.

추천! HIKING COURSE!
61번 코스 ▸▸▸

구글맵 연결

파노라마베그 로우처호른
Panoramaweg Louchernhorn

61번 코스는 산악호텔을 지나 가파른 경사로를 올라 만나게 되는 능선을 따라 걷다가 로우처호른 Louchernhorn에서 알핀 가든을 가로질러 다시 쉬니게 플라테역으로 돌아오는 코스로 오르막길과 내리막길이 반복된다. 산 능선을 따라 걷다 보면 브리엔츠 호수와 툰 호수 사이에 놓여있는 인터라켄을 한눈에 감상하며 걸을 수 있고 로우처호른에서 알핀 가든을 가로질러 쉬니게 플라테로 돌아올 때는 어디에선가 스머프들이 뛰어나올 것 같은 동화 속 세상으로 들어갈 수 있다. 힘이 든다면 쉬니게 플라테와 로우처호른의 중간 지점인 오베르호른 Oberhorn에서 쉬니게 플라테로 돌아올 수 있는 60번 코스를 선택하는 것도 좋다.

1

2

길을 따라 계속 가면 피르스트에 도착한다.

3

아랫길로 들어가면 60번 코스를 따라
쉬니게 플라테로 돌아가게 된다.

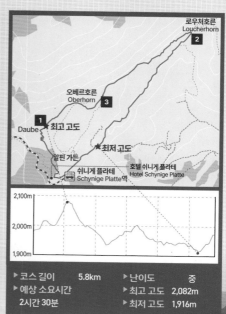

▸ **코스 길이**   5.8km
▸ **예상 소요시간**
   2시간 30분
▸ **난이도**   중
▸ **최고 고도**   2,082m
▸ **최저 고도**   1,916m

아이거 북벽과 마주하는 눈부신 마을
그린델발트
GRINDELWALD

엄숙하게 서 있는 아이거 북벽이 마을 어디에서나 보이는 아기자기한 느낌의 산악 마을. 융프라우요흐로 올라가는 길목의 그룬트 Grund 지역은 미야자키 하야오의 애니메이션 〈하울의 움직이는 성〉의 배경이기도 해서 더 친숙하다. 빙하가 마을 어귀까지 내려와 빙하 마을이라고도 불리며 빙하의 흔적을 가까이서 만날 수 있는 곳이다. 해발 1,034m 지점에 있고 주변에 여러 개의 전망대가 있어 다양한 알프스의 풍경을 감상할 수 있고 패러글라이딩을 즐기기에도 좋다.
가는 방법 인터라켄 동역에서 BOB 열차로 35분.

INFORMATION ▶ 알아두면 좋은 그린델발트 여행 정보

클릭! 클릭!! 클릭!!!

홈페이지 www.grindelwald.ch

여행안내소

위치 그린델발트역에서 나와 오른쪽 큰길로 2분 정도 걸어 Coop이 있는 건물 맞은편 **주소** Dorfstrasse 110 **운영** 매일 09:00~18:00

슈퍼마켓

Coop

위치 그린델발트역에서 나와 오른쪽 큰길로 도보 2분 **주소** Dorfstrasse 101 **운영** 매일 08:00~19:00

우체국

주소 그린델발트역에서 나와 바로 길 건너 **주소** Dorfstrasse 79 **운영** 월~금요일 08:00~12:00, 13:45~18:00, 토요일 08:00~11:00 **휴무** 일요일

그린델발트와 친해지기

인터라켄에서 BOB 열차를 타고 그린델발트에 도착하면 역 주변으로 호텔과 여행안내소, 그리고 버스 정류장이 위치한다. 중심가 Dorfstrasse를 따라 기념품숍과 호텔, 식당들이 있고 대부분의 호텔 레스토랑에서 여행자를 위한 식당을 운영하고 있다. 그린델발트 Grindelwald역 앞 버스 정류장에서 버스를 타면 오버러 글레처 빙하나 핑슈텍으로 갈 수 있으며 피르스트행 케이블카 정류장은 그린델발트역에서 Dorfstrasse를 따라 10분 정도 걸어가면 나온다.

그린델발트 도착 전 정류장인 그린델발트 터미널은 멘리헨 행 케이블카와 아이거글렛쳐로 오르는 아이거 익스프레스의 출발점이다. 터미널 내에는 쇼핑센터, 슈퍼마켓 등이 입점해 있고 대형 주차장도 완비되어 있다.

[기차역 주요 시설] 티켓 카운터 06:40~19:00, **수화물 운송 서비스(Reisegepack)** 06:40~18:00, **코인 라커** CHF5

▶▶ 그린델발트에서 주변 도시로 이동하기

그린델발트 터미널 ▶ 멘리헨 40분 소요   **그린델발트 ▶ 피르스트** 15분 소요   **그린델발트 ▶ 클라이네 샤이텍** 35분 소요

TRANSPORTATION ▶ 그린델발트 시내 교통

그린델발트 시내를 오가는 교통수단으로 그린델발트 버스가 있다. 그린델발트역 맞은편 넓은 광장에 서 있는 버스 중 121, 122, 123번은 게스트 카드와 융프라우 VIP 패스로 무료 탑승이 가능하다. 공식 유스호스텔에 숙박한다면 122번 버스를 타면 되고 그로스 샤이텍 Grosse Scheidegg, 핑슈텍 Pfingstegg 등으로 갈 때도 이곳에서 버스를 이용한다. 대부분의 버스가 이곳에 정차하니 본인의 행선지를 버스 상단에서 꼭 확인하고 탑승하자.

홈페이지 www.grindelwaldbus.ch

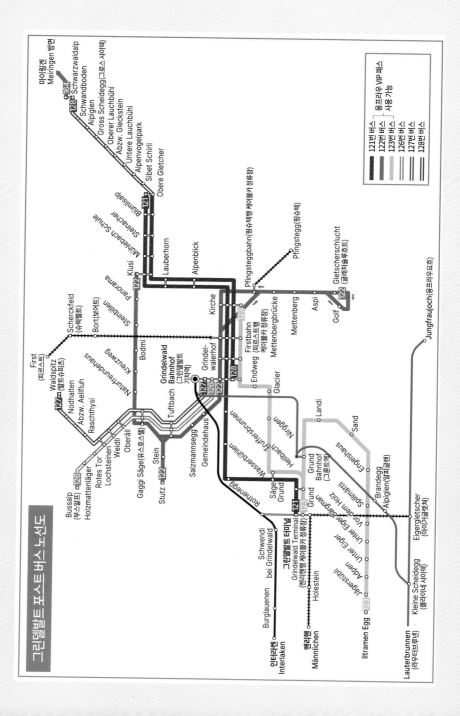

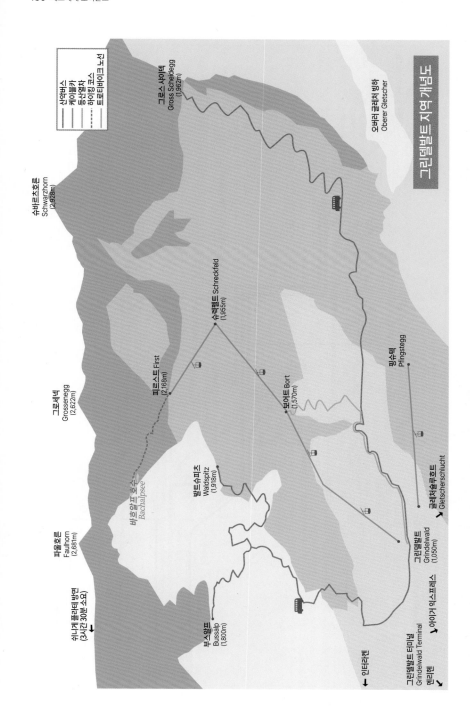

그린델발트 지역 개념도

산악버스
케이블카
등산열차
하이킹 코스
트로티바이크 노선

그로스 샤이테
Gross Scheidegg
(1,962m)

오버러 글레처 방하
Oberer Gletscher

슈바르츠호른
Schwarzhorn
(2,928m)

슈렉펠트 Schreckfeld
(1,955m)

그로세네
Grossenegg
(2,622m)

피르스트 First
(2,168m)

팡슈텍
Pfingstegg

보어트 Bort
(1,570m)

바흐알프 호수
Bachalpsee

파울호른
Faulhorn
(2,681m)

발트슈피츠
Waldspitz
(1,918m)

글레처슐루흐트
Gletscherschlucht

슈니게 플라테 방면
(3시간 30분 소요)

부상알프
Bussalp
(1,800m)

그린델발트
Grindelwald
(1,050m)

그린델발트 터미널
Grindelwald Terminal

아이거 익스프레스
Grindelwald Terminal

인터라켄

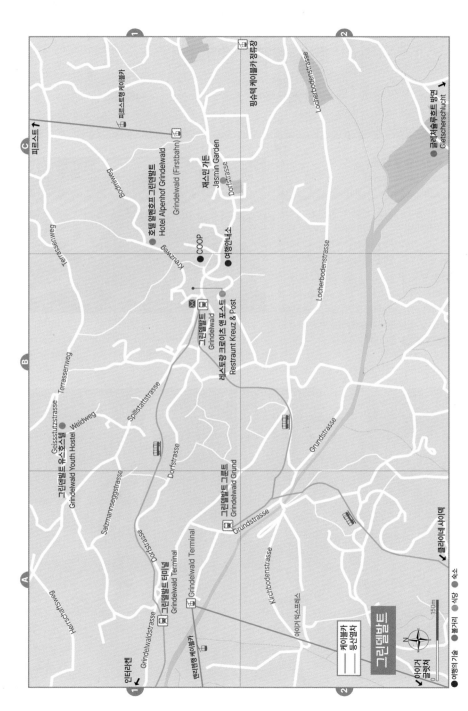

피르스트
피르스트행 케이블카

그린델발트
그린델발트 유스호스텔
Grindelwald Youth Hostel

Geissstutzstrasse

Weidweg

Terrassenweg

Bodmiweg

호텔 알펜호프 그린델발트
Hotel Alpenhof Grindelwald

Grindelwald (Firstbahn)

평슈텍 케이블카 정류장

Locherbodenstrasse

Kreuzweg

COOP

여행안내소

재스민 가든
Jasmin Garden

Dorfstrasse

그린델발트
Grindelwald

레스토랑 크로이츠 엔 포스트
Restraunt Kreuz & Post

Locherbodenstrasse

Spillstattstrasse

Terrassenweg

Dorfstrasse

Salzmannseggstrasse

Grundstrasse

그린델발트 그룬트
Grindelwald Grund

Grundstrasse

인터라켄

Dorfstrasse

Herrschaftsweg

그린델발트 터미널
Grindelwald Terminal

엘리겐행 케이블카

Kirchbodenstrasse

글라이네 샤이덱

아이거 익스프레스

글레처슐루흐트 방면
Gletscherschlucht

그린델발트

케이블카
등산열차

여행의 기술 · 볼거리 · 식당 · 숙소

150m

아이거
글라시어

N

ATTRACTION 그린델발트의 볼거리

그린델발트는 마을 내 볼거리보다는 주변 전망대에 볼거리가 많다. 빙하가 마을 어귀까지 흘렀던 흔적을 만날 수도 있고 좁은 협곡 사이에 흐르는 물소리를 들으며 색다른 산책을 즐길 수도 있다.

글레처슐루흐트
Gletscherschlucht

빙하가 녹아 좁은 협곡 사이를 흐르는 모습을 바라보며 산책을 즐길 수 있는 곳. 그린델발트역에서 버스로 10분 정도 떨어져 있다. 협곡을 가로지르는 철망 위에서 강을 내려다볼 수도 있다. 빙하가 녹은 물이 흐르기에 기온이 낮다. 방수 기능이 있는 따뜻한 옷을 준비하는 것이 좋다. 좁은 협곡 사이를 로프에 의지해 자유 낙하하는 번지 점프는 이곳에서 즐길 수 있는 매우 짜릿한 레포츠다.

지도 P.181-C2 **홈페이지** www.gletscherschlucht.com **운영**(2024년) 4/29~11/19 매일 09:30~18:00, 금요일 09:30~22:00) **요금** 성인 CHF19, 게스트 카드 소지자 CHF17 **가는 방법** 그린델발트역 앞에서 122번 버스 타고 여덟 번째 정류장 Grindelwald, Gletscherschlucht 하차. 또는 핑슈텍에서 표지판 따라 하산하는 방향으로 하이킹 50분.

RESTAURANT 그린델발트의 식당

주로 기차역 주변에 식당이 몰려 있고, 많은 호텔에서 여행자를 위한 레스토랑을 함께 운영한다.

레스토랑 크로이츠 앤 포스트 Restaurant Kreuz & Post

기차역 맞은편에 있는 호텔 레스토랑. 정통 스위스 음식과 맥주를 먹고 마실 수 있다. 1층에 자리하고 있으며 특히 테라스의 분위기 좋다. 위치, 가격 모두 만족할 수 있는 곳. 계절별 준비되는 메뉴가 다르고, 건강식 메뉴가 따로 준비되어 있는 것이 특징이다.

`지도 P.181-B1` **주소** Dorfstrasse 85 **전화** 033-854-54-92 **운영** 매일 08:00~23:30 **예산** 샐러드&전식 CHF8~19, 메인 요리 CHF25~48 **가는 방법** 그린델발트 기차역 맞은편.

재스민 가든 Jasmin Garden

피르스트 케이블카 정류장 부근에 있는 오래된 중식당. 지하에 자리하고 있으며 간판이 작아 잘 찾기가 어렵지만 오히려 조용하고 아늑한 분위기에서 식사할 수 있다. 추운 겨울 동계 스포츠를 즐기고 나서 따뜻한 국물로 몸을 녹이기 좋다.

`지도 P.181-C1` **주소** Dorfstrasse 155 **전화** 033-853-07-33 **운영** 매일 11:30~14:00, 18:00~22:00 **휴무** 토요일 오전 **예산** 전식 CHF8~19, 메인 요리 CHF24~35 **가는 방법** 피르스트 케이블카 정류장에서 큰길 Dorfstrasse로 나와 역 쪽으로 3분 정도 걷다가 만나는 Grindelwalderhof 호텔 지하.

HOTEL 그린델발트의 호텔

그림 같은 풍경으로 여행자들에게 인기 있는 마을 그린델발트. 레포츠와 알프스 등반을 동시에 즐기기 좋아서 그린델발트역 주변과 중심 Dorfstrasse를 따라 호텔이 늘어서 있다. 아이거가 바라보이는 방은 조금 비싸지만 그만큼 훌륭한 전망을 자랑한다. 조용하게 쉬고 싶다면 그린델발트에서 WEB 열차로 한 정거장 거리에 위치한 그룬트 Grund에서 숙박하는 것도 좋은 선택이다. 자연 속에서 휴식을 취하고 싶다면 피르스트나 멘리헨의 산장 게스트하우스를 선택하자.

호텔 알펜호프 그린델발트 Hotel Alpenhof Grindelwald ★★★

스위스 전통가옥인 샬레 형식의 건물에 자리한 아담한 호텔. 창밖으로 보이는 아이거의 모습만으로도 충분히 행복한 기분을 만끽할 수 있다. 사우나 시설이 있고 겨울에는 온수풀을 설치해 하이킹이나 동계 스포츠를 즐긴 다음 이용하면 피로가 풀린다. 체크인 시 그린델발트역에서 전화로 요청하면 차량을 운행해 준다. 지역에서 생산되는 농축산물로 만드는 식사 또한 일품이다.

지도 P.181-C1 ▶ **주소** Kreuzweg 36 **전화** 033-853-52-70 **홈페이지** www.alpenhof.ch **휴무** 11월 **부대시설** 주차장, 사우나 **요금** CHF250~, 도시세 CHF4.20(성인, 1박당) **가는 방법** 그린델발트역에서 나와 Kreuz 호텔 옆길 Kreuzweg 따라 오르막길 도보 8분.

그린델발트 유스호스텔
Grindelwald Youth Hostel

창밖에 보이는 아이거 북벽만으로도 행복한 호스텔. 깔끔한 시설로 늘 여행자들에게 인기가 좋다. 스위스 내 공식 유스호스텔 베스트 5 안에 늘 들어갈 정도다. 흠이라면 높은 언덕 위에 위치해 있어서 버스가 끊긴 시간에 도

착한다면 트렁크를 끌고 오는 길이 매우 험난하다는 것. 리셉션 운영 시간은 07:30~10:00, 16:00~22:00.

지도 P.181-B1 ▶ **주소** Weid 12 **전화** 033-85-310-09 **휴무** 2024/10/21~12/9, 2025/3/31~5/15 **홈페이지** www.youthhostel. ch/en/hostels/grindelwald **요금** [아침 식사, 시트 포함 요금] 도미토리 CHF48~, 2인실 CHF146~, 식사(미리 예약 필요) CHF19.50, 도시락 CHF10~ **주차** CHF10 **가는 방법** 그린델발트역을 등지고 왼쪽으로 호스텔 표지판 따라 오르막길 도보 15분, 또는 그린델발트역 앞 버스 정류장에서 Klusi행 122번 버스 타고 네 번째 정류장 Goggi Sage 하차.

레포츠와 하이킹 천국
피르스트
FIRST

해발 2,168m에 위치한 전망대로 다양한 풍경과 레포츠, 하이킹을 즐길 수 있는 곳이다. 피르스트 케이블카는 1947년에 만들어져 1986년에 리모델링되었으며 20분이면 정상에 도착한다. 정상까지 가는 동안 4,000m급의 봉우리와 빙하를 볼 수 있는데 그 모습 또한 장관이다. 그 풍경을 하늘에서 바라보는 패러글라이딩 코스로도 인기가 좋다.

하이킹 천국이라고 불릴 만큼 다양한 코스가 있는데, 그 중 가장 인기 있는 코스는 바흐알프 호수를 왕복하는 2시간짜리 코스다. 날씨가 좋으면 호수에 비친 알프스를 감상할 수 있어 인기가 있다. 천천히 걸으며 자연의 포근함을 느껴보자. 체력과 시간이 충분하다면 이곳에서 바흐알프 호수를 지나 파울호른, 로우처호른을 거쳐 쉬니게 플라테까지 걷는 코스에 도전하는 것도 좋겠다.

겨울이면 피르스트는 동계 스포츠의 천국으로 변한다. 접근하기 쉬운 코스부터 난이도가 높은 코스까지 다양한 코스가 마련되어 있다. 스키나 스노보드가 어렵다면 눈썰매도 좋은 대안이다. 만년설 위에 앉아 바람을 가로지르며 느끼는 시원함을 한껏 만끽해 보자.

가는 방법 그린델발트역에서 큰길을 따라 도보 10분, 또는 포스트 버스 121·122번 타고 Grindelwald, Firstbahn 하차. 또는 123번 타고 두 번째 정류장 Grindelwald, Kirche 하차 후 도보 2분 그린델발트-피르스트 케이블카 정류장에서 케이블카 타고 20분. 케이블카 이용 정보는 P.186 참고.

Travel tip!

그린델발트 ↔ 피르스트 케이블카 이용 정보

기간	그린델발트 출발		휘르스트 출발
	첫차	막차	막차
4/2~5/8	09:00	16:00	16:30
5/9~10/6	08:00	17:30	18:00
10/7~10/27	08:00	16:30	17:00
11/30~12/13	09:00	15:45	16:15
12/15~2025/1/11	08:00	15:45	16:15
2025/1/12~3/31	08:00	16:15	16:45

휴무 (2024년) 11/4~29
요금 [피르스트 펀 패키지 할인 쿠폰 요금] CHF73/90, 스위스 패스 동시 소지자(사용일 기재) CHF49/66, 어린이 요금 CHF41/55 [그린델발트 왕복 요금] 정상 CHF68~95.60, 할인 쿠폰 요금 인터라켄 출발 왕복 CHF65, 그린델 발트 출발 왕복 CHF52, 스위스 패스 동시 소지자(사용일 기재) CHF32, 어린이 요금 CHF20, 여름·겨울 VIP 패스 적용 구간

ATTRACTION 피르스트의 볼거리

피르스트 클리프 워크
First Cliff Walk

피르스트 정상의 레스토랑에서 휴식을 취하는 동안 무언가 지루하고 아쉽다면 피르스트 클리프 워크를 걸어보자. 레스토랑이 위치한 바위를 타고 도는 철제 산책로로 아래가 뚫려 있어 바람이 불면 흔들리는데, 심장이 두근거리는 경험을 할 수 있을 것이다. 단, 고소공포증이 있다면 충분히 생각하고 진입할 것.

피르스트 뷰 First View

피르스트 정상에 있는 전망 플랫폼. 터빈 모양의 금속 구조물로 올라가면서 주변 알프스의 탁 트인 전망을 감상할 수 있다. 바위산을 휘감은 피르스트 클리프 워크를 또 다른 방향에서 볼 수 있는 뷰포인트.

클리프 워크 겨울 풍경

피르스트 플라이어 First Flyer

피르스트는 주변의 수려한 경관 덕분에 패러글라이더들에게도 사랑받는 지역이지만 가격이 비싸서 CHF150 이상을 생각해야 한다. 하지만 피르스트 플라이어를 이용한다면 1/5 가격으로 패러글라이딩의 맛을 느껴볼 수 있다. 줄이 매달린 의자에 앉아 단숨에 슈렉펠트 Schreckfeld까지 내려오는 기구로 짜릿한 스릴 만점의 놀이기구다.

운영 성수기 기준 10:00~17:30 ※일정 변동 가능하며 날씨와 바람에 따라 운행이 예고 없이 취소되기도 한다. 요금 일반 CHF31, 어린이 CHF24, 여름 VIP 패스 소지자 30% 할인, 겨울 VIP 패스 소지자 무료

피르스트 글라이더 First Glider

피르스트 플라이어를 즐긴 후에도 아쉽게 느껴진다면 피르스트 글라이더에 도전하자. 슈렉펠트에서 출발해 시속 40km의 속도로 피르스트 정상에 오른 후 다시 80km의 속도로 하강하는 레포츠다. 독수리 모양의 기구에 엎드려 바라보는 알프스 또한 색다르다.

운영 피르스트 글라이더와 동일 요금 일반 CHF31, 어린이 CHF24, 여름 VIP 패스 소지자 30% 할인, 겨울 VIP 패스 소지자 무료

©융프라우철도 한국총판 동신항운㈜

마운틴 카트 Mountain Cart

피르스트 플라이어와 피르스트 글라이더를 타고 날아왔다면 이제 앉아서 알프스를 즐겨보자. 슈렉펠트에서 보어트 Bort 사이를 질주하는 레포츠로 사용자의 체중에 맞는 카트를 타고 구불구불한 길을 따라 달린다. 속도를 조절할 수 있으며 중간에 잠시 쉬어갈 수도 있다. 쉴 때는 길 가장자리에 정차하는 매너를 잊지 말도록.

운영(2024년) [5/1~10/27] 10:00~16:00 ※일정 변동 가능하며 날씨와 바람에 따라 운행이 예고 없이 취소되기도 한다. 요금 일반 CHF21, 어린이 CHF17, 여름 VIP 패스 소지자 30% 할인

Travel tip!

피르스트의 레포츠는 늘 사람들로 붐빈다. 특히 성수기에는 오전 중에 마감되는 날도 있다. 미리 혼잡도를 알아보고 여행을 시작하자.

트로티바이크 Trottibike

앉아서 내려오는 마운틴 카트에 성공했다면
이번에는 서서 내려와 보자. 슈렉펠트에서 케
이블카로 내려오다 보어트 Bort에서 하차하
면 대여할 수 있다. 서서 타는 기구인 만큼 균
형감각이 필요하다. 4.5km의 경사를 내려오며
마주하는 바람과 바람 속 풀냄새만으로도 행
복할 수 있는 시간이다. 경사진 도로를 내려오
며 가속이 붙기 때문에 브레이크를 풀지 않는
것이 중요하다. 뒷바퀴 브레이크, 앞바퀴 브레
이크를 잘못 잡았다가는 앞으로 나동그라지기
쉽다.
운영(2024년) [5/1~10/27] 10:00~16:00 ※일정 변
동 가능하며 날씨와 바람에 따라 운행이 예고없
이 취소되기도 한다. **요금** 일반 CHF21, 어린이
CHF17, 여름 VIP 패스 소지자 30% 할인, 보증금
CHF100(그린델발트역에서 바이크 반납 시 환불,
신용카드 가능)

RESTAURANT 피르스트의 호텔과 식당

베르가스토스 피르스트 Berggasthaus First

케이블카에서 내리면 바로 만나는 호텔과 레스토랑. 겨울이면 스키를 즐기는 여행자들로 호텔이 만원일 정도로
인기가 좋다. 2인실, 가족실과 함께 도미토리도 준비되어 있으니 산속에서 휴식을 취하고 싶다면 숙박을 고려
해 보자. 레스토랑은 나무로 장식된 실내와 맞은편 산을 바라보며 식사를 즐길 수 있는 넓은 테라스가 준비되
어 있다.

지도 P.189 **홈페이지** www.berggasthausfirst.ch **호텔 숙박 요금** CHF156~(아침 식사 포함), CHF196~(아침 식사, 저녁 식사
포함) **레스토랑 예산** 샐러드 CHF9~19.50, 파스타 CHF18.50~22.50, 육류 CHF21.50~34.50, 융프라우 VIP 패스 소지자 베이
컨, 사과 소스 알파인 마카로니 할인(CHF21.5→16.5)(주문 전 패스 제시 및 문의 요망. 식당 사정에 따라 바뀔 수 있음)

Hiking 피르스트의 하이킹

하이킹 천국이라 불리는 피르스트. 이 지역 관광청에서 발행하는 하이킹 지도의 1번 코스가 바로 피르스트에서 출발하는 코스일 정도다. 피르스트 전망대 주변을 중심으로 그린델발트 방향은 물론, 그로스 샤이덱 Gross Scheidegg, 쉬니게 플라테 Schynige Platte까지 이어지는 코스가 있으니 체력과 시간을 고려해 한 구간 정도 걸어보자.

추천! HIKING COURSE!

1번 코스 ▶▶▶

구글맵 연결

호수 속 알프스를 찾아서!
피르스트~바흐알프 호수
Bachalpsee

그린델발트 주변은 하이킹과 레포츠의 천국으로, 특히 피르스트 주변은 하이킹을 즐기는 여행자들로 늘 붐빈다. 가장 대표적인 코스로는 바흐알프 호수 Bachalpsee까지 가는 코스. 초반 10분 정도 오르막길을 걷고 나면 평탄한 길이 이어지면서 숨을 고르며 갈 수 있다. 한 시간 정도 걸은 후 만나는 호수는 바람 없는 날이면 맞은편 알프스 슈렉호른 Schreckhorn을 담고 여행자들을 기다린다. 걸으면서 슈렉호른을 보여달라고 하늘과 바람에게 부탁해보자. 필자는 이 길을 10년 동안 3번 걸었지만 알프스를 품은 호수는 단 한 번 만날 수 있었다.

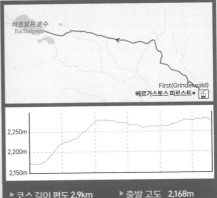

바흐알프 호수
Bachalpsee

First(Grindelwald)
베르가스토스 피르스트 ●

2,250m

2,200m

2,150m

▶ 코스 길이 편도 2.9km   ▶ 출발 고도 2,168m
▶ 예상 소요시간 1시간   ▶ 도착 고도 2,280m
▶ 난이도 하

한걸음 더!

호젓한 분위기 속에서 즐기는 짜릿한 터보건과 플라이 라인
핑슈텍 Pfingstegg

INFORMATION

➡ **홈페이지** www.pfingstegg.ch
➡ **운영(2024년)** [케이블카] 5/8~6/14, 9/2~10/20(20분 간격 운행) 그린델발트→핑슈텍 09:00~17:40, 핑슈텍→그린델발트 09:20~18:00, 6/15~9/1(15분 간격 운행) 그린델발트→핑슈텍 08:30~18:45, 핑슈텍→그린델발트 08:45~19:00, [터보건 & 플라이 라인] 5/8~6/14, 9/2~10/20 10:30~17:00, 6/15~9/1 09:30~18:00
➡ **요금** [왕복 요금] 정가 CHF32, 게스트 카드나 융프라우 패스 소지자 CHF25.60, 스위스 패스 소지자 CHF16, 터보건 1회 CHF8, 6회 CHF40, 플라이 라인 1회 CHF12, 6회 CHF60
➡ **가는 방법**
그린델발트역에서 포스트 버스 122번 타고 네 번째 정류장 Grindelwald, Pfingsteggbahn 하차 후 도보 1분. 피르스트 케이블카 정류장에서 큰길로 내려와 왼쪽으로 150m 정도 걷다가 오른쪽 길 Grabenstrasse 따라 도보 5분.

그린델발트에서 숙박하면서 피르스트 일정이 생각보다 일찍 끝나 시간이 여유롭거나, 어중간한 시간에 그린델발트에 도착했다면 들러볼 만한 또 하나의 전망대. 아직 여행자들에서 잘 알려지지 않아 호젓한 분위기가 느껴진다.

피르스트 케이블카 정류장에서 7분 정도 걸어가면 나오는 핑슈텍반 Pfingsteggbahn 정류장에서 케이블카로 5분 정도 올라가면 도착하는 곳으로 해발 1,375m의 고도라 그린델발트 시내가 한눈에 내려다보인다.

전망대에는 카페와 레스토랑이 있고 별다른 시설은 없으나 이곳이 여행자들의 눈길을 끌기 시작한 이유는 바로 스릴 넘치는 터보건 Toboggan과 플라이 라인 Fly Line 때문이다. 터보건은 구불거리는 레일을 따라 미끄러져 내려가면 주변 풍경이 색다르게 다가오며, 플라이 라인은 철제 레일에 매달린 의자에 앉아 숲속 나무들 사이를 지나가는 짜릿함이 일품이다. 또한 전망대를 중심으로 왼쪽으로 내려가면 글레처슐루흐트(P.182)로 갈 수 있다.

융프라우 지역 여행의 새로운 거점

그린델발트 터미널

GRINDELWALD TERMINAL

2020년 12월 아이거 익스프레스 개통에 맞춰 새로 개장한 터미널. 인터라켄 동역에서 탑승한 BOB 열차를 타고 그린델발트 방향으로 오다가 그린델발트 전 정류장에서 내려 5분 정도 걸어오면 도착할 수 있다. 기차, 곤돌라, 케이블카는 물론, 자동차 여행을 떠난 여행자들을 위한 대규모 주차장까지 완비되어 있는 이 지역의 허브 터미널.

통창유리로 만들어져 밝고 맑은 분위기의 터미널 내에는 매표소는 물론 마트와 식당, 기념품 숍, 약국 등이 입점해 있다. 인터라켄 동역에서 VIP 패스를 구입했다면 이곳 COOP에서 쓸 수 있는 할인 쿠폰을 받을 수 있으니 활용하자. 그린델발트 터미널에서 출발하는 아이거 익스프레스는 기존에 열차로 40분 이상 걸리던 거리를 15분에 단축해 여행할 수 있게 만든 획기적 교통수단으로 아이거 북벽을 바라보며 아이거글레처까지 단숨에 올라가 여행자들의 사랑을 받는다.

가는 방법 인터라켄 동역에서 BOB 열차 타고 편도 30분, 기차역과 케이블카 정류장 연결되어 있으며 도보 5분 소요.

그린델발트 터미널 ↔ 아이거글렛쳐 운행시간표 (2024년)

운행기간 (2024년)	그린델발트 터미널 출발		아이거글렛쳐 출발	
	첫차	막차	첫차	막차
1/27~3/28	08:00	16:15	08:00	17:20
3/29~5/17, 8/26~11/3	07:15	17:45	07:15	18:20
5/18~8/25	07:15	18:15	07:15	18:50
11/4~12/14	08:00	15:45	08:00	17:20

※아이거 익스프레스 보수 기간: 2024/11/13~14

융프라우 지역의 배꼽
멘리헨
MÄNNLICHEN

그린델발트 터미널와 벵겐에서 케이블카로 이동할 수 있는 전 망대. 인터라켄 지역의 정중앙에 위치해 정상에 오르면 아이거, 묀히, 융프라우와 함께 베르네제 오버란트 지역 봉우리들의 파노라마와 그린델발트, 라우터브루넨, 벵겐을 내려다볼 수 있다. 날씨 좋은 날이면 쉬니게 플라테도 한눈에 들어오며 멀리 툰 호수까지도 볼 수 있다. 이곳 역시 많은 하이킹 코스가 개발되어 있다. 케이블카 정류장에서 멘리헨 정상까지 올라가는 짧은 길부터, 그린델발트, 벵겐, 클라이네 샤이덱 등 사방으로 코스가 마련되어 있다. 벵겐으로 내려가는 길은 난이도가 높으며, 클라이네 샤이덱까지 가는 하이킹 코스가 가장 평탄하고 초보자들도 쉽게 갈 수 있는 코스다. 여름이면 푸른 초원과 하이킹 코스로 사랑받는 이 지역은 겨울이면 스키와 보드를 즐기는 여행자로 가득하다.

가는 방법 라우터브루넨에서 등산열차 WAB로 벵겐 Wengen까지 간 후 케이블카로 5분. 또는 인터라켄 동역에서 BOB 열차 타고 그린델발트 터미널역 하차, 연결되어있는 케이블카 승강장에서 케이블카 편도 30분.

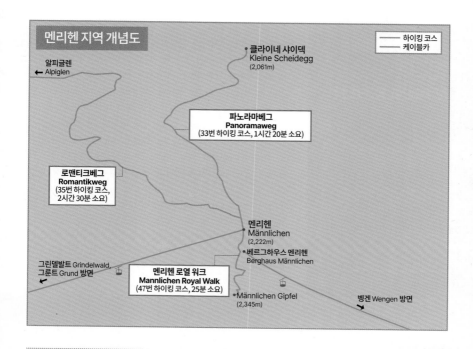

멘리헨 지역 개념도

하이킹 코스
케이블카

알피글렌
← Alpiglen

클라이네 샤이덱
Kleine Scheidegg
(2,061m)

파노라마베그
Panoramaweg
(33번 하이킹 코스, 1시간 20분 소요)

로맨티크베그
Romantikweg
(35번 하이킹 코스,
2시간 30분 소요)

멘리헨
Männlichen
(2,222m)

베르그하우스 멘리헨
Berghaus Männlichen

그린델발트 Grindelwald,
그룬트 Grund 방면

멘리헨 로열 워크
Mannlichen Royal Walk
(47번 하이킹 코스, 25분 소요)

Männlichen Gipfel
(2,345m)

벵겐 Wengen 방면

멘리헨 케이블카 이용 정보

Travel tip!

· 그린델발트 터미널 ⇄ 멘리헨

정상요금 CHF68, VIP 패스 무제한 탑승
보수기간 2024/4/8~5/24, 10/21~12/6

운행기간 (2024년)	그린델발트 터미널 출발		멘리헨 출발
	첫차	막차	막차
5/25~7/5	08:30	16:30	17:00
7/6~8/25	08:15	17:00	17:30
8/26~9/15	08:30	17:00	17:30
9/16~10/20	08:45	16:30	17:00
12/7~2025/1/31	08:00	16:00	16:30
2025/2/1~4/7	08:00	16:30	17:00

· 벵엔 ⇄ 멘리헨

정상요금 CHF58, VIP 패스 무제한 탑승
보수기간 2024/4/8~5/24, 10/21~12/6

운행기간 (2024년)	벵엔 출발		멘리헨 출발
	첫차	막차	막차
5/25~7/5	08:30	16:50	17:10
7/6~8/25	08:10	17:10	17:30
8/26~9/15	08:30	17:10	17:30
9/16~10/20	08:30	16:50	17:10
12/7~2025/1/31	08:15	16:15	16:30
2025/2/1~4/7	08:15	16:45	17:00

©융프라우철도 한국총판 동신항운㈜

베르그하우스 멘리헨 Berghaus Männlichen

조용하게 숙박하고 싶다면 추천한다. 26개 객실을 운영하고 있으며 겨울에는 숙박이 어려울 정도. 레스토랑은 통유리 외벽으로 밝은 채광을 자랑하며 카페테리아와 일반 레스토랑으로 나뉜다.

지도 P.194 › 홈페이지 www.berghaus-maennlichen.ch 호텔 숙박 요금 CHF80~(아침 식사 포함), 3코스 저녁 식사 CHF26~ 레스토랑 예산 샐러드 CHF9~19.50, 파스타 CHF18.50~22.50, 육류 CHF21.50~34.50

Hiking 멘리헨의 하이킹

베르네제 오버란트 지역 알프스 지대의 배꼽이라 불리는 멘리헨. 사방으로 펼쳐진 파노라마는 어디에 눈을 둘지 모를 정도로 아름다운 풍경을 자랑한다. 케이블카 정류장에서 멘리헨 정상까지 오르는 짧은 코스부터 클라이네 샤이덱이나 알피글렌으로 향하는 코스 모두 여행자들의 사랑을 받는 코스다.

추천! HIKING COURSE!

47번 코스 ››› 베르네제 오버란트 지역의 배꼽에 오르는 길
멘리헨 로열 워크 Mannlichen Royal Walk

케이블카 정류장에서 왕관이 놓여 있는 정상 Mannlichen Gipfel까지 쉬엄쉬엄 걷는 코스. 완만한 오르막을 올라 정상에 오르면 산 아래의 벵겐과 그 건너편 뮈렌, 멀리 쉬니게 플라테까지 한눈에 보인다. 오르막길이라면 질색하는 사람도 풍경에 이끌려 저절로 걷게 된다.

정상에서 바라본 뮈렌

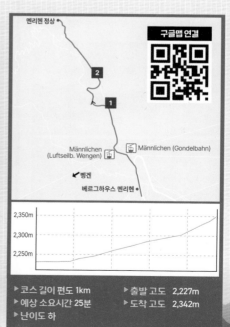

멘리헨 정상

구글맵 연결

Männlichen (Luftseilb. Wengen)
Männlichen (Gondelbahn)

← 벵겐

베르그하우스 멘리헨

2,350m
2,300m
2,250m

▶ 코스 길이 편도 1km
▶ 예상 소요시간 25분
▶ 난이도 하
▶ 출발 고도 2,227m
▶ 도착 고도 2,342m

추천! *HIKING COURSE!*

33번 코스 ▸▸▸ 장엄한 풍경이 가득한 길 파노라마베그 Panoramaweg

베르네제 오버란트 3대 봉우리인 묀히, 아이거, 융프라우를 향해 걷는 길이다. 멘리헨에서 클라이네 샤이덱에 이르는 완만한 내리막길로 쉽게 걸을 수 있다. 초반 갈림길에서 35번 로맨티크베그 Romatikweg을 선택할 수도 있다. 굽이굽이 산길을 돌아가면서 보이는 주변의 풍경이 장엄하고 7월 초에도 녹지 않은 눈덩이를 만날 수 있다. 산길을 돌다 갑자기 탁 트인 공간에서 만나는 베르네제 오버란트 세 봉우리가 반갑게 느껴지며 클라이네 샤이덱에 거의 다다르면 만나게 되는 들꽃밭은 인생 사진 남기기에 모자람 없다.

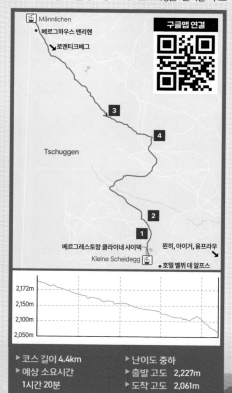

▶ 코스 길이 4.4km
▶ 예상 소요시간
  1시간 20분
▶ 난이도 중하
▶ 출발 고도 2,227m
▶ 도착 고도 2,061m

추천! HIKING COURSE!

35번 코스 ▶▶▶ 들꽃으로 위안받는 로맨틱한 길 로맨티크베그 Romantikweg

클라이네 샤이덱에서 내려오는 길과 교차점

말 그대로 로맨틱한 분위기의 길로 멘리헨에서 알피글렌까지 가는 길이다. 33번 파노라마베그 Panoramaweg 와의 갈림길에서 이 길로 들어서면 부드러운 풍경과 만나게 된다. 아이거 서쪽 면을 보면서 걷게 되는데 그린델발트 시내에서 만나는 북벽과 다르게 그 풍경 또한 우아하다. 걸으면서 곳곳에 피어 있는 들꽃으로부터 위안을 받는다. 꽃보다 아이거, 꽃보다 알프스를 외치며 걷게 되는 길이다.

구글맵 연결

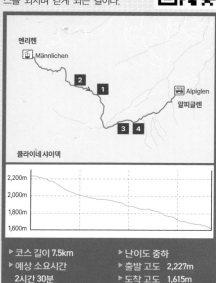

멘리헨
🚠 Männlichen

2 1

🚠 Alpiglen
알피글렌

3 4

클라이네 샤이덱

2,200m
2,000m
1,800m
1,600m

▶ 코스 길이 7.5km
▶ 예상 소요시간
　 2시간 30분
▶ 난이도 중하
▶ 출발 고도　2,227m
▶ 도착 고도　1,615m

다양한 체험이 가득한 곳
클라이네 샤이덱
KLEINE SCHEIDEGG

클라이네 샤이덱은 해발 2,061m에 자리한 정류장으로 아이거, 묀히, 융프라우 세 봉우리가 한눈에 들어오며 파란 하늘, 푸른 잔디, 빨간 열차의 색감이 환상의 조화를 이루는 곳이다. 운이 좋다면 한여름에 빙하가 무너지는 모습도 볼 수 있다. 눈으로 뒤덮이는 겨울은 또 다른 분위기다. 클라이네 샤이덱역 주변은 스키를 즐기는 여행자로 가득하고, 역 주변에는 각종 이벤트 텐트들이 설치되어 여행자들의 웃음소리로 가득찬다.

이곳에서 100년의 역사를 가진 빨간색 융프라우 철도를 타고 35분 정도 올라가면 융프라우요흐 전망대에 오를 수 있다. 아이거글렛처에서 환승해 정상에 오르기 직전에 잠시 휴식을 취할 수 있는 장소 중 하나이니 열차를 바로 갈아타기보다는 한 대 보내고 쉬다가 올라가는 것을 추천한다. 적당한 여유는 고산병을 방지할 수 있는 한 방법이다.

가는 방법 그린델발트에서 WEB 열차로 35분, 라우터브루넨에서 WEB 열차로 50분, 벵겐에서 WEB 열차로 25분(VIP 패스 사용 구간).

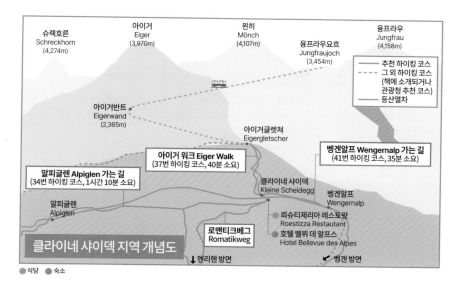

슈렉호른
Schreckhorn
(4,274m)

아이거
Eiger
(3,970m)

묀히
Mönch
(4,107m)

융프라우요흐
Jungfraujoch
(3,454m)

융프라우
Jungfrau
(4,158m)

── 추천 하이킹 코스
--- 그 외 하이킹 코스
(책에 소개되거나
관광청 추천 코스)
── 등산열차

아이거반트
Eigerwand
(2,365m)

아이거글렛쳐
Eigergletscher

아이거 워크 Eiger Walk
(37번 하이킹 코스, 40분 소요)

벵겐알프 Wengernalp 가는 길
(41번 하이킹 코스, 35분 소요)

알피글렌 Alpiglen 가는 길
(34번 하이킹 코스, 1시간 10분 소요)

클라이네 샤이덱
Kleine Scheidegg

벵겐알프
Wengernalp

알피글렌
Alpiglen

뢰슈티제리아 레스토랑
Roestizza Restautant

로맨티크베그
Romatikweg

호텔 벨뷔 데 알프스
Hotel Bellevue des Alpes

클라이네 샤이덱 지역 개념도

↓ 멘리헨 방면

↙ 벵겐 방면

● 식당 ● 숙소

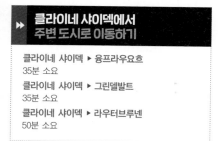

클라이네 샤이덱역 주요 시설 정보 Travel tip!

티켓 카운터 07:30~17:30
수화물 운송 서비스(Reisegepack) 07:30~17:30
코인 라커 CHF7

**» 클라이네 샤이덱에서
주변 도시로 이동하기**

클라이네 샤이덱 ▶ 융프라우요흐
35분 소요
클라이네 샤이덱 ▶ 그린델발트
35분 소요
클라이네 샤이덱 ▶ 라우터브루넨
50분 소요

클라이네 샤이덱과 친해지기

녹색과 노란색이 어우러진 WEB 열차에서 내리면 융프라우요흐로 오르는 빨간색 기차가 대기하고 있다. 바로 기차를 타고 올라가는 것도 좋지만 잠시 주변을 둘러보자. 철로 뒤로 펼쳐진 녹색의 평원에서는 스노펜에어 콘서트 Snowpenair Concert(P.158)가 열리기도 하고 각종 이벤트 행사장으로 쓰인다. 겨울 시즌 눈 덮인 평원은 스노 스포츠를 즐기는 이들로 가득 차는 공간으로 간혹 썰매가 운영될 때도 있다. 기차역에 붙어있는 레스토랑에서 간단

히 식사나 음료를 즐기며 잠시 시간을 보내는 것도 좋고 주변을 산책하며 몸을 적응시킨 후 열차에 오르자.

RESTAURANT 클라이네 샤이덱의 식당

뢰슈티제리아 레스토랑 Roestizza Restautant

클라이네 샤이덱역 옆에 붙어있는 레스토랑. 음료부터 간편한 식사까지 가능하다. 볕 좋은 날 테라스에서 즐기는 따뜻한 핫초코 한 잔은 그 어떤 것도 부럽지 않은 시간을 만들어준다. 잠시 이곳에서 쉬면서 높은 곳에 올라온 몸을 주변에 적응시키는 시간을 갖자.

전화 033-828-78-28 홈페이지 bergrestaurant-kleine-scheidegg.ch 영업 08:00~17:30 예산 음료 CHF3~10, 소시지 CHF12~15

HOTEL 클라이네 샤이덱의 호텔

호텔 벨뷔 데 알프스 Hotel Bellevue des Alpes ★★★★

융프라우요흐 전망대에서 내려오면서 만나는 우뚝 솟은 건물로 1840년부터 운영되고 있는 유서 깊은 호텔이다. 아이거 북벽 등반에 나선 산악인들의 단골 숙소이며 영화 〈노스페이스 North Face(2008)〉에 등장해 더욱 이름을 알렸다. 예약은 이메일을 통해 가능하다.

홈페이지 www.scheidegg-hotels.ch 호텔 숙박 요금 CHF80~(아침 식사 포함), 3코스 저녁 식사 CHF26~ 레스토랑 예산 샐러드 CHF9~19.50, 파스타 CHF18.50~22.50, 육류 CHF21.50~34.50

Hiking 클라이네 샤이덱의 하이킹

빙하와 초원이 조화를 이루는 클라이네 샤이덱. 이곳을 중심으로 벵겐, 그린델발트 방향으로 조성되어 있는 하이킹 코스 역시 편하게 걸을 수 있는 내리막길이다. 클라이네 샤이덱에서 아이거글렛쳐로 올라가는 길의 초입은 드라마 〈사랑의 불시착〉에 등장하는 스폿이다.

추천! HIKING COURSE!

34번 코스 ▸▸▸ 아이거와 팔짱 끼고 알피글렌 Alpiglen으로 가는 길

클라이네 샤이덱에서 그린델발트 방향으로 내려가는 길. 알피글렌으로 가는 내내 아이거와 팔짱을 끼고 걷는 기분이다. 약간 급한 내리막 코스로 이 길을 걸을 때마다 양말에 구멍이 났던 기억이 있다. 겨울이면 초보자용 스키 슬로프로 이용되기도 한다. 중간에 멘리헨에서 내려오는 35번 로맨티크베크 Romatikweg 하이킹 코스와 합류하는 길이다. 중간중간 만나는 농가의 시설, 스키 리프트 시설이 재미있다.

Alpiglen

로맨티크베크(P.197)
합류 지점

Kleine Scheidegg

그린델발트

구글맵 연결

2,000m
1,800m
1,600m

▸ 코스 길이 4.35km ▸ 난이도 중하
▸ 예상 소요시간 ▸ 출발 고도　2,061m
　1시간 10분 ▸ 도착 고도　1,616m

추천! *HIKING COURSE!*

41번 코스 ⟩⟩⟩ 완만한 내리막길 벵겐알프 Wengernalp 가는 길

가장 완만한 내리막길로 남녀노소 편하게 걸을 수 있다. 하이킹을 생략하기엔 아쉽고, 시간, 체력 모두 충분하지 않다면 걸어볼 만한 코스다. 베르네제 오버란트 지역의 3대 봉우리, 아이거, 묀히, 융프라우의 파노라마를 마음껏 감상하며 걷는 길이라 더 좋다. 벵겐알프에서 벵겐까지 내려가는 길 역시 좋은 하이킹 코스(예상 소요시간 2시간). 오솔길과 숲길을 지나가는 코스로 방목되어 있는 소떼와 만날 수도 있다.

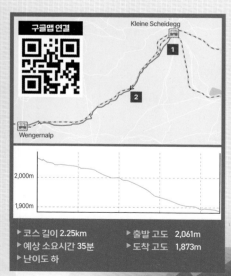

▶ 코스 길이 2.25km ▶ 출발 고도 2,061m
▶ 예상 소요시간 35분 ▶ 도착 고도 1,873m
▶ 난이도 하

Wengernalp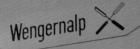

Kleine Scheidegg 🚂 40 Min.

Wixi	15 Min.
Haaregg	30 Min.
Eigergletscher	1 Std. 30 Min.

Biglenalp	35 Min.
Mettlenalp	1 Std. 10 Min.
Wengen	2 Std. 30 Min.

Wengernalp
1880 m

Wengernalp	🚂	5 Min.
Wengen		1 Std. 15 Min.
Lauterbrunnen		2 Std. 15 Min.

Mendelssohnweg

융프라우요흐로 올라가는 마지막 환승역
아이거글렛쳐
EIGER GLETSCHER

20세기초 귀족들이 빙하를 체험하는 곳으로 사랑받던 아이거글렛쳐. 2020년 아이거 익스프레스가 개통하면서 기차역의 확장 리모델링이 진행되었다. 이 곳에서 빨간색 열차를 타고 융프라우요흐로 올라갈 수 있으며 아이거워크나 아이거트레일 등 다양한 하이킹이 시작되는 곳이다. 빙하를 가까이 바라보며 타는 썰매도 다른 곳에서 느낄 수 없는 커다란 재미가 되는 곳이다. 정상으로 올라가기 전 마지막으로 휴식을 취할 수 있는 곳이니 몸을 적응시키고 열차에 오르는 것도 건강한 여행을 위한 지름길이다.

역 내 레스토랑에서는 유럽에서 가장 높은 디저트 공방이 있고 아이거 북벽 모양의 수제 초컬릿 아이거즈 파츨리 Eigerspitzli 가 생산되는데 이 또한 별미.

가는 방법 인터라켄 동역에서 BOB 열차 타고 그린델발트 터미널 하차(소요시간 40분) 해 아이거익스프레스 환승(소요시간 15분) 편도 55분, 인터라켄 동역에서 BOB 열차 타고 라우터브루넨에서 WEB 열차 환승 후 클라이네 샤이덱에서 JB 열차로 환승 1시간 30분 소요.

Travel tip!

성수기에는 예약을!!

7, 8월 여름 성수기에는 아이거글레쳐와 융프라우요후 구간 좌석 예약이 가능합니다. 여름 VIP 패스 소지자는 무료로 예약이 가능하니 미리 예약하세요. 예약하지 않았다면 예약자 먼저 탑승 후 남은 자리에 탑승해야하므로 오래 기다려야 할 수도 있습니다. VIP 패스가 없다면 예약비는 CHF10입니다.

Hiking 아이거글렛쳐의 하이킹

빙하를 만끽하던 곳에서 시작하는 하이킹 코스. 아이거글렛쳐는 클라이네 샤이덱으로 내려가는 아이거워크와 알피글렌으로 내려가는 아이거트레일의 시작점이다. 특히 아이거워크 하단 지역은 드라마 〈사랑의 불시착〉에도 등장한다.

추천! HIKING COURSE!
37번 코스 ▸▸▸ 빙하를 등지고 걷는 길
아이거 워크 Eiger Walk

미텔레기 Mittellegi 산장

융프라우요흐에서 등산열차로 내려오면서 빙하에서 가장 가깝게 즐길 수 있는 하이킹 코스. 아이거글렛쳐 Eigergletscher 역에서부터 클라이네 샤이덱 Kleine Scheidegg까지 내려오는 한 시간 정도의 코스다. 기차역에서 내려서 하이킹을 시작하는데 약간 가파른 경사를 오다가 작은 산장 하나를 만나게 된다. 바로 미텔레기 Mittellegi 산장이다. 이제부터 완만한 내리막길로 이루어진 코스로 융프라우에서 흘러내리는 빙하가 등에 업힐 것 같은 기분으로 걸을 수 있다. 길을 걷다 만나는 호숫가에서 휴식을 취하기도 좋고 호숫가 옆 건물에 전시된 옛날 등산복과 도구를 관람해도 좋다. 아이거글렛쳐에서 아이거 북벽 능선을 따라 알피글렌으로 향하는 36번 코스도 여행자들이 많이 찾는 곳인데, 이 코스를 걷는다면 등산화를 신는 것이 좋다.

구글맵 연결

▶ 코스 길이 2.41km
▶ 예상 소요시간 40분
▶ 난이도 하
▶ 출발 고도 2,320m
▶ 도착 고도 2,061m

유럽의 지붕
융프라우요흐
JUNGFRAUJOCH

'아가씨의 어깨'라는 뜻을 가진, 해발 3,454m 높이의 우아한 능선. 클라이네 샤이덱에서 빨간색 등산열차를 타고 35분 걸려 도착하는 융프라우요흐역은 유럽에서 가장 높은 곳에 있는 기차역이다. 아돌프 구에르첼러가 설계해 1912년에 완성한 이 철도는 2012년 개통 100주년을 맞이해 알파인 센세이션을 새로 오픈하면서 전망대 여행 루트가 완성되었다. 100년의 역사가 켜켜이 묻어 있는 유럽의 지붕에서 대자연을 온몸으로 느끼며 만년설과 함께 자신의 시간을 가져보자.

홈페이지 www.jungfrau.ch **운영** 클라이네 샤이덱↔융프라우요흐 08:00~16:30, 융프라우요흐↔클라이네 샤이덱 09:00~17:45(30분 간격) **가는 방법** 아이거글렛쳐에서 케이블카 25분.

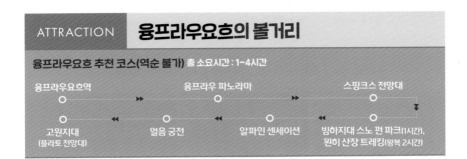

ATTRACTION **융프라우요흐의 볼거리**

융프라우요흐 추천 코스(역순 불가) 총 소요시간 : 1~4시간

융프라우요흐역 → 융프라우 파노라마 → 스핑크스 전망대

고원지대 (플라토 전망대) ← 얼음 궁전 ← 알파인 센세이션 ← 빙하지대 스노 펀 파크(1시간), 묀히 산장 트레킹(왕복 2시간)

융프라우요흐역 Jungfraujoch

세계에서 가장 높은 곳에 있는 기차역으로, 해발 3,454m, 1만1,333ft에 위치한다. 늘 여행자로 붐비는 명소 중의 명소. 클라이네 샤이덱에서 타고 온 빨간색 기차에서 내려 전망대로 이동하는 길목에 이 철도를 상상하고 구현해 낸 아돌프 구에르첼러의 흉상이 있으니 인사 한번 하고 지나가보자.

융프라우 파노라마 Jungfraujoch Panorama

기차에서 내려 통로를 지나 처음으로 만나는 곳으로, 360도로 설치된 스크린에서 이 지역의 파노라마 영상이 약 4분간 상영된다. 잠시 서서 관람해 보자. 우리가 볼 수 없는 융프라우 지역의 면면을 볼 수 있다. 혹여나 기상 상황이 좋지 않아 융프라우요흐의 아름다운 전경을 볼 수 없다면, 이 파노라마가 조금이라도 위안이 될 것이다.

스핑크스 전망대 Sphinx Observatory Deck

융프라우 파노라마를 지나 고속 엘리베이터를 타고 올라가면 스핑크스 전망대에 도착한다. 이 지역에서 가장 높은 전망대다. 눈부신 만년설에 덮인 융프라우 봉우리는 물론 유네스코 세계자연문화유산으로 지정된 알레치 빙하가 한눈에 들어온다. 날씨가 좋은 날이면 멀리 독일 지역의 검은 숲까지 볼 수 있다.

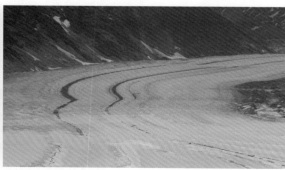

빙하지대 스노 펀 파크 Snow Fun Park

전망대에서 내려와 'Tour'라고 써 있는 화살표를 따라가다 보면 빙하지대로 나갈 수 있는 문이 나온다. 이곳에 여러가지 놀이시설을 즐길 수 있는 스노 펀 파크가 있다. 눈썰매, 스키, 자일 타기 등 눈 위에서 다양한 액티비티를 즐길 수 있으며 알레치 빙하를 좀 더 가깝게 볼 수 있다.

운영 2024/5/25~10/13(정상의 날씨에 따라 운영 여부가 달라짐) **요금**(성인/어린이) 1일 패스 CHF45/30, 눈썰매 CHF15/10, 스키·보드 CHF35/25, 자일 타기 CHF20/15, 여름 VIP 패스 40% 할인

스노 펀
집라인 영상

Travel Plus +

머리가 아프고 숨이 차오른다면!

융프라우요흐 전망대는 해발 3,300m 이상의 고산지대에 위치해 있습니다. 따라서 지상보다 기압이 낮습니다. 평상시보다 약간 숨이 가쁜 것을 느낄 수 있을 거예요. 간혹 심한 어지러움과 두통, 구토를 호소하는 여행자도 있습니다. 그럴 땐 무리해서 움직이지 말고 응급구호소에 찾아가세요. 돈과 시간이 아깝다고 무리하게 버티다 보면 남은 여행을 망칠 수도 있습니다. 클라이네 샤이덱이나 아이거글렛쳐에서 잠시 휴식을 취하고 올라오는 것도 고산병을 예방하는 방법 중 하나입니다.

알파인 센세이션 Alpine Sensation

융프라우 철도 개통 100주년을 기념해 조성된 공간이다. 입구 천장에 달린 별 모양의 조명등으로 인해 우주 속
으로 들어가는 듯한 기분이 들며 환상적인 기운으로 가득하다. 가장 먼저 만나게 되는 커다란 유리구 속에는
융프라우 철도 초기 구상과 건설 과정이 묘사되어 있다. 아기자기하고 재미있는 이 모형은 전망대 숍에서 축
소된 형태의 스노볼로도 판매한다. 별빛이 쏟아지는 곳을 천천히 걸으며 관람해 보자. 빛과 음악으로 표현되는
여러가지 구조물은 융프라우 지역의 과거와 현재, 그리고 미래와 함께 철도를 위해 일한 사람들의 노력을 표현
하고 이곳을 위해 수고한 이들의 정신을 기리고 있다.

얼음궁전 Ice Palace

시간과 세월이 켜켜이 쌓인 얼음을 조각한 곳이다. 아기자기한 조각상과 함께 기념 사진을 남기기 좋다. 바닥도
얼음이기 때문에 미끄러지기 쉬우니 조심 또 조심하자!

고원지대(플라토 전망대) Plateau Observation Deck

입구에서 나와 두꺼운 만년설 위로 올라가면 융프라우 봉우리가 아주 가까이 눈앞에 보이고 멀리 유네스코 세
계자연유산인 알레치 빙하가 보인다. 정상에는 늘 스위스 국기가 펄럭이는데 크리스마스 시즌에는 전망대 가운
데에 커다란 트리가 세워진다. 운 좋은 날이면 알레치 빙하를 향해 태극기가 휘날리는 모습도 볼 수 있다.

Hiking 융프라우요흐의 하이킹

구글맵 연결

nchsjochhütte
0 Minuten

반갑다! 묀히 산장

추천! HIKING COURSE!
만년설과 함께하는
고독과 성찰의 시간, 묀히 산장 트레킹
Mönchsjochhütte

스핑크스 전망대에서 빙하지대로 나가면서 시작되는 눈밭 하이킹 코스. 〈프렌즈 스위스〉에서 추천하는 하이킹 코스 중 날씨의 도움을 가장 많이 받아야 하는 코스로 그만큼 귀한 경험을 할 수 있다. 시끌벅적한 빙하지대의 놀이시설에서 벗어나 만년설 위를 걷다 보면 자신의 숨소리와 눈 밟는 소리만이 가져다주는 고독함과 해발 3,000m 고산지대에서의 하이킹을 통해 느리게 내딛는 걸음 하나하나에 담긴 삶을 성찰하게 된다.

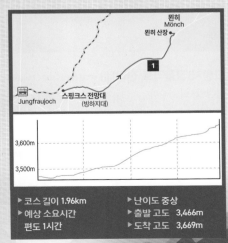

묀히
Mönch
묀히 산장

1

Jungfraujoch 스핑크스 전망대
(빙하지대)

3,600m

3,500m

나무로 만들어진 실내에서 따뜻한 식사를 즐겨보자

▶ 코스 길이 1.96km   ▶ 난이도 중상
▶ 예상 소요시간   ▶ 출발 고도 3,466m
　 편도 1시간   ▶ 도착 고도 3,669m

RESTAURANT 융프라우요흐의 식당

융프라우요흐 전망대 내에는 네 곳의 식당이 있다. 간혹 음식을 싸 와서 먹는 일이 있는데 레스토랑 내에서 먹는 건 삼가야 한다. 계절 한정으로 문을 여는 인도 음식 레스토랑은 제외하고 연중무휴로 운영되는 레스토랑 3곳을 소개한다.

피칸투스 라운지 바이 에딩거
Pikantus lounge by erdinger

전망대 입구 쪽에 자리한 커피 바가 리모델링해 새로 오픈했다. 한국 컵라면과 함께 에딩거 맥주, 작은 베이커리 류 등을 판매하는 곳으로, 세계 각국의 여행자들이 컵라면으로 하나의 맛을 즐기는 공간이다. VIP 패스나 1회권 쿠폰을 사용할 수 있다. 얼큰한 국물을 들이켜며 창밖으로 보이는 만년설을 보고 있노라면, 그 누구도 부럽지 않다.

위치 전망대 입구 쪽 **예산** CHF4.30~29.00

크리스털 레스토랑 Restaurant Crystal

창밖으로 알레치 빙하와 플라토 전망대를 바라보며 식사할 수 있는 레스토랑. 단품과 함께 간단한 코스도 있으며 스위스 전통 음식뿐만 아니라 다양한 나라의 음식을 접할 수 있다. 110석의 꽤 큰 규모이지만 테이블 간격이 약간 좁은 게 단점이다.

위치 전망대 2층 **영업** 10:00~19:00 **예산** 스타터(애피타이저) CHF8.30~12.30, 메인 요리 CHF23.50~47.50

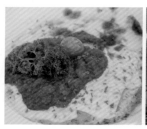

알레치 레스토랑 Restaurant Aletsch

셀프 서비스로 운영되는 카페테리아 형식의 레스토랑. 입맛에 맞는 음식을 골라 자신만의 식사를 구성할 수 있다. 각종 샐러드, 메인 요리, 후식과 다양한 음료가 구비되어 있어 가족 여행자들이 많이 이용한다.

위치 전망대 1층 **영업** 08:00~17:00 **예산** CHF7.50~21.50

청정 자연의 그 자체, 그림같은 산속 마을
벵겐
WENGEN

해발 1,274m에 있는 작은 마을로 멘리헨 Mannlichen 산자락 양 지바른 곳에 자리하고 있다. 마치 멘리헨의 보호를 받으며 라우 터브루넨 계곡 건너 쉴트호른을 조망하는 모습이다. 1893년 이 후 차량 통행이 금지되면서 이 마을에서는 전기자동차만 운행해 공기가 매우 깨끗하고 맑다. 라우터브루넨 계곡을 사이에 두고 뮈렌과 마주하고 있는 마을로 겨울 시즌 스키 리조트로 유명하 며 외국 유명 인사들이 겨울을 보내는 곳으로도 잘 알려져 있 다. 호젓한 분위기에서 완전한 휴식을 취하고 싶다면 이곳에 숙 소를 정하는 것도 좋다. 벨에포크 시대에 만든 호텔과 전통가옥 샬레를 개조해 만든 숙소가 여행객을 기다리고 있다.

가는 방법 인터라켄 동역에서 BOB 열차로 35분.

INFORMATION ▶ 알아두면 좋은 벵겐 여행 정보

클릭! 클릭!! 클릭!!!

벵겐 관광청 wengen.swiss

여행안내소

위치 벵겐역에서 나와 역 위 큰길을 따라 도보 3분, 케이블카 정류장 옆 **주소** Wengiboden 3823 **운영** 매일 09:00~18:00

슈퍼마켓

Coop

위치 벵겐역 맞은편 **영업** 월~토요일 08:00~18:30

벵겐역 주요 시설

티켓 카운터 매일 07:00~18:40, **수화물 운송 서비스 (Reisegepack)** 발송 07:00~17:00, 픽업 07:00~20:00, **코인 라커** 대 CHF7, 소 CHF5

벵겐과 친해지기

벵겐역에서 나오면 바로 슈퍼마켓이 보이고 역 위로 큰길이 나 있다. 그 길 주변으로 호텔, 상점, 식당 등이 자리한다. 큰길 위주로 돌아본다면 넉넉하게 한 시간 반이면 마을을 다 돌아볼 수 있다. 멘리헨으로 가는 케이블카 정류장은 역에서 걸어서 3분 정도 걸린다.

▶▶ 벵겐에서 주변 도시로 이동하기

벵겐 ▶ 멘리헨 5분 소요
벵겐 ▶ 라우터브루넨 25분 소요
벵겐 ▶ 클라이네 샤이덱 25분 소요

Hiking 벵겐의 하이킹

추천! HIKING COURSE!

49번 코스 ▸▸▸ 조용한 오솔길을 지나 벵겐에서 라우터브루넨 가는 길

청정 레포츠 마을로 유명한 벵겐에서 빙하가 만든 마을 라우터브루넨까지 가는 코스. 마을을 벗어나면 풀 향기 가득한 조용한 오솔길을 만나고, 중간중간 보이는 라우터브루넨의 풍경이 가슴을 탁 트이게 한다. 오래전 빙하가 지나간 흔적이 한눈에 보이고, 라우터브루넨의 수호신과도 같은 슈타우트바흐 폭포가 만들어내는 풍광은 장엄하기까지 하다. 클라이네 샤이덱과 라우터브루넨을 운행하는 노란 열차가 다리를 건너는 풍경은 마치 그림 같다.

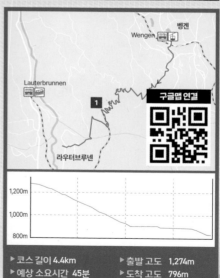

Wengen 벵겐

Lauterbrunnen

라우터브루넨

구글맵 연결

1,200m
1,000m
800m

▸ 코스 길이 **4.4km**
▸ 예상 소요시간 **45분**
▸ 난이도 **하**
▸ 출발 고도 **1,274m**
▸ 도착 고도 **796m**

빙하 계곡이 만든 마을
라우터브루넨
LAUTERBRUNEN

라우터브루넨은 해발 796m에 있는 마을로 이곳에서 클라이네 샤이덱을 지나 융프라우로 올라가거나 뮈렌이나 슈테첼베르크를 거쳐 쉴트호른을 올라가려는 여행자들로 늘 붐빈다. 마을 저 멀리 빙하가 만든 U자형 계곡이 경이로운 풍경을 만들어낸다. 빙하가 지나간 밑바닥에 위치하고 있어 등산열차를 타고 라우터브루넨을 떠나 올라가다 보면 수직에 가까운 암벽에 둘러싸인 아름다운 마을의 모습을 볼 수 있다.

가는 방법 인터라켄 동역 OST - 라우터브루넨 소요시간 20분,

INFORMATION 알아두면 좋은 라우터브루넨 여행 정보

클릭! 클릭!! 클릭!!!

라우터브루넨 관광청 lauterbrunnen.swiss

여행안내소

위치 라우터브루넨역에서 마을 쪽으로 나와 왼쪽으로 도보 3분 **주소** Stutzli 460 **운영** 월~토요일 09:00~12:00, 13:30~17:00 **휴무** 일요일

슈퍼마켓

Coop

위치 라우터브루넨역에서 나와 맞은편 **주소** Bahnhofpl 471 **운영** 월~금요일 08:00~12:15, 13:30~18:30, 토요일 08:00~17:00 **휴무** 일요일

라우터브루넨역 주요 시설

티켓 카운터 06:00~19:30, **수화물 운송 서비스(Reisegepack)** 07:00~19:00, **코인 라커** CHF5

라우터브루넨과 친해지기

기차역 맞은편에 바로 뮈렌행 케이블카 정류장이 있고 그 옆에 슈퍼마켓이 있다. 트뤼멜바흐 폭포와 슈테첼베르크로 가는 141번 버스는 기차 도착 시간에 맞춰 역 앞에 서 있다. 역을 등지고 왼쪽을 바라보면 절벽 위에서 떨어지는 슈타우프바흐 폭포가 한눈에 들어온다. 폭포에 도착하기 전 왼쪽에 묘지가 자리하고 있다. 이 마을에서 사망한 주민들과 산에 오르다 사고를 당한 산악인들이 휴식을 취하고 있는 곳으로 우리나라의 묘지와 다르게 알록달록한 꽃이 인상적이다. 기차역 옆에 1,000여 대를 주차할 수 있는 대형 주차 빌딩이 있다. 자동차 여행을 떠났다면 라우터브루넨에 숙소를 정하는 것도 좋다. 주차 요금은 1일 CHF17, 2일 CHF30, 3일 CHF43.

기차역 옆 대형 주차 빌딩

▸▸ 라우터브루넨에서 주변 도시로 이동하기

벵겐 ▸ 라우터브루넨 25분 소요   벵겐 ▸ 클라이네 샤이덱 25분 소요

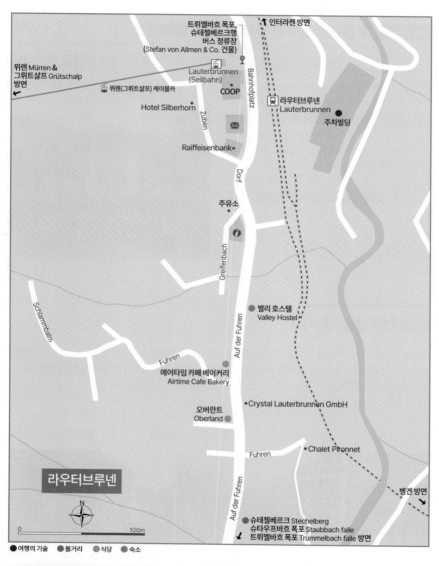

트뤼멜바흐 폭포, 슈테첼베르크행 버스 정류장 (Stefan von Allmen & Co. 건물)

↑ 인터라켄 방면

뮈렌 Mürren & 그뤼트샬프 Grütschalp 방면

뮈렌(그뤼트샬프) 케이블카

Lauterbrunnen (Seilbahn)

Bahnhofplatz

COOP

라우터브루넨 Lauterbrunnen

Hotel Silberhorn

주차빌딩

Zuben

Raiffeisenbank

Dorf

주유소

Greifenbach

Schlammbalm

Auf der Führen

밸리 호스텔 Valley Hostel

Führen

에어타임 카페 베이커리 Airtime Cafe Bakery

오버란트 Oberland

Crystal Lauterbrunnen GmbH

Führen

Chalet Pironnet

라우터브루넨

N

벵겐 방면

Auf der Führen

0 ────── 100m

슈테첼베르크 Stechelberg 슈타우프바흐 폭포 Staubbach falle 트뤼멜바흐 폭포 Trummelbach falle 방면

● 여행의 기술 ● 볼거리 ● 식당 ● 숙소

ATTRACTION　라우터브루넨의 볼거리

슈타우프바흐 폭포 Staubbach falle

유럽에서 두 번째로 큰 낙차폭을 자랑하는 폭포로 높이는 약 300m다. 라우터브루넨 마을 어디에서나 볼 수 있으며 클라이네 샤이덱으로 가는 열차에서는 폭포가 한눈에 들어온다. 이 폭포를 보고 괴테가 시상을 떠올렸다는 말이 전해오며 라우터부르넨에서 가장 볼 만한 볼거리다. 6월부터 10월까지는 폭포 아래 만들어진 계단을 올라 폭포수 뒤쪽까지 가볼 수 있다. 입장료 무료.

`지도 P.218` **가는 방법** 라우터브루넨역에서 도보 15분.

트뤼멜바흐 폭포 Trummelbach falle

동굴 속에 10개의 빙하폭포가 모여 만들어진 매우 희귀한 형태의 폭포. 동굴 속에 만든 엘리베이터를 타고 올라갔다 내려오면서 폭포의 모습을 관람할 수 있다. 아이거, 묀히, 융프라우에서 녹아 내려오는 빙하수가 1초에 2만 리터씩 흘러내리는데 그 물소리가 공포스러울 정도다. 이 폭포가 발견되기 전까지는 물소리를 듣고 산속에 괴물이 산다고 오해했다고.

`지도 P.218` **홈페이지** www.truemmelbach.ch **운영** 4~11월 초순 08:30~18:00, 7·8월 08:30~18:00 **요금** 성인 CHF14, 아동 CHF14 **가는 방법** 라우터브루넨 여행안내소 앞에서 포스트 버스 141번 Stechelberg, Hotel행 타고 다섯 번째 정류장 Trümmelbachfälle 하차, 약 10분 소요(요금 CHF3, 스위스 패스 소지자 무료).

폭포 영상

RESTAURANT 라우터브루넨의 식당

역을 중심으로 대로변에 자리한 호텔 1층의 식당은 합리적이며 여행자들을 위한 메뉴 구성이 좋다. 주방이 있는 숙소에서 머문다면 역 부근에 자리한 슈퍼마켓을 이용하는 것도 좋고, 숙소에서 간단한 식재료를 판매하기도 한다.

에어타임 카페 베이커리 Airtime Cafe Bakery

아침 식사를 하거나 하이킹 중간에 요기하기 좋은 카페. 차분한 분위기 속에서 휴식을 취할 수 있다. 라우터브루넨을 중심으로 한 레포츠 예약도 가능하고 브런치, 샌드위치도 맛있다.

지도 P.218 **주소** Fuhren 452 **전화** 033-855-15-15 **운영** 매일 09:00~18:30 **예산** 크레페 CHF7~14, 아침 식사 CHF14~20, 샌드위치 CHF9.50~11.50 **가는 방법** 라우터브루넨 기차역에서 나와 중심 거리에서 도보 3분.

오버란트 Oberland

오버란트 Oberland 호텔 1층에 자리한 식당. 호텔 식당이지만 가격은 평범한 수준이다. 테라스 분위기도 좋고 음식도 정감 있고 따뜻하다.

지도 P.218 **주소** Fuhren 3822 **전화** 033-855-12-41 **운영** 매일 11:30~21:00 **예산** 전식 CHF8~14.50, 파스타 CHF18.50, 메인 요리 CHF24~35 **가는 방법** 라우터브루넨 기차역에서 나와 중심 거리에서 도보 3분.

HOTEL 라우터브루넨의 호텔

라우터브루넨은 계곡 속에 자리한 조용한 마을로 그림 같은 풍경 덕분에 여행자들의 사랑을 받는 곳이다. 기차역 바로 옆에 거대한 주차장이 있어 자동차 여행을 떠났다면 이곳에 숙소를 잡는 것도 편리하다.

밸리 호스텔 Valley Hostel

한국인 민박과 같은 분위기의 호스텔로 나란히 붙어 있는 세 채의 샬레에 다양한 형태의 객실이 운영된다. 숙박비는 유로화로 지불 가능하며 깨끗한 부엌이 장점. 렌터카로 여행한다면 전용주 차장에 무료 주차가 가능하다.

지도 P.218 **주소** Martha und Alfred Abeggien **전화** 033-855-20-08 **홈페이지** www.valleyhostel.ch **부대시설** 주방, 주차장, 세탁건조시설, 짐 보관 가능 **요금** 도미토리 CHF28~, 4인실 CHF30~35, 3인실 CHF33~, 2인실 CHF33~, 싱글룸 CHF43~ **가는 방법** 라우터브루넨역에서 마을 쪽으로 도보 3분.

스위스에서 가장 아름답기로 손꼽히는 마을

뮈렌
MÜRREN

해발 1,645m에 위치한 작은 마을로 스위스에서 가장 아름답다고 일컬어지는 마을이다. 베르네제 오버란트의 3대 봉우리를 눈높이에서 볼 수 있을 정도로 높은 지대에 위치했으며 라우터브루넨 계곡을 마주한 풍경 또한 경이롭다. 케이블카 정류장에서 알멘트후벨행 푸니쿨라 정류장까지는 5분, 쉴트호른으로 가는 케이블카 정류장까지는 걸어서 15분 정도 걸린다. 이토록 아름다운 마을은 천천히 산책해보는 것이 좋다.

홈페이지 www.wengen-muerren.ch **운영** 라우터브루넨→뮈렌 06:31~19:38(*20:35), 뮈렌→라우터브루넨 06:06~18:58(*19:58), 6/1~10/20 **휴무(2024년)** 5/16~5/31, 10/21~11/8 **요금** [라우터브루넨 출발] 왕복 CHF22, [인터라켄 출발] 왕복 요금 CHF36, 여름·겨울 VIP 패스·스위스 패스 적용 구간 **가는 방법** 라우터브루넨역 맞은편 여행안내소 옆 케이블카 승강장에서 케이블카 타고 그뤼트샬프 Grütschalp에서 등산열차로 환승. 20분 소요.

▶▶ 뮈렌에서 주변 도시로 이동하기

뮈렌 ▶ **그뤼트샬프** 기차 12분 소요

뮈렌 ▶ **슈테첼베르크** 케이블카 10분 소요

뮈렌 ▶ **쉴트호른** 케이블카 20분 소요

뮈렌 ▶ **알멘트후벨** 푸니쿨라 10분 소요

Hiking 뮈렌의 하이킹

추천! HIKING COURSE!

52번 코스 ▸▸▸ 계곡 너머 벵겐과 함께 걷는 평탄한 오솔길 뮈렌에서 그뤼트샬프 가는 길

뮈렌 기차역 철로 옆을 따라 난 길을 따라 걷는 길로 빈터레그 Winteregg를 거쳐 그뤼트샬프 Grütschalp까지 가는 코스. 지나가는 기차 안 승객과 인사를 나누면서 조용한 오솔길을 걸을 수 있다. 완만한 내리막길을 편안하게 걸으며 삼림욕을 즐기거나 사색의 시간을 가져도 좋다. 계곡 너머 보이는 벵겐의 풍경은 보너스. 힘에 부치거나 시간이 급하면 빈터레그에서 기차를 타면 된다.

구글맵 연결

▶ 코스 길이
뮈렌 → 빈터레그 2.57km
빈터레그 → 그뤼트샬프 1.94km
▶ 예상 소요시간
뮈렌 → 빈터레그 40분,
빈터레그 → 그뤼트샬프 30분
▶ 출발 고도 1,638m
▶ 도착 고도 1,489m
▶ 난이도   하

한걸음 더!

베르네제 오버란트 3대 봉우리를 한눈에!

알멘트후벨 Allmendhubel

INFORMATION

➡ **운영** 뮈렌→알멘트후벨 09:00~17:00 2024/12/7~2025/4/9 15분 간격, 2024/6/8~10/20 20분 간격

➡ **휴무(2024년)** 4/9~6/7, 10/21~12/6

➡ **요금** [뮈렌 출발] 왕복 요금 CHF14, 스위스 패스 소지자 50% 할인 CHF7, 유레일 패스 소지자 CHF10.6

➡ **가는 방법** 뮈렌에서 푸니쿨라로 15분.

뮈렌의 북서쪽에서 푸니쿨라를 타고 올라가면 알멘트후벨 전망대가 나온다. 해발 1,907m의 전망대에서는 라우터브루넨 계곡과 베르네제 오버란트의 3대 봉우리가 한눈에 들어온다. 6월 중순부터 8월 하순까지 푸른 초원 사이의 길을 즐기는 하이킹 코스가 난이도별로 마련되어 있다. 하이킹이 어렵다면 전망대 주변을 20분 정도 돌아볼 수 있는 플라워 트레일 Flower Trail 코스를 걸어보자. 잔잔하게 피어 있는 들꽃까지 안내판에 친절하게 설명되어 있다. 많이 알려지지 않은 탓에 호젓한 분위기도 이곳의 또 다른 매력이다.

Hiking 알멘트후벨의 하이킹

추천! HIKING COURSE!

블루멘털 파노라마 트레일 Blumental Panorama Trail –
산허리를 돌아 뮈렌으로 내려가는 길

알멘트후벨 푸니쿨라 정차역이 있는 봉우리를 왼쪽으로 크게 휘감아 뮈렌까지 내려가는 길. 푸니쿨라에서 나와 식당과 놀이터를 지나 오르막길을 약간 올라 분홍색 표지판을 따라 걸으며 만나는 풍경이 변화무쌍하다.

잔잔한 꽃이 펼쳐진 초원을 지나 베르네제 오버란트 3대 봉우리의 옆모습을 보면서 걷는다. 방목하는 가축들을 통제하기 위한 문을 만나기도 하고 깊은 오솔길, 푸른 초원을 지나기도 한다. 계속 바뀌는 풍경 속을 걷다 알멘트후벨을 오르는 푸니쿨라 선로를 만나게 되는데 푸니쿨라가 오를 때 사진 한 장을 남기는 것도 좋겠다. 푸니쿨라 선로를 지나면 양옆으로 키 큰 나무숲을 지나고 이곳을 벗어나면 민가가 보이기 시작한다. 이때 사유지를 무단으로 출입하지 않도록 조심하자.

구글맵 연결

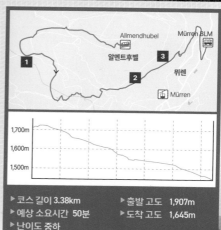

▶ 코스 길이 **3.38km**
▶ 예상 소요시간 **50분**
▶ 난이도 **중하**

▶ 출발 고도 **1,907m**
▶ 도착 고도 **1,645m**

영화 007 시리즈의 그곳,
쉴트호른 전망대
SCHILTHORN PIZ GLORIA

해발 2,970m에 위치한 전망대로 묀히, 아이거, 융프라우 등 3대 봉우리와 함께 맑은 날에는 저 멀리 프랑스 몽블랑까지 볼 수 있다. 영화 007 시리즈 〈여왕 폐하 대작전〉의 촬영지였으며 전망대 곳곳에 영화와 관련된 시설물이 있어 영화 속에 들어온 듯한 기분을 느껴볼 수 있다. 1968년 당시 건설사의 자금난으로 건설 중단 위기에 놓였으나 영화사 측에서 이 지역 독점 촬영권을 받는 대가로 건설비를 보조해 전망대가 완성된 뒤 영화 촬영이 진행되고 그 외 공간이 만들어졌다. 지금도 제임스 본드의 흔적이 곳곳에 남아있다.

> **Travel tip!**
> 새로운 케이블카 건설 공사로 인해 쉴트호른 전망대는 2024년 10월 14일부터 2025년 3월 14일까지 운영하지 않는다.

홈페이지 www.schilthorn.ch **운영** 슈테첼베르크/뮈렌→쉴트호른 7:25/7:40~16:25/16:40, 쉴트호른→슈테첼베르크 8:33~17:55, **휴무** 2024/4/22~26 **요금** 인터라켄 출발 왕복 요금 CHF127.6, 라우터브루넨 출발 왕복 요금 CHF108, 스위스 패스 소지자 뮈렌 이후 케이블카 요금 50% 할인 **가는 방법** 뮈렌에서 도보 12분 거리에 있는 케이블카 정류장에서 케이블카를 타고 20분 또는 라우터브루넨역 앞에서 포스트 버스 141번 Stechelberg, Hotel행 타고 일곱 번째 정류장 Stechelberg, Schilthornbahn 하차(15분 소요, 요금 CHF3, 스위스 패스 소지자 무료) 후 케이블카 30분 소요.

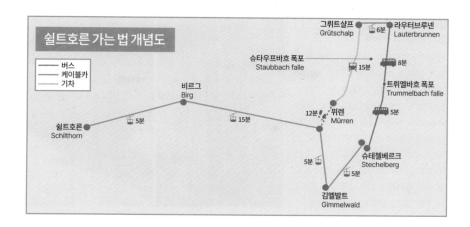

쉴트호른 가는 법 개념도

━━ 버스
━━ 케이블카
━━ 기차

그뤼트샬프 Grütschalp — 6분 — 라우터브루넨 Lauterbrunnen

슈타우프바흐 폭포 Staubbach falle — 15분 — 8분

트뤼멜바흐 폭포 Trummelbach falle

비르그 Birg

12분 뮈렌 Mürren — 5분

쉴트호른 Schilthorn — 5분 — 15분

5분 — 슈테헬베르크 Stechelberg

5분

김멜발트 Gimmelwald

ATTRACTION 쉴트호른 전망대의 볼거리

본드 월드 Bond World

케이블카에서 내려 한 층을 올라가면 본드 월드가 있다. 영화 속에서 사용되었던 소품들이 전시되어 있고, 화면을 보며 헬리콥터를 타는 듯한 체험 공간도 있다. 영화를 알고 있는 여행자라면 영화 속으로 들어간 느낌을, 영화를 모르더라도 홀로그램 등을 관람하며 재미있는 시간을 보낼 수 있다.

007 명예의 전당
007 Walk of Fame

위층에 기념품숍과 간단한 식음료 판매
점이 있으며 바깥으로 나가는 출구가
있는데 이곳에 007 명예의 전당이라는
길이 있다. 영화 〈여왕 폐하 대작전 Her
Majesty's Secret Service〉 관련 사진
과 함께 기둥이 늘어서 여행자들을 안
내한다. 천천히 걸어 내려가면서 주변
풍경을 감상해 보자. 길 끝에 있는 구조
물 위로 올라가면 피츠 글로리아 전망대
와 주변 알프스들이 한눈에 들어온다.

피츠 글로리아 Piz Glroia

가장 위층에 자리한 회전식당. 가만히 앉아 음식을 즐기며 알프스 풍경을 360도로 바라볼 수 있어 흥미로운
장소다. 브런치와 단품 요리, 뷔페로 나뉘어 운영되며 성수기에는 예약이 필요하다. 예약은 홈페이지(schilthorn.
ch)를 통해 하자.

스카이라인 워크와 스릴 워크 Skyline Walk & Thrill Walk

뮈렌에서 케이블카를 타고 올라가다 중간에 비르그 Birg에서 잠시 정차하는데 비스트로 비르그 Bistro Birg의
음식 맛과 풍경도 좋지만 무엇보다 아찔하고 오싹한 스카이라인 워크와 스릴 워크가 여행자를 끌어당긴다. 스
카이라인 워크는 바닥이 유리로 만들어져 발아래 풍경을 바라보면 공중에 떠 있는 듯한 기분이 드는 시설로
전망대 2층 핑크색 표지판을 따라가면 된다. 스릴 워크 Thrill Walk는 전망대가 자리한 바위산을 굽이굽이 돌아
서 걸어갈 수 있는 길로 바위에 매달려 전망대에서 케이블카 정류장까지 갈 수 있으며 중간에 철망으로 만들
어진 구조물에서 담력을 시험해 볼 수도 있다. 고소공포증 소유자라면 잠시 심호흡한 후 관람에 나서자. 자칫
오도 가도 못해 교통체증을 일으킬 수 있다.

고즈넉한 스위스의 수도

베른
BERN 유네스코

스위스의 수도 베른은 아르 Aar강으로 둘러
싸인 중세시대 분위기의 도시로 수도라고 여
기지 못할 정도로 작고 고요하다. 공공시설에
적힌 독일어, 프랑스어, 이탈리아어, 로망슈어
가 흥미로우면서도 스위스 내 베른의 위상을
알 수 있다. 강 건너 튠 광장 Thun Platz에
밀집한 대사관저를 보고나면 그제야 이곳이
수도라는 사실을 실감할 수 있다. 조용히 자
신의 자리를 지키고 있는 도시 베른의 구시
가는 유네스코 세계문화유산이기도 하다. 베
른 여행은 무척 다채롭다. 훌륭한 미술관과
박물관을 관람하거나 오래된 느낌이 물씬 풍
기는 구시가에서 활기찬 사람들을 구경할 수
있고 강 위를 가로지르는 다리의 아찔함도
경험하기도 하며 장미향 가득한 정원에서 시
원한 바람과 함께 시내를 조망할 수도 있다.
스위스의 수도, 베른의 거리를 걸어보자.

이 사람 알고 가자!

파울 클레 / 아인슈타인

이런 사람 꼭 가자!

파울 클레와 아인슈타인의 팬이라면 추천.

> **Travel tip!**
>
> ### 지명의 유래
> 이 지방에서 곰 Bären 사냥을 자주 해서
> 베른이라는 이름이 생겼다고 한다. 베른주
> 의 깃발에는 곰이 그려져 있고 시내에 있는
> 기념품숍에도 곰과 관련된 상품이 많다.

INFORMATION 알아두면 좋은 베른 여행 정보

클릭! 클릭!! 클릭!!!

베른 관광청 www.bern.com

슈퍼마켓

Coop
위치 중앙역 지하 오른편 **운영** 매일 09:00~20:00

Migros
주소 Bahnhofpl. 10 **운영** 매일 09:00~20:00

여행안내소

베른 중앙역
위치 중앙역 1층 전화 031-328-12-12 운영 월~금요일
09:00~18:00, 토·일요일 09:00~17:00

우체국

주소 Bärenplatz 8 **운영** 월~금요일 09:00~18:30, 목요일
09:00~21:00, 토요일 09:00~16:00

베른 중앙역 주요 시설 정보

코인 라커 1층 여행안내소 뒤편에 위치 요금 CHF6~

ACCESS 베른 가는 방법

스위스의 수도답게 내륙의 주요 도시 주네브, 바젤, 취
리히, 인터라켄 등에서 열차로 1시간 정도 걸린다. 파리
에서 TGV를 이용하거나, 프랑크푸르트에서 ICE를 타고
올 수도 있다. 베른 중앙역 내에는 슈퍼마켓, 여행안내
소, 환전소 등이 위치하며 2층에서는 간단한 쇼핑을 즐
길 수 있다. 적당한 식당을 못찾았다면 지하 푸드코트
를 둘러보자. 역 외부로 나오면 바로 앞에 반호프 광장

▶▶ 베른에서 주변 도시로 이동하기
(직행 기차 기준)

베른 ▶ 인터라켄 Ost·West 기차 1시간 소요
베른 ▶ 취리히 HB 기차 1시간 소요
베른 ▶ 루체른 기차 1시간 소요

Bahnhofplatz이 있으며 이곳에 교회가 있다. 교회 뒤편에 트램과 버스 정류장이 있고 정류장을 건너면 구시가
로 들어가는 슈피탈 거리 Spitalgasse다.

[베른 중앙역 Bahnhof Bern] 지도 P.234-A1 주소 Bollwerk 4

TRANSPORTATION 베른 시내 교통

베른은 매우 작은 도시다. 도보로도 충분히 돌아볼 수 있고 장
미 정원까지도 걸어갈 수 있다. 만약 파울 클레 센터를 갈 예
정이라면 버스를 타야 한다. 중앙역 앞 반호프 광장과 구시가
끝부분에 있는 니데크 다리나 곰 공원 앞에서 버스를 탄다. 베
른에서 묵을 예정이라면 숙소에서 제공하는 Bern Ticket을 이
용하면 되고, 당일치기 여행자라면 정류장 자판기나 여행안내
소에서 티켓을 구입하면 된다. 편도 2장이면 충분하다. 다른
도시와 마찬가지로 스위스 패스를 소지했다면 트램과 버스를

무료로 이용할 수 있다. 주변 지역은 존 Zone으로 나뉘며 1~2 Zone 티켓을 구입해 사용하면 된다.
홈페이지 www.bernmobil.ch **대중교통 요금(2등석 기준)** 1~2 Zone 60분 유효 티켓 성인 CHF4.60, 16세 미만 CHF2.80

Travel tip!

베른 뮤지엄 카드 Bern Museum Card
베른에는 수준 높은 미술관과 박물관이 많다. 스위스 패스
를 소지하지 않았다면 뮤지엄 카드를 구입하는 것도 좋은
선택. 24시간 CHF28, 48시간 CHF35으로 오후에 도착해
24시간권을 구입한 후 하루 숙박하면서 베른 시립 미술관
(CHF10), 파울 클레 센터(CHF20)만 관람한다 해도 따로 구
입하는 것보다 저렴하다.

Travel Plus +

곰의 도시 베른&베를린
스위스의 수도 베른을 여행하다 보
니 독일의 수도 베를린이 생각났습
니다. 우선 각 지역에서 곰사냥을
했다는 공통점이 떠오르네요. 베른
에는 곳곳에 곰이 그려진 깃발이
걸려 있고, 베를린에는 곳곳에 만
세 부르는 곰돌이 버디베어 Buddy
Bear를 만날 수 있습니다. 또한 수
도라고는 하지만 제1의 도시는 아
니네요. 스위스의 수도를 취리히
로 알고 있는 분이 많은 것처럼 독
일의 수도도 프랑크푸르트나 뮌헨
으로 알고 있는 분이 많습니다. 이쯤 되면 옛 서독의 수도 본 Bonn이 억울하겠죠? 베를린
슈프레강 내 뮤제움스인젤에 주요 박물관이 모여 있는 것처럼 베른은 구시가에서 다리 건
너 헬베티아 광장에 여러 박물관이 모여 있습니다.
2020년 가을 말많고 탈많던 베를린 브란덴부르크 국제공항이 개항하면서 번듯한 국제공
항이 없는 수도라는 공통점은 사라졌네요. 조금 애석하군요.

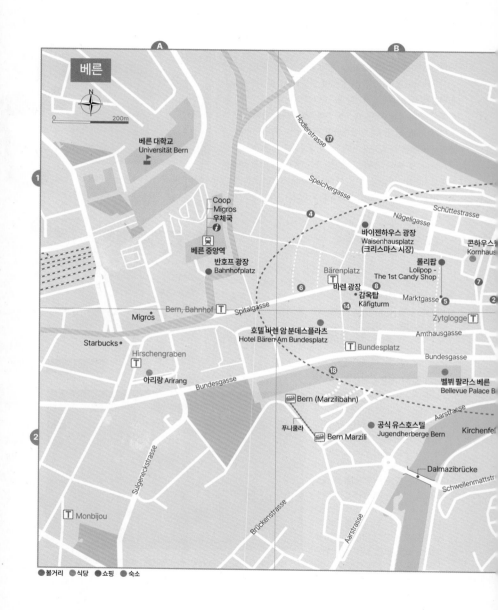

베른

N

0 200m

베른 대학교
Universität Bern

A

B

Hodlerstrasse

17

Speichergasse

Schüttestrasse

Coop
Migros
우체국
ℹ

4

Nägeligasse

바이젠하우스 광장
Waisenhausplatz
(크리스마스 시장)

콘하우스
Kornhaus

베른 중앙역
반호프 광장
Bahnhofplatz

Bärenplatz

롤리팝
Lolipop -
The 1st Candy Shop

6

바렌 광장
• 감옥탑
Käfigturm

8

Marktgasse

5

7

2

14

Migros

Bern, Bahnhof T Spitalgasse

Zytglogge T

Starbucks •

Hirschengraben
T

아리랑 Arirang Bundesgasse

호텔 바렌 암 분데스플라츠
Hotel Bären Am Bundesplatz

18

T Bundesplatz

Amthausgasse

Bundesgasse

벨뷔 팔라스 베른
Bellevue Palace B

Bern (Marzilibahn)

Aarstrasse

푸니쿨라

Bern Marzili

공식 유스호스텔
Jugendherberge Bern

Kirchenfel

Sulgeneckstrasse

T Monbijou

Brückenstrasse

Aarstrasse

Dalmazibrücke

Schwellenmattstr

●볼거리 ●식당 ●쇼핑 ●숙소

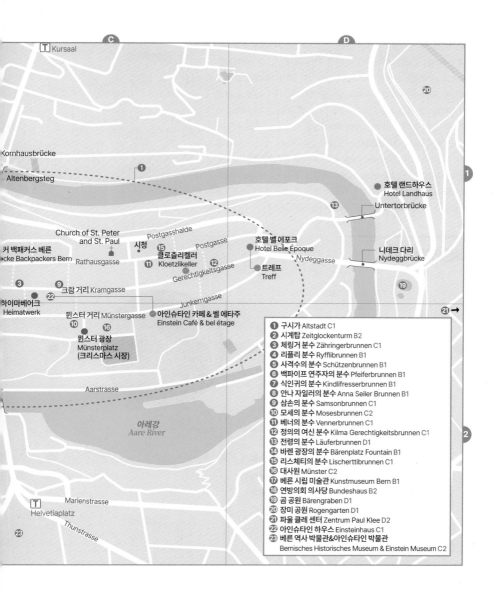

T Kursaal

Kornhausbrücke

Altenbergsteg

호텔 랜드하우스
Hotel Landhaus

Untertorbrücke

Church of St. Peter and St. Paul

Postgasshalde

시청
커 백패커스 베른
cke Backpackers Bern   Rathausgasse

Postgasse

클로츨리켈러
Kloetzlikeller

호텔 벨 에포크
Hotel Belle Époque

Nydeggasse

니데크 다리
Nydeggbrücke

트레프
Treff

Gerechtigkeitsgasse

하이마베어크
Heimatwerk

크람 거리 Kramgasse

Junkerngasse

뮌스터 거리 Münstergasse

아인슈타인 카페 & 벨 에타주
Einstein Café & bel étage

뮌스터 광장
Münsterplatz
(크리스마스 시장)

Aarstrasse

아레강
Aare River

Marienstrasse

T
Helvetiaplatz

Thunstrasse

❶ 구시가 Altstadt C1	
❷ 시계탑 Zeitglockenturm B2	
❸ 체링거 분수 Zähringerbrunnen C1	
❹ 리플리 분수 Ryfflibrunnen B1	
❺ 사격수의 분수 Schützenbrunnen B1	
❻ 백파이프 연주자의 분수 Pfeiferbrunnen B1	
❼ 식인귀의 분수 Kindlifresserbrunnen B1	
❽ 안나 자일러의 분수 Anna Seiler Brunnen B1	
❾ 삼손의 분수 Samsonbrunnen C1	
❿ 모세의 분수 Mosesbrunnen C2	
⓫ 베너의 분수 Vennerbrunnen C1	
⓬ 정의의 여신 분수 Kilma Gerechtigkeitsbrunnen C1	
⓭ 전령의 분수 Läuferbrunnen D1	
⓮ 바렌 광장의 분수 Bärenplatz Fountain B1	
⓯ 리셰티의 분수 Lischerttibrunnen C1	
⓰ 대사원 Münster C2	
⓱ 베른 시립 미술관 Kunstmuseum Bern B1	
⓲ 연방의회 의사당 Bundeshaus B2	
⓳ 곰 공원 Bärengraben D1	
⓴ 장미 공원 Rogengarten D1	
㉑ 파울 클레 센터 Zentrum Paul Klee D2	
㉒ 아인슈타인 하우스 Einsteinhaus C1	
㉓ 베른 역사 박물관&아인슈타인 박물관	
Bernisches Historisches Museum & Einstein Museum C2	

베른과 친해지기

베른을 둘러보는 데는 하루면 충분하다. 기차역에서 나와 감옥탑을 지나 슈피탈 거리로 들어선다. 주변의 석조 아케이드 속 상점을 둘러보고 시계탑을 구경한 후 대사원으로 가자. 사원 내 예술품도 멋있지만 뒤편에서 바라보는 시내 모습도 멋지다. 거리 곳곳에 자리한 분수도 그냥 지나치지 말자. 니데크 다리를 건너 곰 공원에서 베른의 상징인 곰에게 안부를 전한 후 버스를 타고 파울 클레 센터로 가자. 푸른 녹지 위에 굽이치는 건물이 인상적이다. 현대미술에 흥미가 없다면 장미 정원으로 가자. 개화 시기를 맞춰야 하는 번거로움이 있지만 이곳에서 보는 시내의 풍경도 근사하다. 다시 시내로 들어와 세계에서 가장 오래된 공공 미술관인 베른 시립 미술관을 관람하고 나면 베른에서의 하루가 알차게 마무리된다.

베른 MUST DO!

☑ 시내 곳곳에 세워져 있는, 이야기가 담긴 분수들

☑ 연방의회 의사당과 그 앞의 분수가 보이는 야경

☑ 곰 공원의 곰돌이와 대화하기

베른 추천 코스

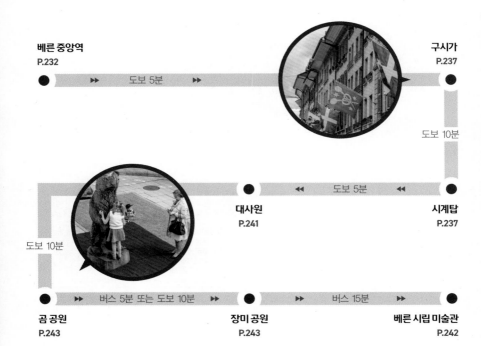

베른 중앙역
P.232

▶▶ 도보 5분 ▶▶

구시가
P.237

도보 10분

◀◀ 도보 5분 ◀◀

대사원
P.241

시계탑
P.237

도보 10분

▶▶ 버스 5분 또는 도보 10분 ▶▶

▶▶ 버스 15분 ▶▶

곰 공원
P.243

장미 공원
P.243

베른 시립 미술관
P.242

ATTRACTION 베른의 볼거리

베른은 스위스의 수도지만 그 규모는 작다. 아기자기한 시내와 달리 장미 정원에서 바라보는 베른의 풍광은 또 웅장한 느낌이다. 다양한 모습을 지닌 도시, 베른의 매력 속으로 빠져보자.

구시가 Altstadt

베른은 도시 전체가 유네스코 세계문화유산으로 지정된 곳이다. 아르 강으로 둘러싸인 섬과 같은 지역으로 아기자기하고 고즈넉하다. 15세기 초반 도시를 뒤덮은 화마로 도시는 폐허가 되었고 재건하면서 석조 건물을 지었다. 이탈리아 토리노나 볼로냐에서 많이 볼 수 있는 석조 회랑이 있는 것도 이 도시의 특징이다. 비가 와도 걱정 없이 여행할 수 있고 회랑에 자리한 각양각색의 상점 구경도 재미있다. 골목 사이에 숨어 있는 분수를 찾아다니는 것도 좋고, 발코니를 장식하고 있는 깜찍한 장식을 보는 재미가 있는 도시다.

지도 P.234~235 ▶ 가는 **방법** 베른 중앙역 앞 반호프 광장에 있는 교회 Heiliggeistkirche Bern 뒤쪽 슈피탈 거리 Spitalgasse로 진입하면 바로.

시계탑 Zeitglockenturm

베른의 상징적인 건물로 중심가인 마르크트 거리와 크람 거리 사이에 있다. 13세기 성문으로 만들어졌으며 15세기 중반까지는 성직자와 성관계를 가진 여성들을 가두는 감옥으로도 이용되었다. 1405년 대화재로 소실되고 16세기에 다시 만들어졌다. 탑 상단의 커다란 시계는 1530년에 완성된 것이다. 매시 56분이면 인형들의 공연을 보기 위해 기다리는 여행자들이 하나둘 모여들지만 큰 기대는 하지 말자. 매시간마다 인형의 움직임이 다르고 허망할 때가 많다. 정오의 인형쇼가 가장 움직임이 많다고. 내부는 4월에서 10월 사이에는 매일 14:30에 가이드 투어로만 관람할 수 있다. 예약 필수.

지도 P.234-B1 ▶ **주소** Bim Zytglogge 3 **투어 요금** 성인 CHF20, 스위스 패스 소지자 50% 할인 **가는 방법** 슈피탈 거리에서 도보 10분.

시계탑 인형쇼 영상

THEME ROUTE ▶ 물소리 따라 분수와 함께하는 **베른 산책**

베른의 구시가는 아르 Aar강으로 둘러싸여 있어서 물을 사용하기가 쉬웠습니다. 그래서 중세시대부터 물 공급 시설과 함께 분수가 들어섰고 지금도 100여 개의 분수가 자리하고 있어요. 구시가를 걷다 보면 곳곳에서 다양한 분수를 만날 수 있고 그에 담긴 이야기 또한 각양각색입니다. 구시가 곳곳에 숨어 있는 분수를 따라가는 여행도 베른을 여행하는 또 하나의 즐거움이지요. 베른 구시가의 분수는 대부분 1545년경에 르네상스시대 예술가 한스 기엥 Hans Gieng이 만들었습니다.

01 리플리 분수 Ryfflibrunnen

전설적인 사수 리플리의 조각상이 서 있는 분수입니다. 혹자는 또 다른 전설적인 활의 명수 안톤 귀더 Anton Güder라고도 합니다. 두 인물 모두 스위스 용병의 창시자 격인 인물이라고도 해요.

지도 P.234-B1 ▶ **주소** Aarbergergasse

03 바렌 광장의 분수
Bärenplatz Fountain

단순하고 장식 없는 조각 때문에 오래돼 보이지만 1910년에 만들어진 분수입니다. 사암으로 만들어진 이 조각상은 루돌프 뮈거 Rudolf Münger가 디자인한 것을 페르디난드 후텐로처가 만들었다고 하네요.

지도 P.234-B1 ▶ **주소** Bärenpl.

01   02   03   감옥탑   04

베른역 🚉

04 안나 자일러의 분수
Anna Seiler Brunnenr

1354년에 베른 최초의 병원을 설립한 안나 자일러 Anna Seiler의 조각상이 있는 분수입니다. 그녀가 세운 병원은 지금도 베른대학병원 Inselspital으로 운영되고 있으며 8,000명의 직원들이 근무하는 스위스의 대표적인 종합병원이라고 합니다.

지도 P.234-B1

주소 Marktgasse

02 백파이프 연주자의 분수 Pfeiferbrunnen

슈피탈 거리 Spitalgasse에 자리한 분수입니다. 구멍 난 신발과 옷을 입고 연주하고 있는 연주자의 표정이 서글퍼 보이는 이 분수는 가난한 예술가를 표현한 것이라고 합니다.

지도 P.234-B1 ▶ **주소** Spitalgasse

05 사격수의 분수 Schützenbrunnen

서 있는 사수 다리 사이에 앉아서 총을 겨누고 있는 곰이 앙증맞은 분수입니다. 손에 들고 있는 깃발은 1799년에 없어진 사격수 길드의 깃발입니다. 분수가 처음 만들어졌을 때는 곰이 길드 하우스의 입구를 조준하고 있었다고 합니다.

지도 P.234-B1 주소 Marktgasse

07 체링거 분수 Zähringerbrunnen

1535년 한스 힐트브란트 Hans Hiltbrand가 만들었습니다. 베른 지역을 통치하고 도시를 건설했던 체링거가 투구를 쓰고 사자가 그려진 방패를 들고 분수 위에 서 있습니다. 그의 다리 사이에 귀여운 아기 곰이 보이네요.

지도 P.235-C1
주소 Kramgasse

06 식인귀의 분수 Kidlifresserbrunnen

아이를 잡아먹고 있는 무시무시한 모습의 분수로 아이들에게 공포의 대상인 망태 할아버지의 스위스 버전입니다. 또는 자신의 권좌를 지키기 위해 자식을 잡아먹었던 크로노스 Kronos(로마신화 속 사투르누스 Saturnus)를 묘사한 것이라고도 하고 베른에서 일어난 끔찍한 살인범을 모델로 했다고도 합니다.

지도 P.234-B1 주소 Kornhauspl. 18

08 삼손의 분수 Samsonbrunnen

사자와 싸우고 있는 구약성서 속 인물 삼손을 묘사하고 있는 분수입니다. 전쟁에서 참여해 용감하게 싸운 군인들을 상징하는 의미도 있고, 삼손이 사자와 싸우면서 쓰는 기구의 모양을 볼 때 정육점 길드에서 기부한 것이라고도 합니다.

지도 P.235-C1 주소 Kramgasse

시계탑

09 모세의 분수 Mosesbrunnen

대사원 앞에 서 있는 분수로 십계명을 받은 모세의 모습을 표현하고 있습니다. 1544년에 만들어졌다가 파괴된 후 1790년에 다시 만들어졌습니다. 모세가 십계명을 받았을 때 얼굴에서 빛이 났다는 일화가 오역으로 인해 뿔로 표현되었는데 이곳의 모세도 뿔을 달고 있어요.

지도 P.235-C2
주소 Münstergasse

⑩ 베너의 분수 Vennerbrunnen

곰이 그려진 베른의 깃발을 들고 다리에는 곰이 매달려 있는 사람인 베너는 도시의 중요한 일을 결정하던 네 사람(제빵사, 대장장이, 푸줏간 주인, 가죽장인)을 일컫는 말입니다. 오늘날 웹페이지에 많이 게재되는 배너광고의 어원이 여기에서 왔다고 하네요.

지도 P.235-C1 ▶ 주소 Marktgasse

⑫ 정의의 여신 분수
Kilma Gerechtigkeitsbrunnen

눈을 가린 채 한 손에는 저울을, 한 손에는 칼을 들고 그 어떤 편견도 없이 판결을 내리겠다는 의미를 가진 정의의 여신을 나타내는 분수입니다. 그녀의 발밑에는 황제, 교황, 술탄 등이 조각되어 있어 그 어떤 권력에도 굴복하지 않고 공정한 심판을 내리겠다는 의지를 표현하고 있어요.

지도 P.235-C1 ▶ 주소 Gerechtigkeitsgasse

⑬ 전령의 분수 Läuferbrunnen

빠르게 소식을 전달하는 전령을 나타내는 분수. 가슴, 어깨, 망토에 베른을 상징하는 곰의 문양이 그려져 있고 다리에도 곰 한 마리가 붙어 있습니다. 전령으로 프랑스 왕 앙리 4세에게 가서 프랑스어가 아닌 이 지역 언어를 말했다는 레버 Lerber를 기리는 분수라고 합니다.

지도 P.235-D1 ▶ 주소 Läuferpl.

⑪ 리스체티의 분수 Lischerttibrunnen

스위스의 조각가이자 설치 미술가 카를로 리스체티 Carlo E. Lischetti가 만든 분수로 '크로넨브루넨 Kronenbrunnen', '오베러 포스트가스브루넨 Oberer Postgassbrunnen'이라고 불리기도 합니다. 물의 흐름을 방해하지 않는 분수로 앞에 벤치가 놓여 있어 휴식 취하기도 좋고, 분수 뒤쪽 계단에 올라 기념 촬영하기에도 좋은 곳이에요.

지도 P.235-C1 ▶ 주소 Postgasse

대사원 Münster 뷰포인트

1421년 건축이 시작되어 1893년에 완공된 스위스 최대의 고딕 양식 교회로 베른에서 가장 높은 건물이다. 정면 입구의 〈최후의 심판〉 부조가 압권이고 15세기에 만들어진 화려한 스테인드글라스와 거대한 파이프오르간이 눈길을 끈다. 높이 100m의 탑 꼭대기로 올라가면 베른 시내가 한눈에 들어온다. 날씨가 좋은 날에는 아이거까지 보인다니 344개의 계단을 두려워하지 말자. 종탑에 걸려 있는 종은 스위스 최대 규모를 자랑한다. 사원 오른쪽으로 돌아가면 작은 정원이 나오고 이곳에서 바라보는 강 건너의 풍경도 근사하다. 12월에는 대사원 앞 광장에서 크리스마스 시장이 열린다. 중앙역에서 대사원으로 향하는 뮌스터 거리 Münstergasse에 매달린 별을 따라 걷는 기분은 무척 몽환적이다.

지도 P.235-C2 **주소** Münsterplatz 1 **홈페이지** www.bernermuenster.ch **운영** [성당] 2024/4/1~10/13 월~토요일 10:00~17:00, 일요일 11:30~17:00, 2024/10/14~2025/4/20 월~금요일 12:00~16:00, 토요일 10:00~17:00, 일요일 11:15~16:00, [종탑 입장 마감] 성당 폐관 시간 30분 전 **휴무** 월요일 **요금** 종탑 CHF5 **가는 방법** 시계탑을 끼고 우회전해 걷다가 Münstergasse에서 직진 300m.

베른 시립 미술관 Kunstmuseum Bern ᐸ 미술 ᐳ

파울 클레 센터(P.244) 개관 이전에는 세계 최대의 파울 클레 컬렉션으로 유명했던 미술관이다. 그러나 파울 클레의 컬렉션이 빠졌어도 그 가치는 변하지 않았다. 프라 안젤리코 등 이탈리아 중세시대 화가의 그림부터 마네, 세잔 등 인상주의 그림, 피카소, 잭슨 폴록 등 현대미술까지 폭넓은 시대의 그림들을 전시하고 있어 미술관 애호가들의 사랑을 받고 있다. 때때로 열리는 기획 전시의 수준도 높다.

지도 P.234-B1 **주소** Holderstrasse 8-12 **홈페이지** www.kunstmuseumbern.ch **운영** 화요일 10:00~21:00, 수~일요일 10:00~17:00 **휴무** 월요일, 12/24·25 **요금** 상설 전시 CHF15, 특별 전시 있을 경우 CHF18~, 파울 클레 센터와 복합 티켓 CHF32, 오디오 가이드 CHF6, 스위스 뮤지엄 패스 소지자 무료 **가는 방법** 중앙역에서 뉴엔 거리 Neuengasse 출구로 나와 버거킹 끼고 왼쪽 젠퍼 거리로 들어가 호들러 거리 Holderstrasse까지 직진, 도보 5분 소요.

연방의회 의사당 Bundeshaus ᐸ 건축 ᐳ

온통 붉은색 지붕인 베른에서 눈에 띄는 초록색 돔으로 당당하게 서 있는 피렌체 르네상스 양식의 건물. 베른이 스위스의 수도로 결정된 1848년 지어지기 시작해 1902년에 완공되었다. 의회가 없을 때 가이드와 함께 내부를 견학할 수 있으며 뒤쪽 테라스는 아르 강변의 멋진 풍경을 볼 수 있는 뷰포인트다. 여름철에는 의사당 앞 광장에 분수가 작동되어 어린이들의 훌륭한 놀이터가 된다. 야경 또한 멋지니 놓치지 말 것!

지도 P.234-B2 **주소** Bundesplatz 3 **홈페이지** www.parlament.ch **운영** 09:00~16:00, 일요일 09:00~15:00, 매시간 가이드 투어로 관람 가능(예약필수) **휴무** 의회 회기 **가는 방법** 중앙역 도보 5분.

곰 공원 Bärengraben

시내에서 니데크 다리를 건너면 바로 오른쪽에 있는 공원. 베른의 시작을 알리는 동물인 곰이 살고 있는 곳으로 베른에서는 1513년부터 바렌 광장 Bärenplatz에서 곰을 키웠다고 한다. 이 공원은 1857년에 만들어졌으며 몽실몽실한 곰들이 느릿느릿 움직이는 모습이 귀엽다. 매점에서 곰 먹이를 팔며 베른의 역사 등을 상영하는 20분짜리 영화 〈베른 쇼 Bern Show〉를 볼 수 있다.

지도 P.235-D1 **주소** Grosser Muristalden 6 **홈페이지** www.tierpark-bern.ch **운영** 4~9월 09:00~17:50, 10~3월 09:00~16:00 **가는 방법** 중앙역에서 도보 20분, 니데크 다리 Nydeggbrücke 건너 왼편에 위치.

장미 공원 Rogengarten 뷰포인트

무려 200여 종의 장미와 아이리스, 벚꽃 등을 재배하는 공원. 시내를 내려다볼 수 있도록 높은 곳에 있어 기념 사진 장소로도 사랑받는 명소다. 1765년부터 1877년까지 공원묘지로 사용되던 곳이었으나 묘지 이장 이후 정비를 거쳐 1913년부터 공원으로 조성되어 일반인에게 개방되었다. 장미 개화 시기라면 아름다운 꽃의 향연에 빠져볼 수 있고, 개화 시기가 아니라면 이곳에서 바라보는 베른의 풍경만으로도 행복한 곳이다.

지도 P.235-D1 **가는 방법** 10번 버스 Rosengarten에서 하차. 곰 공원에서 도보 10분.

파울 클레 센터 Zentrum Paul Klee   `미술, 건축`

녹지대 위에 세워진 물결치는 듯한 모양의 건물이 인상적인 미술관이다. 렌초 피아노 Lenzo Piano가 설계했으며 베른 출신의 추상화가 파울 클레의 창작 원리인 선, 색, 형태를 상징하는 3가지 굴곡을 모티브로 지어진 건물이다. 약 4,000점의 파울 클레의 작품 중 120~150점이 돌아가며 전시되고 있으며 그 외 기획전이 열린다. 미술 전시뿐만 아니라 어린이들을 위한 체험학습시설과 극장, 세미나 시설 등이 들어와 있는 종합문화시설이다.

`지도 P.235-D2` **주소** Monument im Fruchtland 3 **홈페이지** www.zpk.org **운영** 화~일요일 10:00~17:00 **휴무** 월요일, 12/25 **요금** [상설 전시] 성인 CHF20, 학생 CHF10, 스위스 뮤지엄 패스 소지자 무료, 베른 시립 미술관과 복합티켓 CHF32 **가는 방법** 12번 버스 종점 Zentrum Paul Klee 하차, 곰 공원에서 도보 25분(미술관 전체 사진을 찍고 싶다면 한 정거장 전 Bitziusstrasse에서 하차).

아인슈타인 하우스 Einsteinhaus

시계탑부터 시작되는 크람 거리 Kramgasse에 있다. 아인슈타인이 1903년부터 2년간 머무르면서 상대성이론을 확립했던 집이다. 1층엔 세련된 분위기의 카페가 있고 2층엔 아인슈타인이 아내 밀레바, 아들 한스와 살았던 모습이 그대로 보존되어 당시의 생활상을 엿볼 수 있다. 3층에는 아인슈타인의 생애, 연구 업적 등이 전시되어 있으며 20분짜리 비디오도 상영한다.

`지도 P.235-C1` **주소** Kramgasse 49 **홈페이지** www.einstein-bern.ch **운영**(2024년) 2/1~12/20 매일 10:00~17:00 **요금** 성인 CHF7, 학생 CHF5, 스위스 트래블 패스 소지자 성인 CHF5, 학생 CHF4 **가는 방법** 바렌 광장에서 시계탑 바라보며 직진 후 도보 10분.

베른 역사 박물관&아인슈타인 박물관 미술
Bernisches Historisches Museum & Einstein Museum

헬베티아 광장에 위치한 큰 규모의 박물관. 중세 고성과 같은 건물이 인상적이다. 곰 두 마리가 지키고 있는 입구를 따라 들어가면 나오는 정원에서 각종 공연, 행사 등이 열린다. 내부는 구시가 분수의 원형 등 베른의 역사를 보여주는 유물들이 전시되어 있다. 이집트의 관, 중세의 태피스트리 등 볼거리가 가득하다.

애니메이션 〈겨울왕국〉의 성으로 들어가는 듯한 계단을 지나 2층으로 올라가면 아인슈타인 박물관이 자리한다. 구시가의 아인슈타인 하우스가 아인슈타인의 생활을 보여준다면 이곳에서는 위대한 물리학자 아인슈타인의 생애를 한눈에 볼 수 있다. 생가의 모습을 재현한 구역, 학창 시절의 모습, 상대성이론 등 그가 발표한 논문에 대한 여러 패널 등이 전시되어 있고 그가 사용했던 물건도 볼 수 있다.

지도 P.235-C2 ▶ **주소** Helvetiaplatz 5 **홈페이지** www.bhm.ch **운영** 화~일요일 10:00~17:00 **휴무** 월요일, 11/25(양파축제 Zibelemärit), 12/25 **요금** 베른 역사박물관 상설 전시 CHF16(특별 전시 시 요금 변동 있음), 아인슈타인 박물관 CHF18, 스위스 뮤지엄 패스 소지자 무료 **가는 방법** 중앙역에서 6, 7, 8번 트램이나 19번 버스를 타고 Helvetiaplatz에서 하차 또는 연방의회 의사당을 마주 보고 왼쪽으로 걸어 길을 따라 다리를 건너 직진. 도보 15분.

엘사의 성 계단 같은 아인슈타인 박물관 입구

RESTAURANT 베른의 식당

베른의 레스토랑은 니데크 다리 Nydeggbrücke 초입이나 바렌 광장 Bärenplatz 쪽에 몰려 있다. 시내에 미그로스 Migros 레스토랑이 두 군데 정도 있으며 역 지하에는 푸드코트가 있다.

클로츨리켈러 Kloetzlikeller

정의의 여신 분수 부근에 있는 레스토랑으로 아케이드 지하에 자리한다. 베른 지역의 전통 음식과 더불어 현대적 감각의 음식들을 제공한다. 로스트비프와 유사한 전통 음식 수르 모케 Suure Mocke가 맛있고 와인 리스트도 수준급이다. 격식 있는 모임 장소로 주로 사용된다.

지도 P.235-C1 ▶ 주소 Gerechtigkeitsgasse 62 전화 031-311-74-56 홈페이지 www.kloetzlikeller.ch 영업 화~토요일, 18:00~23:30(Last Order 21:30) 휴무 일·월요일 예산 전식 CHF12.80~26.80, 육류 CHF28.80~49.80 가는 방법 시계탑에서 니데크 다리 방향으로 직진, 정의의 여신 분수 부근.

콘하우스켈러 Kornhauskeller

와인과 곡식 거래가 이루어지던 곳에 자리한 레스토랑. 우아한 인테리어의 지하 레스토랑에서 베른 지역뿐만 아니라 스위스의 전통 요리를 맛볼 수 있으며 해산물 요리도 수준급. 방도 마련되어 있어 오붓한 식사가 가능하다. 1층의 바, 카페도 세련된 분위기다.

지도 P.234-B1 ▶ 주소 Kornhausplatz 18 전화 031-327-72-72 홈페이지 www.kornhaus-bern.ch 영업 월~토 11:30~14:00·17:30~24:00 휴무 일요일 예산 샐러드류 CHF15~27, 파스타·리소토 CHF22~38, 육류 요리 CHF35~58 가는 방법 시계탑에서 도보 3분, 식인귀의 분수 맞은편.

트레프 Treff

구시가의 끝, 니데크 다리를 건너기 전에
위치한 레스토랑. 우리에게도 친숙한 이
탈리아 음식과 일본 음식을 주로 한다.
내부 인테리어는 세련된 분위기며 햇빛
좋은 날에는 외부 테이블에 자리 잡기가
어려울 정도다. 식성이 다른 일행과 함께
방문하기 좋다.

지도 P.235-D1 **주소** Gerechtigkeitgasse 12 **전화** 031-311-02-85 **홈페이지** www.treffbern.ch **영업** 월~금요일 07:30~23:00, 토요일 08:00~24:00, 일요일 09:00~22:30 **예산** 전식 CHF8.50~24.50, 수프·샐러드 CHF8.50~20.50, 면 요리 CHF18.50~34, 피자 CHF18.50~30.50 **가는 방법** 니데크 다리 초입 왼쪽.

아리랑 Arirang

현지인들로 붐비는 한국 식당. 스위스의
무거운 고기 요리, 감자 요리에 싫증이
났다면 한 번쯤 들러봐도 좋다. 스위스
에서 먹기 힘든 생선회 샐러드와 회덮밥
으로 기운을 냈던 기억이 있다. 볶음면,
볶음밥류가 저렴하고 맛있다. 탕수육, 치
킨 메뉴도 있어 음식 향수병을 달래기에
그만이다. 단, 김치 등을 주문하면 별도
로 값을 지불해야 한다.

지도 P.234-A2 **주소** Hirschengraben 11
전화 031-329-29-45 **홈페이지** www.
restaurant-arirang.ch **영업** 월~금요일 11:30~14:00/17:45~20:30, 토요일 17:45~20:30 **휴무** 일요일 **예산** 샐러드 CHF6.50~17, 면·볶음밥 CHF17~19.50, 비빔밥 CHF26.50~28 **가는 방법** 연방의회 의사당을 등지고 큰길 따라 왼쪽으로 도보 5분.

아인슈타인 카페 & 벨 에타주
Einstein Café & bel étage

아인슈타인 하우스 1층에 자리한 카페.
편안한 분위기에 쫀쫀한 거품의 카푸치
노가 일품이다. 주변 직장인들과 학생들
도 많이 이용하는 카페로 조용히 휴식
취하기도 좋다.

지도 P.235-C2 **주소** Kramgasse 49 **홈페이지** einstein-cafe.ch **영업** 월~목 08:30~22:30, 금 08:30~00:30, 토 07:00~00:30, 일 09:00~18:00 **예산** 커피 CHF 4~ **가는 방법** 시계탑에서 도보 5분

SHOPPING 베른의 쇼핑

베른의 석조 아케이드 곳곳에 작은 소품숍, 옷가게 등이 자리해 있다. 또한 거리에 나와 있는 지하 입구로 들어가 보면 독특한 소품, 옷 등을 파는 곳을 발견할 수 있다.

크리스마스 시장

하늘에 별들이 총총 떠서 여행자들을 인도하는 베른의 크리스마스 시장은 바이젠하우스 광장 Waisenhausplatz과 뮌스터 광장 Münsterplatz 두 군데에서 열린다. 다양한 종류의 수공예품과 먹거리가 판매되는데 글뤼바인뿐만 아니라 따뜻하게 데운 사과 주스와 캐러멜 케이크, 생강 쿠키 등이 여행자를 유혹한다.

지도 P.234-B1, P.235-C2 ▶ 홈페이지 www. weihnachtsmarktbern.ch 일정 뮌스터 광장 마켓 2024/12/1~23, 바이젠하우스 광장 마켓 2024/12/2~24

하이마베어크
HEIMATWERK

스위스의 대표 이미지를 디자인한 각종 기념품과 디자인 소품 등을 구입할 수 있는 곳으로 예쁜 소품들이 가득하다. 지하에는 아이들을 위한 장난감 코너도 마련되어 있다.

지도 P.235-C1 ▶ 주소 Kramgasse 61 전화 031-311-30-30 영업 09:00~18:30, 목요일 09:00~20:00, 토요일 09:00~16:00 휴무 일요일 가는 방법 체링거 분수 맞은편.

롤리팝
LOLIPOP - THE 1ST CANDY SHOP

취리히에서 시작된 아기자기한 사탕 가게. 노란색 간판이 산뜻하다. 다양한 색깔과 맛의 사탕들이 가득한 곳으로 여행 중 떨어진 당을 충전하기에 좋다. 상점으로 내려가는 계단 한편에 설치되어 있는 미끄럼틀이 재미있다.

지도 P.234-B1 ▶ 주소 Marktgasse 22 전화 79-102-73-49 영업 월~금요일 09:30~18:00, 토요일 09:30~17:00 휴무 일요일 가는 방법 마르크트 거리 사수의 분수 맞은편 지하.

HOTEL 베른의 호텔

구시가 안에는 30여 개의 호텔이 있으며 스위스 호텔치고 비싼 편은 아니다. 다만 국빈 방문 시에는 호텔비가 조금 상승한다고 한다. 공식 유스호스텔은 의회의사당 뒤편에 위치하고 시내의 저렴한 호텔 중 도미토리를 운영하는 곳들도 있다.

벨뷔 팰리스 베른 BELLEVUE PALACE Bern ★★★★

명실상부 스위스 최고의 호텔. 정부 공식 게스트하우스라고 하는데 세계에서 가장 화려한 게스트하우스가 아닐까 싶다. 스위스에 방문한 각 나라의 정상들이 숙박했던 곳이다. 그 외에도 미국 팝 가수이자 배우인 프린스, 세계 3대 테너 중 한 사람인 호세 카레라스 등 유명 연예인들도 방문했었다고 한다. 연방정부 청사와 가까운 곳에 있어서 정부 각료들이 식사하는 곳으로도 유명하며 주방에 그들의 사진과 취향이 자세히 적혀 있는 도표가 있다. 호텔 로비에만 앉아 있어도 스위스 유명 인사들을 만날 수 있다고 한다. 물론 우리가 잘 알아보기 힘들겠지만. 로비, 계단, 복도 등의 실내가 매우 고전적인 분위기로 꾸며져 있지만 서비스는 매우 세련된 수준이다.

지도 P.234-B2 **주소** Kochergasse 5 **전화** 031-320-45-45 **홈페이지** www.bellevue-palace.ch **요금** CHF450~, 조식 뷔페 CHF40, 도시세 CHF5.30 **부대시설** 사우나, 피트니스 **주차** 호텔 인근 주차장 1일 CHF28 **가는 방법** 연방의회 의사당 옆.

호텔 벨 에포크 HOTEL BELLE ÉPOQUE ★★★★

구시가 끝에 위치한, 객실 70개의 4성급 호텔로 스위스에서 가장 작은 규모의 4성급 호텔이라고 한다. 그만큼 깔끔하고 아름다운 시설을 자랑한다. 19세기 초 아르누보 스타일로 실내를 장식했으며 알폰소 무하를 비롯한 그 시대 아티스트의 작품들이 곳곳에 장식되어 있다. 맛깔스러운 아침 식사와 분위기로 하루를 상큼하게 시작할 수 있다. 함께 운영하는 바의 분위기도 매우 세련되고 멋있다.

지도 P.235-D1 **주소** Gerechtigkeitsgasse 18 **전화** 031-311-43-36 **홈페이지** www.belle-epoque.ch **요금** CHF200~, 조식 뷔페 CHF19, 도시세 CHF5.30 **부대시설** 레스토랑 **가는 방법** 베른 중앙역에서 12번 버스 타고 5번째 정류장 Nydegg에서 하차.

호텔 바렌 암 분데스플라츠 Hotel Bären Am Bundesplatz ★★★★

바렌 광장과 연방의회 의사당 사이에 있어 비즈니스 여행자들이 선호하는 호텔. 69개의 객실을 운영하고 있으며 베른 기차역에서 5분, 연방의회 의사당에서 2분 거리에 위치한다. 모던하고 깔끔한 분위기지만 1850년부터 운영되고 있다. 객실마다 구비되어 있는 캡슐 커피 머신이 인상적이고 널찍한 욕실이 편리하다.

지도 P.234-B2 ▶ 주소 Schauplatzgasse 4 전화 031-311-33-67 홈페이지 www.baerenbern.ch 요금 CHF230~, 도시세 CHF5.30 부대시설 피트니스 가는 방법 중앙역 도보 5분, 바렌 광장과 연방의회 광장 사이.

호텔 랜드하우스 Hotel Landhaus

곰 공원 가까운 곳에 자리한 호텔. 고즈넉하고 조용한 분위기로 여행자들이 선호한다. 마룻바닥이 따뜻한 느낌을 주며 테라스에서 바라보는 바깥 풍경도 일품이다. 2층 침대가 있는 가족방도 있고 주변 거리에 주차가 가능하다. 주방 시설이 마련되어 있는 것도 매력적이며 함께 운영하는 레스토랑의 음식도 맛있다.

지도 P.235-D1 ▶ 주소 Altenbergstrasse 4 전화 031-348-03-05 홈페이지 www.landhausbern.ch 요금 CHF130~, 도시세 CHF4.50 부대시설 주방 가는 방법 중앙역에서 12번 버스 타고 6번째 정류장 B renpark 하차, 길 건너 강 아래쪽으로 도보 3분.

공식 유스호스텔 Jugendherberge Bern

연방의회 의사당 뒤편 조용한 동네에 위치한 공식 유스호스텔. 가족 여행객과 단체 여행객들이 주로 숙박한다. 300m 거리에 수영장이 있다. 수영장 이용 요금은 무료. 리셉션은 07:00~10:30와 14:00~24:00에 운영된다.

지도 P.234-B2 **주소** Weihergasse 4 **전화** 031-326-11-11 **홈페이지** www.jugibern.ch **요금** 도미토리 CHF39~(아침 식사, 시트 포함), 호스텔 카드 미소지자 추가 요금 CHF6. **주차** CHF7, 도시세 CHF2.90 **가는 방법** 중앙역 도보 15분, 연방의회 의사당 뒤편에서 케이블카를 이용하면 쉽다.

호텔 글로커 백패커스 베른 HOTEL GLOCKE BACKPACKERS

시계탑 근처에 자리한 깔끔한 시설의 사설 호스텔. 주변에 큰 규모의 슈퍼마켓이 두 곳 있고 여행하다가 잠시 들러 식사를 해결하고 다시 나가기에도 좋다. 각 방에 세면대가 설치되어 있고 아침 식사는 제공하지 않지만 넓고 깨끗한 주방 시설이 있어 크게 불편하지 않다. 자판기에서는 일본식 라면도 살 수 있어 늦은 시간 도착해 식당을 찾기 애매하고 슈퍼마켓이 문을 닫았을 때 유용하게 이용할 수 있다. 호스텔 곳곳에 시내 여행을 도와 주는 여러 정보가 비치되어 있으니 참고할 것.

지도 P.234-B1 **주소** Rathausgasse 75 **전화** 031-311-37-71 **홈페이지** www.bernbackpackers.com **요금** 도미토리 CHF37~, 3·4인실 CHF144~, 2인실 CHF49~, 1인실 CHF76~(시트 포함) **부대시설** 주방 시설, 자판기, 세탁, 건조기 사용 가능(요금 각각 CHF5), 각종 투어 예약 **가는 방법** 시계탑에서 왼쪽으로 첫 번째 골목.

천하제일 영봉과 함께하는 시간

체르마트
ZERMATT

굽이굽이 산과 호수를 지나 달려온 빙하 특급의 종착점 체르마트는 해발 1,608m에 위치한 인구 5,500여 명의 작은 산악 마을이다. 마을을 둘러싸고 있는 4,000m급 알프스 봉우리 29개 중 가장 유명한 봉우리는 마테호른. 한때 난공불락 같던 마테호른은 1865년 인류에게 그 정상을 내어주고 오늘날까지 많은 여행자의 눈과 발을 이끌고 있다. 비현실적 모습으로 마을을 지그시 내려다보고 있는 우뚝 솟은 마테호른 봉우리와 함께 대자연 속으로 들어가 보자. 어디에서나 나를 지켜보고 있는 마테호른과 함께 걷는 길은 혼자라도 결코 외롭지 않다.

이런 사람 꼭 가자!

- 천하제일 영봉이라는 마테호른이 보고 싶은 사람
- 한여름 만년설 위에서 스키나 보드를 즐기고 싶은 스포츠 마니아
- 걷고 걷고 또 걷고 싶은 사람

INFORMATION 알아두면 좋은 체르마트 여행 정보

클릭! 클릭!! 클릭!!!

체르마트 관광청 www.zermatt.ch(한국어 지원)

여행안내소

위치 기차역에서 나와 정면 오른쪽 **전화** 027-966-81-00
운영 매일 08:00~20:00

슈퍼마켓

Coop

위치 역 정면 길 건너 쇼핑센터 내 **운영** 월~토요일 08:15~
18:30

우체국

위치 기차역에서 Bahnhofstrasse 따라 도보 200m

ACCESS 체르마트 가는 방법

체르마트는 스위스의 파노라마 열차 중 하나인 빙하
특급의 종착역이다. 생 모리츠, 쿠어 등지에서 이동할
때 파노라마 열차를 이용해 보자. 커다란 창 사이로
지나가는 풍경이 이동의 피로까지 씻어준다. 주네브,
취리히 등에서 올 때는 비스프 Visp에서 열차를 갈
아탄다. 이탈리아 여행을 마치고 체르마트로 올 때는
브리그 Brig에서 갈아타야 한다. 갈아타는 열차는 톱
니바퀴 열차로 체르마트가 그만큼 고지대에 있다는
것을 보여준다. 체르마트는 화석연료로 운행하는 차
량의 출입이 금지되어 있다. 자동차 여행을 떠났다면

체르마트 직전 타쉬 Tasch에 주차해 놓고 기차나 택
시를 이용해 체르마트로 이동해야 한다.

▶ 체르마트에서 주변 도시로 이동하기

•주간 이동 가능 도시

체르마트 ▶ **인터라켄** 기차 2시간 20분 소요
체르마트 ▶ **취리히** 기차 3시간 15분 소요
체르마트 ▶ **주네브** 기차 3시간 40분 소요

TRANSPORTATION 체르마트 시내 교통

고르너그라트 기차
Gornergrat Bahn

체르마트는 화석연료로 운행하는 차량이 금지되어 있어서 체르마트를 다니는 작은 자동차는 모두 전기자동차다. 역 앞에 각 호텔에서 운행하는 자동차나 마차가 서 있는데 이 또한 볼거리다. 작은 마을이나 골목을 누비는 일종의 버스가 있고 전망대 티켓을 구입했다면 탑승이 가능하다. 각 전망대로 올라가는 케이블카, 열차는 각기 다른 회사에서 운영한다. 고르너그라트 지역은 편도 요금과 왕복 요금의 차이가 그리 크지 않아서 하이킹을 계획한다면 구간 티켓을 그때그때 구입해도 낭비가 아니지만, 그 외 지역은 편도와 왕복 요금 차이가 있는 편이다. 하이킹을 계획하고 있다면 콤비 티켓도 마련되어 있으니 문의하자. 이런저런 계산이 모두 귀찮다면 피크 패스 Peak Pass를 이용하는 것도 좋다.

> **Travel tip!**
>
> **피크 패스 Peak Pass**
> 체르마트에서 여러 곳의 전망대를 오를 예정이라면 피크 패스를 고려해 보자. 정해진 사용 기간 안에 전망대 사이의 케이블카, 등산열차는 물론 시내의 전기 자동차 버스 등을 무제한 탑승할 수 있고 마테호른 글레이셔 파라다이스 전망대의 빙하 궁전 입장도 가능하다. 가격은 11~4월, 5·9·10월, 6~8월 별로 다르다. 연속패스는 1일권이 CHF167/195/216부터 시작하며, 선택 사용 패스는 5일 기한으로 3일 사용하는 패스는 CHF209/256/284, 6일 내에 4일을 사용하는 패스는 CHF235/289/321부터 시작한다. 사용 기간이 하루 늘 때마다 연속패스는 CHF20 정도가, 선택 사용 패스는 CHF 34~81이 추가된다. 스위스 패스 소지자는 25% 할인된 가격으로 구매할 수 있다.
> **홈페이지** www.matterhornparadise.ch

체르마트와 친해지기

체르마트는 아담한 마을이다. 쉬엄쉬엄 돌아보아도 두 시간이면 마을 전체를 볼 수 있을 정도. 하지만 오고 가는 데 걸리는 시간이 있으므로 적어도 하루는 묵기를 추천한다. 마을 자체가 해발 1,620m의 고지대에 있다 보니 알게 모르게 피곤이 쌓인다. 첫날 도착해서는 마을을 둘러보고 여행안내소에서 정보를 수집한 후 올라갈 전망대를 결정한다. 둘째 날 아침 일찍 등산열차나 케이블카를 이용해 전망대에 올라 마테호른을 감상한 후 내려오는 길에 적당한 코스를 골라 하이킹을 즐겨보자. 도착했는데 비가 온다면? 주변 마을 로이커바트에서 온천을 즐기거나 투숙객이 아니어도 개방하는 호텔 수영장과 사우나, 스파가 있으니 찾아보는 것도 좋겠다.

체르마트 MUST DO!

☑ 전망대에서 바라보는 웅장한 마테호른과 만년설, 빙하

☑ 해 질 무렵 시내에서 바라보는, 노을빛에 붉게 물든 마테호른 봉우리

☑ 마테호른과 함께하는 다양한 하이킹 코스

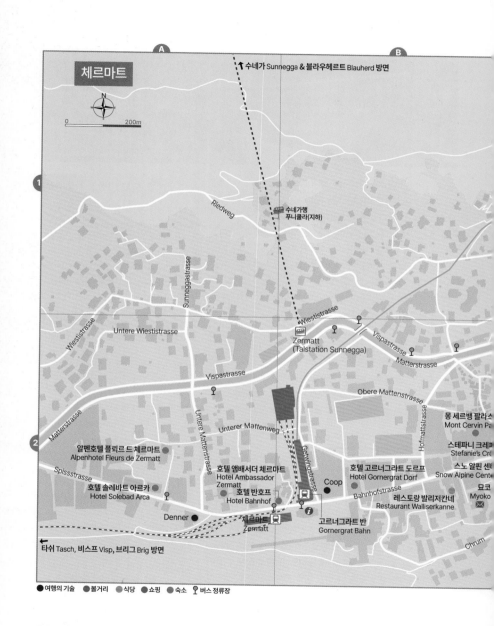

체르마트

↑ 수네가 Sunnegga & 블라우헤르트 Blauherd 방면

0 ——— 200m

Riedweg

수네가행 푸니쿨라(지하)

Wiestistrasse

Untere Wiestistrasse

Sunneggastrasse

Wiestistrasse

Zermatt
(Talstation Sunnegga)

Vispastrasse

Matterstrasse

Obere Mattenstrasse

Vispastrasse

Untere Mattenweg

Unterer Mattenweg

Matterstrasse

Spissstrasse

알펜호텔 플뢰르 드 체르마트
Alpenhotel Fleurs de Zermatt

호텔 앰배서더 체르마트
Hotel Ambassador Zermatt

호텔 반호프
Hotel Bahnhof

호텔 솔레바트 아르카
Hotel Solebad Arca

Denner

체르마트
Zermatt

Cervinstrasse

Hofmattstrasse

몽 세르뱅 팔라스
Mont Cervin Pa

스테파니 크레
Stefanie's Crê

스노 알핀 센티
Snow Alpine Cente

호텔 고르너그라트 도르프
Hotel Gornergrat Dorf

Coop

Bahnhofstrasse

고르너그라트 반
Gornergrat Bahn

레스토랑 발리저칸네
Restaurant Walliserkanne

묘코
Myoko

Chrum

← 타쉬 Tasch, 비스프 Visp, 브리그 Brig 방면

● 여행의 기술 ● 볼거리 ● 식당 ● 쇼핑 ● 숙소 📍 버스 정류장

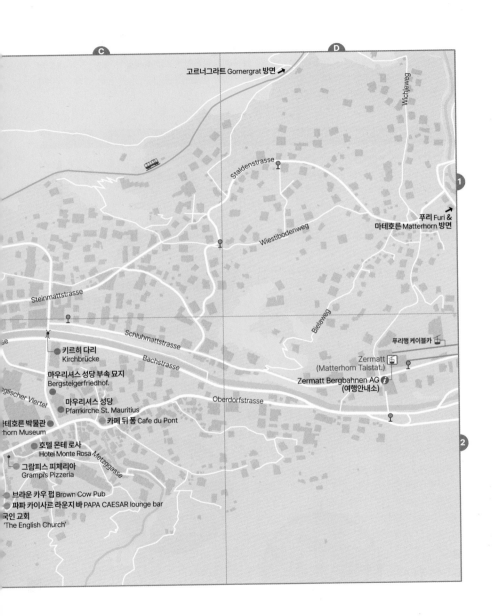

C

D

고르너그라트 Gornergrat 방면 ↗

Wichjeweg

Staldenstrasse

1

Wiestibodenweg

푸리 Furi &
마테호른 Matterhorn 방면 ↗

Steinmattstrasse

Bielaweg

Schluhmattstrasse

푸리행 케이블카

키르히 다리
Kirchbrücke

Bachstrasse

Zermatt
(Matterhorn Talstat.)

마우리셔스 성당 부속 묘지
Bergsteigerfriedhof.

Zermatt Bergbahnen AG ℹ
(여행안내소)

nglischer Viertel

마우리셔스 성당
Pfarrkirche St. Mauritius

Oberdorfstrasse

테호른 박물관
horn Museum

카페 뒤 퐁 Cafe du Pont

호텔 몬테 로사
Hotel Monte Rosa

Metzggasse

2

그람피스 피체리아
Grampi's Pizzeria

브라운 카우 펍 Brown Cow Pub

파파 카이사르 라운지 바 PAPA CAESAR lounge bar

국인 교회
'The English Church'

체르마트에서 마테호른과 친구 되는 추천 코스

마테호른의 다양한 모습을 볼 수 있는 체르마트. 등산열차, 푸니쿨라, 케이블카 등을 타고 전망대에 올라가 조금씩 다른 봉우리의 모습을 바라보자. 하산 길에 즐기는 하이킹은 자연 속으로 들어갈 수 있는 또 하나의 방법. 30여 개의 하이킹 코스가 개발되어 있는데 융프라우 지역과 비교하면 난이도가 약간 높다. 그러나 두려워하지 말자. 코스를 잘 고른다면 누구나 무리 없이 완주할 수 있다.

COURSE 1 고르너그라트에서 마테호른과 친구 되기

체르마트에서 가장 여행자들이 많이 몰리는 전망대 고르너그라트를 오르는 코스. 오후에 올라갈 경우 애프터눈 Afternoon 티켓을 이용해 조금 저렴하게 오를 수 있으나 햇빛의 방향으로 인해 또렷한 마테호른을 보기 어렵다는 단점이 있다.

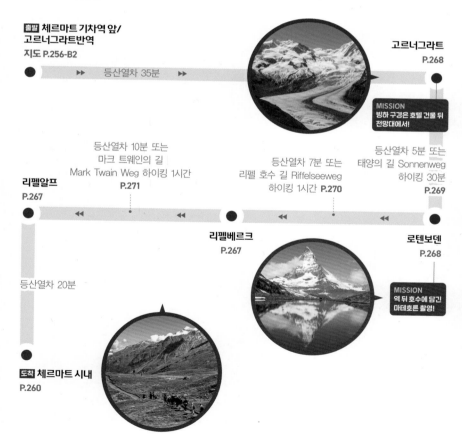

출발 체르마트 기차역 앞/
고르너그라트반역
지도 P.256-B2

▶▶ 등산열차 35분 ▶▶

고르너그라트
P.268

MISSION
빙하 구경은 호텔 건물 뒤
전망대에서!

등산열차 10분 또는
마크 트웨인의 길
Mark Twain Weg 하이킹 1시간
P.271

등산열차 7분 또는
리펠 호수 길 Riffelseeweg
하이킹 1시간 P.270

등산열차 5분 또는
태양의 길 Sonnenweg
하이킹 30분
P.269

리펠알프
P.267

◀◀ ◀◀ ◀◀ ◀◀

리펠베르크
P.267

로텐보덴
P.268

등산열차 20분

MISSION
역 뒤 호수에 담긴
마테호른 촬영!

도착 체르마트 시내
P.260

COURSE 2 수네가에서 마테호른과 친구 되기

마테호른을 가장 아름답게 볼 수 있는 수네가 지역은 잘 개발된 하이킹 코스로도 유명하다. 시간이 충분하지 않아도 블라우헤르트에서 슈텔리 호수 왕복 하이킹은 생략하지 말자. 평탄한 길 끝에서 만나는 호수 속의 마테호른을 기원하며.

출발 체르마트 시내   수네가   블라우헤르트
P.260   P.273   P.273   로트호른

● ▸▸ 푸니쿨라 5분 ▸▸ ● ▸▸ 케이블카 10분 ▸▸ ● ▸▸ 케이블카 10분 ▸▸ ●

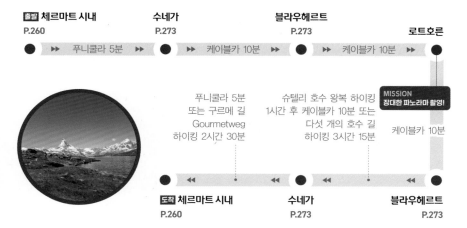

푸니쿨라 5분   슈텔리 호수 왕복 하이킹
또는 구르메 길   1시간 후 케이블카 10분 또는   **MISSION**
Gourmetweg   다섯 개의 호수 길   **장대한 파노라마 촬영!**
하이킹 2시간 30분   하이킹 3시간 15분   케이블카 10분

● ◂◂ ● ◂◂ ● ◂◂ ● ◂◂ ●

도착 체르마트 시내   수네가   블라우헤르트
P.260   P.273   P.273

COURSE 3 마테호른 글레이셔 파라다이스에서 색다른 마테호른 만나기

조금 다른 모습의 마테호른을 볼 수 있는 코스. 트로케너 슈테크까지는 익숙한 모습을 보여주던 마테호른은 정상에 오르면 전혀 다른 모습을 보여준다. 사시사철 스키 리조트로 사용되는 이곳에서 알프스 고봉들의 파노라마를 만끽한 후 슈바르츠 호수 쪽으로 내려오자. 맑은 호수 위에 보이는 마테호른은 손에 잡힐 듯 가깝다.

                                                                            마테호른 글레이셔
출발 체르마트 시내   푸리 Furi   트로케너 슈테크   **파라다이스**
P.260   P.284   P.285   P.285

● ▸▸ 케이블카 10분 ▸▸ ● ▸▸ 곤돌라 10분 ▸▸ ● ▸▸ 곤돌라 15분 ▸▸ ●

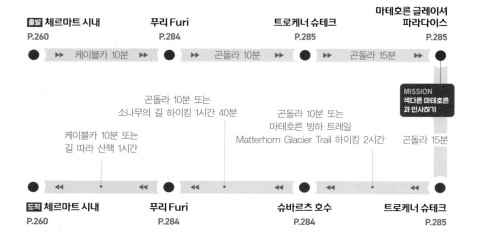

                    곤돌라 10분 또는
                    소나무의 길 하이킹 1시간 40분   곤돌라 10분 또는
케이블카 10분 또는   마테호른 빙하 트레일   **MISSION**
길 따라 산책 1시간   Matterhorn Glacier Trail 하이킹 2시간   **색다른 마테호른**
                                                                            과 인사하기
                                                                            곤돌라 15분

● ◂◂ ● ◂◂ ● ◂◂ ● ◂◂ ●

도착 체르마트 시내   푸리 Furi   슈바르츠 호수   트로케너 슈테크
P.260   P.284   P.284   P.285

체르마트는 곳곳에 보이는 마테호른 봉우리로 인해 신비한 기운이 가득한 마을이다. 기차역에서 나와 왼쪽으로 뻗은 반호프 거리 Bahnhofstrasse를 끝까지 걷는 데 10분이면 충분할 정도로 작은 규모고 주요 식당, 상점, 고급 호텔 등이 이 거리에 몰려 있다.

호텔 몬테로사와 몽 세르뱅 팔라스 호텔 주변 거리 명판
Hotel Monte Rosa & Mont Cervin Palace Hotel

마테호른 여행의 역사를 함께 시작한 두 호텔, 호텔 몬테로사 Hotel Monte Rosa와 몽 세르뱅 팔라스 호텔 Mont Cervin Palace Hotel 호텔 주변 거리의 명판을 살펴보자. 마테호른 첫 등반에 성공한 에드워드 휨퍼 Edward Whymper와 가이드 피터 타우그발더 Peter Taugwalder 부자의 명판과 함께 산에 올랐다가 하산 길에 사망한 동료들 프랜시스 더글러스 경 Lord Francis William Bouverie Douglas, 로버트 더글러스 해도우 Robert D. Hadow, 찰스 허드슨 Charles Hudson(몬테 로사 Monte Rosa 산의 첫 등반팀 일원이기도 했다), 미첼 아우구스트 크로즈 Michel Auguste Croz의 명판을 볼 수 있다. 또한, 에드워드 휨퍼보다 3일 늦게 마테호른에 오른, 그러나 이탈리아 쪽 능선에서 처음으로 정상에 오른 장 앙투안 카렐 Jean Antoine Carrel과 장 밥티스트 비치 Jean-Baptiste Bich의 명판도 함께 있다.

지도 P.257-C2 [호텔 몬테로사] **주소** Bahnhofstrasse 80 **전화** 027-966-03-33 **홈페이지** www.monterosazermatt.ch **가는 방법** 반호프 거리를 따라 도보 7분.
지도 P.256-B2 [몽 세르뱅 팔라스 호텔] **주소** Bahnhofstrasse 31 **전화** 027-966-88-88 **홈페이지** www.montcervinpalace.ch **가는 방법** 반호프 거리를 따라 도보 5분.

마우리셔스 성당 부속 묘지 & 성 피터 영국인 교회
Bergsteigerfriedhof & St Peter's 'The English Church'

첫 등반팀에 참여했다 사망한 이들은 빙하에서 실종된 프랜시스 더글러스 경을 제외하고 모두 체르마트에 잠들어 있다. 미첼 아우구스트 크로즈 Michel Auguste Croz는 마우리셔스 성당 부속 묘지에, 영국인인 로버트 더글러스 해도우, 찰스 허드슨은 성 피터 영국인 교회에서 쉬고 있다. 이들 이외에도 마테호른을 등반하다 사고로 유명을 달리한 산악인들이 잠들어 있는 묘지는 늘 꽃이 가득하고, 도전 정신으로 가득했던 그들의 삶과 용기를 기억하는 이들의 손길로 잘 정돈되어 있다.

지도 P.257-C2 [마우리셔스 성당 부속 묘지] **주소** Kirchstrasse 12 **운영** 24시간 **가는 방법** 체르마트역에서 반호프 거리를 따라 도보 10분.
지도 P.256-B2 [성 피터 영국인 교회] **주소** Bodmen 5 **가는 방법** 체르마트역에서 도보 8분.

마우리셔스 성당
Pfarrkirche St. Mauritius

반호프 거리 끝자락을 지키고 있는 성당. 1285년부터 역사에 등장하는 유서 깊은 가톨릭 성당으로 지금 건물은 1916년에 다시 지어진 것이다. 노아의 방주를 묘사한 천장화가 멋지고 체르마트 페스티벌 때는 연주 홀로 사용되기도 한다.

지도 P.257-C2 주소 Kirchpl. 홈페이지 pfarrei.zermatt.net/ 가는 방법 체르마트역에서 반호프 거리를 따라 도보 8분.

키르히 다리 Kirchbrücke

박물관과 묘지 사잇길을 걸어가다 만나는 키르히 다리는 체르마트 시내에서 마테호른을 가장 아름답게 볼 수 있는 포인트다. 해 질 녘 오렌지색으로 물든 마테호른을 볼 수 있어 늘 카메라를 지닌 여행자들로 가득하다.

지도 P.257-C2 가는 방법 체르마트역에서 반호프 거리를 따라 내려오다가 마우리셔스 성당에서 좌회전. 도보 10분 소요.

마테호른 박물관 Matterhorn Museum

성당 맞은편 작은 유리로 만든 돔형 구조물이 마테호른 박물관 입구다. 이곳은 마테호른 등반의 역사를 볼 수 있는 곳으로, 첫 등정에 성공하고 하산할 때(여러 의혹이 제기되고 있지만) 불의의 사고로 끊어진 로프를 비롯해 당시의 등산화와 산장의 모습 등이 재현되어 있다. 운영 시간이 유동적이기 때문에 방문 전 홈페이지(www.zermatt.ch/museum)에서 운영 시간을 미리 확인해보자.

지도 P.257-C2 주소 Kirchpl. 운영 7~9월 매일 11:00~18:00, 그 외 시기에는 유동적 요금 성인 CHF12, 스위스 트래블 패스 소지자 무료 가는 방법 체르마트역에서 반호프 거리를 따라 도보 8분.

당당하고 아름다운 천하제일 영봉
마테호른 Matterhorn

해발 4,478m의 봉우리로 스위스와 이탈리아 국경지대에 위치한다. 이탈리아에서는 몬테 체르비노 Monte Cervino, 프랑스에서는 몽 세르뱅 Mont Cervin이라고 부른다. 험준한 산세와 우뚝 솟은 봉우리 모양으로 인해 '초원 Matter의 뿔 Horn'이라는 이름이 붙었다. 우뚝 솟은 뿔 모양이긴 하나 꼭대기가 살짝 비틀린 피라미드 형태처럼 보이기도 한다.

이 산은 알프스 봉우리 가운데 가장 마지막으로 정복되었는데 1865년 7월 14일 영국인 에드워드 휨퍼 Edward Whymper가 이끄는 등반대원 일곱 명이 그들이다. 비록 하산 과정에 불의의 사고로 네 명이 사망했지만. 그리고 3일 후 이탈리아 산악인 장 앙투안 카렐 Jean Antoine Carrel이 이끄는 등반팀이 다시 정상에 올랐다.

1931년에 정복된 마테호른의 북벽은 융프라우 지역의 아이거 Eiger 북벽, 몽블랑의 그랑드 조라스 Grandes Jorasses와 더불어 알프스 3대 북벽으로 칭해지는데 우리가 체르마트에서 주로 볼 수 있는 모습은 동벽 East Face과 북벽 North Face이다.

우리나라는 지난 1994년 털보 산악인으로 유명한 김태웅 씨가 아들 영식군(당시 8세)과 함께 등반에 성공해 유명해졌으면 토블론 Toblerone 초콜릿 상자에도 그려져 있어 여행자들에게 좋은 피사체가 되기도 한다. 한때 파라마운트 픽처스 영화사 로고에 등장하는 산이라고 알려졌으나 이는 낭설이다.

체르마트에서 마테호른을 볼 수 있는 전망대는 네 곳 정도로 나눌 수 있다. 여행자들에게 가장 인기 좋은 고르너그라트 Gornergrat, 마테호른을 가장 가까운 곳에서 볼 수 있는 슈바르츠 호수 Schwarzsee, 전혀 다른 마테호른의 모습을 볼 수 있는 유럽에서 가장 높은 전망대 마테호른 글레이셔 파라다이스 Matterhorn Glacier Paradise, 소박한 풍경과 함께 하이킹을 즐길 수 있는 수네가 Sunegga가 그곳. 취향에 따라 전망대를 선택해 보자.

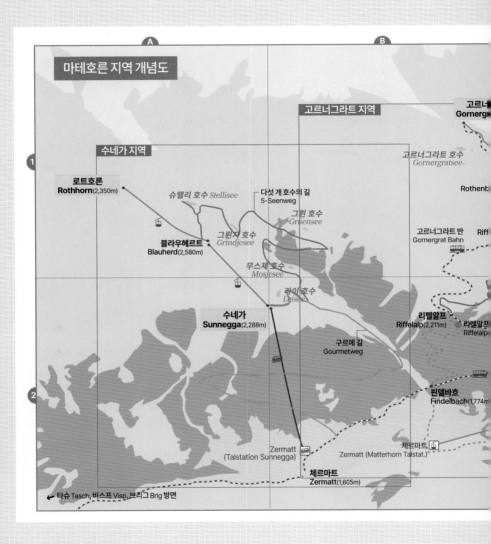

마테호른 지역 개념도

A B

고르너그라트 지역
고르너그
Gornerg

수네가 지역

고르너그라트 호수
Gornergratsee

1

로트호른
Rothhorn(2,350m)

슈텔리 호수 Stellisee

다섯 개 호수의 길
5-Seenweg

Rothenb

그륀 호수
Gruensee

그륀지 호수
Grindjesee

블라우헤르트
Blauherd(2,580m)

고르너그라트 반
Gornergrat Bahn

Riff

무스제 호수
Mosjesee

라이 호수
Leisee

리펠알프
Riffelalp(2,211m)

라펠알프
Riffelalp

수네가
Sunnegga(2,288m)

구르메 길
Gourmetweg

핀델바흐
Findelbach(1,774m

2

Zermatt
(Talstation Sunnegga)

체르마트
Zermatt (Matterhorn Talstat.)

체르마트
Zermatt(1,605m)

← 타슈 Tasch, 비스프 Visp, 브리그 Brig 방면

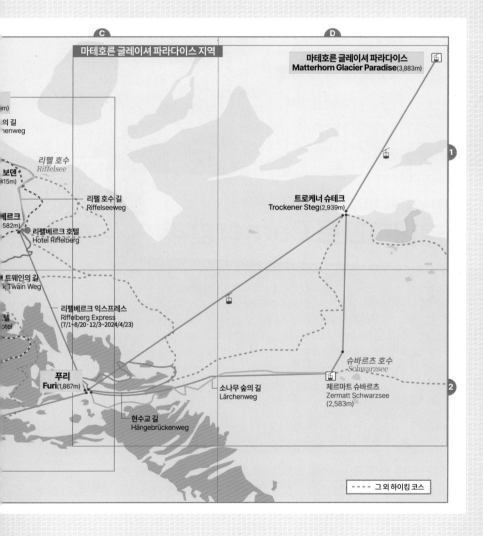

마테호른 글레이셔 파라다이스 지역

마테호른 글레이셔 파라다이스
Matterhorn Glacier Paradise(3,883m)

리펠 호수
Riffelsee

보덴

리펠 호수 길
Riffelseeweg

베르크

리펠베르크 호텔
Hotel Riffelberg

트웨인의 길
k Twäin Weg

리펠베르크 익스프레스
Riffelberg Express
(7/1~8/20·12/3~2024/4/23)

트로케너 슈테크
Trockener Steg(2,939m)

푸리
Furi(1,867m)

소나무 숲의 길
Lärchenweg

슈바르츠 호수
Schwarzsee

체르마트 슈바르츠
Zermatt Schwarzsee
(2,583m)

현수교 길
Hängebrückenweg

- - - - 그 외 하이킹 코스

고르너그라트 올라가는 길

장대한 빙하와 마테호른의 조화
고르너그라트 Gornergrat

마테호른을 가장 잘 볼 수 있는 전망대로 해발 3,089m 정상에 위치한다. 기차역 맞은편에 있는 정류장에서 등산열차를 타고 40분이면 오를 수 있어 가장 많은 여행자가 몰리는 전망대다. 산으로 올라갈 때는 열차의 오른쪽 자리에 앉아야 마테호른이 잘 보인다. 강을 건너 숲속을 달리다 리펠알프 Riffelalp를 통과하면 오른쪽으로 웅장한 모습의 마테호른을 바라보며 정상으로 올라간다. 이때 울창한 숲과 터널이 반복되는데 이 또한 자칫 지루할 수 있는 열차 여행을 재미있게 만들어내는 요소다. 숨었다 나타나는 마테호른은 장엄함 그 자체다. 가능하면 이른 아침에 출발하자. 오후에는 빛의 방향으로 인해 마테호른 봉우리가 또렷하게 보이지 않기 때문이다.

지도 P.264-B1·P.265-C1 **홈페이지** www.gornergratbahn.ch **운영** 체르마트→고르너그라트 07:00~19:24(21:50 열차 리펠베르크 종착역), 고르너그라트→체르마트 07:35~20:07(계절별로 변동 가능) **요금** 다음 표 참조. 스위스 트래블 패스 소지자 50% 할인 **가는 방법** 체르마트역 맞은편에서 등산열차 Gornergrat Bahn 탑승, 35분 소요. ※좌석 예약제를 시행한다. CHF7, 원하는 자리에 앉으려면 예약하는 것이 좋다.

Travel tip!

고르너그라트 정거장별 요금(편도, 왕복은 2배) ※요금 순서는 11~4월/5·9·10월/6~8월

	체르마트	리펠알프	리펠베르크	로텐보덴
핀델바흐	CHF20/22/23	–	–	–
리펠알프	CHF25/27/29	–	–	–
리펠베르크	CHF35/40/42	CHF21/23/24	–	–
로텐보덴	CHF43/50/57	CHF26/29/33	CHF15/17/19	–
고르너그라트	CHF46/57/99	CHF35/41/46	CHF26/29/33	CHF17/19/21

※피크 투 피크 Peak2Peak 티켓 마테호른 글레이셔 파라다이스 - 리펠베르크 익스프레스 - 고르너그라트 순으로 또는 역으로 여행할 수 있는 티켓. 여름시즌 CHF 197, 겨울시즌 CHF 146, 스위스 패스 소지자 50% 할인.

리펠알프 Riffelalp <해발 2,211m>

숲과 터널이 반복되며 숨었다 다시 나타나는 마테호른과의 밀당을 즐기며 오르다 어느 순간 숲이 없어지는 지점에 있는 기차역. 작은 규모의 기차역이라서 별다른 시설이 없고 5분 정도 걸어가면 5성급 리펠알프 리조트 호텔 Riffelalp Resort Hotel이 있다. 호텔과 리펠알프역 사이에는 철로가 깔려 있는데 호텔 투숙객을 위한 빨간 열차 선로다. 이 곳에서 푸리 Furi까지 내려가는 길도 호젓하고 고즈넉한 분위기이다.

지도 P.264-B2

리펠베르크 Riffelberg <해발 2,582m>

손에 잡힐 듯한 마테호른을 만날 수 있는 기차역. 여러 하이킹 코스가 만나는 지점으로 여행자들을 위한 식당, 매점 등이 잘 갖춰져 있다. 빨간 창틀이 산뜻한 리펠베르크 호텔 Hotel Riffelberg은 마크 트웨인이 숙박했던 곳이라고. 한여름 성수기에는 리펠베르크와 푸리 Furi 사이를 리펠베르크 익스프레스 Riffelberg Express가 운행하기도 한다. 오전에 고르너그라트 여행을 마치고 마테호른 글레이셔 파라다이스 구역을 여행하고 싶다면 이용해 보는 것도 좋다.

지도 P.265-C1 [리펠베르크 익스프레스 Riffelberg Express] 운영 6/29~8/18, 12/3~2025/4/23, 08:30~16:30 요금 편도 CHF21~26, 왕복 CHF34~43, 스위스 패스 소지자 50% 할인

로텐보덴 Rotheboden ┤해발 2,816m

고르너그라트로 오르기 직전의 역. 역은 간이역 수준이고 역 뒤편의 리펠 호수 Riffelsee로 가기 위한 여행자들이 드나드는 역이다.

지도 P.265-C1

고르너그라트 Gornergrat ┤해발 3,089m

기차역에 도착하면 비탈길을 따라가거나 엘리베이터 타고 위쪽 지역으로 올라가자. 자그마한 예배당과 둥근 지붕을 가진 건물이 보인다. 레스토랑, 카페, 기념품숍, 호텔 등이 있으니 차 한잔 마시며 여유롭게 주변을 감상하는 것도 좋다. 전망대에서 바라보는 마테호른의 동벽 East Face은 길고 유려한 경사면을 갖고 있으며 마테호른의 네 개 벽 중 가장 늦게 정복된 길이기도 하다.

장대한 빙하 탐험은 이 건물 야외 테라스를 지나 조금 더 위로 올라간 곳에 마련되어 있는 테라스 전망대에서 가능하다. 지구 온난화로 규모가 조금 줄었다고는 하나 여전히 그 자리를 지키고 있는 빙하와 몬테 로사 Monte Rosa, 브라이트 호른 Breithorn 등 4,000m급 알프스가 만들어주는 파노라마를 감상할 수 있다.

지도 P.264-B1 · P.265-C1

Hiking 고르너그라트의 하이킹

이 지역의 하이킹 코스는 다채로운 풍경과 마주할 수 있다. 걷기에는 어렵지 않으나 비탈길이 많으니 미끄러지지 않도록 조심하자. 하이킹 코스를 결정할 때 가장 염두에 두어야 하는 것은 자신의 체력이다. 무리는 금물!

추천! HIKING COURSE!

22번 코스 ▸▸▸ 태양과 마주하며 걷는 길
태양의 길 Sonnenweg

고르너그라트에서 리펠베르크까지 이어지는 태양의 길은 고르너그라트에서 로텐보덴까지 걷는 코스, 그리고 로텐보덴에서 리펠베르크까지 걷는 코스 두 부분으로 나뉘는데 로텐보덴까지의 코스를 소개한다. 이 길은 겨울이면 스키 슬로프로 쓰이며, 스키 시즌 오픈 전 날씨에 따라서 눈밭 하이킹을 즐길 수도 있다. 기찻길 왼쪽에서 사진 촬영을 마치고 길을 따라 내려가다 철로 굴다리를 통과하면 본격적으로 태양과 맞서며 걷게 된다. 이때 경사가 급하고 길이 정돈되어 있지 않으니 발밑을 조심하자. 겨울 시즌 스키와 스노보드를 즐기는 여행자로 가득 찰 널찍하게 닦인 길은 약간 삭막하고 황량하기도 하다. 6월 말에도 눈이 남아 있는 곳이니 미끄러지지 않도록 조심하자. 로텐보덴역을 지나 계속 내려갈 수도 있지만 조금 재미있는 길로 빠져보자. 로텐보덴역 아래 굴다리를 통과할 것.

구글맵 연결

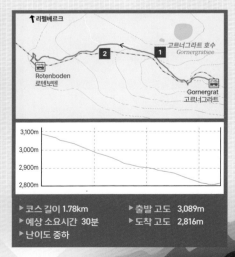

▸ 코스 길이 1.78km ▸ 출발 고도 3,089m
▸ 예상 소요시간 30분 ▸ 도착 고도 2,816m
▸ 난이도 중하

추천! HIKING COURSE!
21번 코스 ▸▸▸ 마테호른이 담긴 호수를 만나는 리펠 호수 길 Riffelseeweg

로텐보덴 Rothenboden에서 리펠베르크 Riffelberg까지 걷는 길. 로텐보덴역에서 뒤쪽으로 빠지면 리펠 호수 Riffelsee가 있고 맑은 날 이곳에서 호수에 비친 마테호른의 반영을 카메라에 담을 수 있어 많은 여행자가 좋아하는 곳이다. 사진 촬영을 마치고 작은 언덕을 넘어가면 또 하나의 작은 호수가 나오고 이 호수를 지나서 조금 가다 보면 갈림길이 나온다. 체르마트 지도의 리펠 호수 길을 완벽히 걷고자 한다면 왼쪽 길로 가면 되는데 조금 좁고 돌아가는 길이다. 책에서 소개하는 경로는 오른쪽으로 향하는 잘 정비된 넓은 길이다. 능선 중간을 타고 리펠베르크까지 가로질러 간다. 마테호른을 왼쪽에 두고 능선을 타고 평탄한 길을 걷다 약간 오르막을 지나면 눈 아래에 리펠베르크 호텔, 역, 식당 등이 보인다.

빨간색 화살표를 따라가자

구글맵 연결

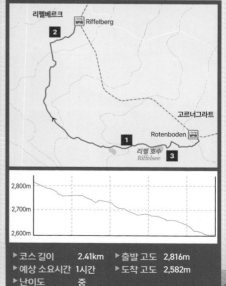

리펠베르크 🚠 Riffelberg
2
고르너그라트
Rotenboden 🚠
1
리펠 호수 3
Riffelsee

2,800m
2,700m
2,600m

▸ 코스 길이　　2.41km ▸ 출발 고도　2,816m
▸ 예상 소요시간　1시간 ▸ 도착 고도　2,582m
▸ 난이도　　　중

추천! *HIKING COURSE!*

18번 코스 ▸▸▸ 아찔한 경사 따라 모험을 즐길 수 있는 마크 트웨인의 길 Mark Twain Weg

리펠베르크 Riffelberg에서 리펠알프 Riffelalp까지 가는 길로 『톰 소여의 모험』, 『허클베리 핀의 모험』으로 알려진 미국 소설가 마크 트웨인이 체르마트에 머물렀을 때 걸었던 길로 알려져 있다. 그의 여정은 〈리펠베르크 등산 일기〉에서 자세하게 서술되어 있다고 한다.

리펠베르크역에서 표지판을 따라 완만한 길이 점차 경사가 급해지는데 지그재그로 걸어 내려가다 보면 모험을 좋아했던 그가 왜 이 길을 선택했는지 알 수 있을 정도도. 체르마트를 내려다볼 수 있는 포인트도 있고, 폭포도 만날 수 있는 등 아름다운 풍경을 갖고 있는 길이기도 하다. 하지만 무리는 금물! 걷다 보면 흰색 외벽의 작은 교회를 만나게 되는데 리펠알프에 거의 도착했다는 표시다.

구글맵 연결

돌아보면 아찔한 내리막길과 마테호른이 펼쳐지는 길

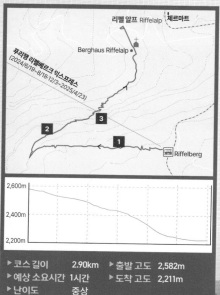

▸ 코스 길이 　　2.90km　　▸ 출발 고도 　2,582m
▸ 예상 소요시간 1시간　　　▸ 도착 고도 　2,211m
▸ 난이도 　　　중상

소박한 풍경, 아름다운 호수의 하이킹 성지
수네가 & 블라우헤르트
Sunnegga & Blauherd

마테호른을 가장 아름답게 볼 수 있는 지역으로 소박한 풍경과 잘 정비된 하이킹 코스 덕분에 여행자들의 사랑을 받는 곳이다. 길에서 만나는 호수, 오래된 식당, 울창한 숲을 즐기며 마음껏 걸어보자.

지도 P.264-A2

	체르마트		수네가		블라우헤르트	
	편도	왕복	편도	왕복	편도	왕복
수네가	CHF16/18/20	CHF23/26/29				
블라우헤르트	CHF26/33/36	CHF46/53/58	CHF15/17/19	CHF23/26/29		
로트호른	CHF42/48/53	CHF64/74/81	CHF26/30/33	CHF43/49/54	CHF14/17/18	CHF21/24/26

※요금 순서는 11~4월 / 5·6·9·10월 / 7·8월
※13:30 이후 오후 티켓 체르마트-로트호른 왕복 CHF51/59/65, 스위스 패스 소지자 50% 할인

	5/18~6/26, 9/9~10/6	6/29~9/8	10/7~10/31	12/3~2025/2/2	2/3~3/8	3/9~4/21
체르마트~수네가	08:30~17:20	08:00~18:00	08:30~17:20	08:30~16:20	08:30~17:00	08:30~17:30
수네가~블라우헤르트	08:40~16:30	08:10~17:00	운휴	08:40~15:50	08:40~16:30	08:40~16:45
블라우헤르트~로트호른	08:50~16:00 (5/27~6/30 운휴)	08:20~16:40	운휴	08:50~15:40	08:50~16:20	08:50~16:35

※휴무(2024년) 체르마트~로트호른 5/2~17, 11/1~12/1, 수네가~로트호른 10/7~31, 블라우헤르트~로트호른 5/18~6/28

수네가 Sunnegga ◂해발2,288m▸

수네가는 체르마트 시내에서 가장 짧은 시간에 올라갈 수 있는 전망대다. 그만큼 접근성이 좋고 즐길 수 있는 요소도 많다. 낮은 고도와 완만한 경사면으로 하이킹하기 좋은 지역이라 겨울이면 초보 스키어들로 붐비는 곳이다. 이 지역 케이블카는 시기와 계절마다 운행 시간이 바뀐다. 하이킹을 계획했다면 운행 시간을 꼭 확인하고 길을 나서자. 너무 풍경에 취해서 케이블카 시간을 놓치지 않도록 주의하자. 케이블카를 놓치면 빛도 없는 어두운 산길을 걸어서 내려와야 한다.

지도 P.264-A2

블라우헤르트 Blauherd ◂해발2,571m▸

수네가와 로트호른 Rothorn 사이의 전망대. 아름다운 마테호른 봉우리가 한눈에 들어온다. 체르마트 지역에서 가장 인기 있는 다섯 개 호수의 길이 시작되는 지점이다. 2시간 정도 걸리는 이 길을 걸을 시간이 없다면 슈텔리 호수 Stellisee를 왕복하는 하이킹(P.275)이라도 걸어볼 것. 마테호른과 팔짱 끼고 걸으며 만날 호수를 기대하면서 말이다. 이곳에서 다시 케이블카를 갈아타고 오르는 로트호른에서는 4,000m급 알프스 봉우리의 파노라마를 감상할 수 있다.

지도 P.264-A1

Hiking 수네가 & 블라우헤르트의 하이킹

잔잔한 들꽃이 가득한 초원, 울창한 숲, 빙하의 흔적을 볼 수 있는 빙퇴석 모레인 Moraine, 고운 물 색깔의 호수 등 다양한 풍경을 만날 수 있는 코스가 있다. 길을 걷다가 만나는 식당에서 즐기는 잠깐의 여유도 빼놓을 수 없는 재미다.

구글맵 연결

추천! HIKING COURSE!

11번 코스 ⟫⟫ 다섯 개의 각기 다른 호수와 만나는 다섯 개 호수의 길 5-Seenweg

체르마트 지역 하이킹 코스 중 가장 인기가 좋은 코스다. 굽이굽이 산길을 따라가며 만나는 호수의 풍경이 모두 다르면서 재미있다. 블라우헤르트에서 네 번째 무스제 호수 Moosjisee까지 완만한 내리막길로 이어져 있고 다채로운 풍경이 펼쳐진다.

슈텔리 호수

그륀지 호수

그륀 호수

무스제 호수

라이 호수

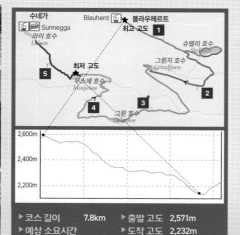

▶ 코스 길이	7.8km	▶ 출발 고도	2,571m
▶ 예상 소요시간		▶ 도착 고도	2,232m
	3시간 15분(휴식 시간 포함)	▶ 최고 고도	2,585m
▶ 난이도	중하	▶ 최저 고도	2,140m

다섯 개 호수의 길 ① 블라우헤르트에서 슈텔리 호수 가는 길

바람이 잦아든 날
슈텔리 호수 속에 마테호른이 담긴다

블라우헤르트에서 내려 맞은편의 마테호른을 감상한 후 슈텔리 호수 Stellisee를 나타내는 표지판을 따라 천천히 걸어보자. 예전부터 많은 여행자들이 찾던 길이라 잘 정돈되어 있다. 오른쪽에 보이는 마테호른과 팔짱 끼고 걷는 느낌이 들며 평탄하고 평화롭다. 작은 언덕을 올라 만나는 슈텔리 호수의 풍경은 소박하며 아름답다. 호수 주변 길을 따라 맞은편 끝까지 가면 마테호른과 호수를 함께 앵글에 담을 수 있다. 잔잔한 호수에 담겨 있는 마테호른은 그야말로 자연이 만든 데칼코마니. 호숫가에서 휴식을 취했다면 다시 길을 나서자.

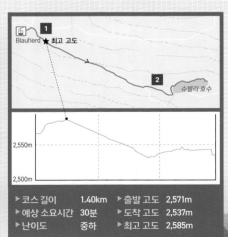

▶ 코스 길이	1.40km	▶ 출발 고도	2,571m
▶ 예상 소요시간	30분	▶ 도착 고도	2,537m
▶ 난이도	중하	▶ 최고 고도	2,585m

다섯 개 호수의 길 ② **슈텔리 호수에서 그륀지 호수 가는 길**

구글맵 연결

우리를 인도해주는 빨간 화살표

슈텔리 호수에서 왔던 방향으로 가다 갈림길에서 블라우헤르트 쪽이 아닌 반대 방향으로 가자. 완만한 내리막길이 그륀지 호수까지 이어지는데 약간 황량한 기분도 들 수 있다. 어느 순간 양옆에 소나무가 자라는 길 사이로 들어가게 되고 오른쪽에 조용히 자리하고 있는 그륀지 호수 Grindjesee를 만나게 된다. 호수에 비친 나무와 마테호른의 조화는 미술관에서 만나는 풍경화 같다.

1

2

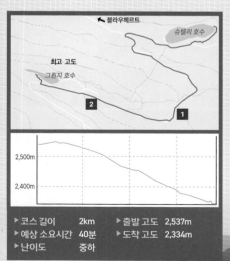

블라우헤르트

슈텔리 호수

최고 고도

그륀지 호수

2

1

2,500m

2,400m

▶ 코스 길이 　　　 2km 　　　▶ 출발 고도 　2,537m
▶ 예상 소요시간 　40분 　　　▶ 도착 고도 　2,334m
▶ 난이도 　　　　 중하

다섯 개 호수의 길 ③ 그륀지 호수에서 그륀 호수 가는 길

구글맵 연결

호수에서 벗어나 다시 하이킹 코스로 나서면 널찍하고 무난한, 그래서 건조해 보이는 풍경 속으로 들어가게 된다. 평지 같은 내리막길을 30분 정도 걸어가다 보면 갈림길이 나오는데 잘 닦인 오른쪽 길이 아닌 왼쪽으로 올라간다. 약간 오르막을 넘어가면 그륀 호수 Grünsee가 보이고 왼쪽 산 너머 빼꼼히 고개를 내밀고 있는 마테호른의 삼각형 정상이 여행자를 맞아준다.

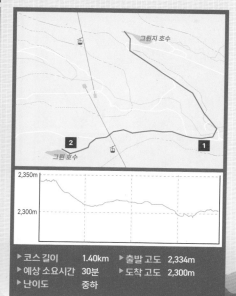

▶ 코스 길이   1.40km   ▶ 출발 고도   2,334m
▶ 예상 소요시간   30분   ▶ 도착 고도   2,300m
▶ 난이도   중하

다섯 개 호수의 길 ④ 그륀 호수에서 무스제 호수 가는 길

무스제 호수 Mosjesee는 다섯 개의 호수 중 가장 낮은 곳에 자리해 있다. 그륀 호수 Grünsee를 벗어나 5분 정도 걷다 만나는 갈림길에서 오른쪽 길로 간다. 조금 걷다 보면 숲길이 나온다. 발밑이 조금 험해지니 조심하자. 빙하에서 녹아 내려오는 세찬 물줄기를 가로지르는 목조 다리를 건너 5분 정도 더 가면 옥색의 호수가 나타나는데 이곳이 무스제 호수다. 지금까지 만난 호수와 다른 물 색깔이 눈에 남는다.

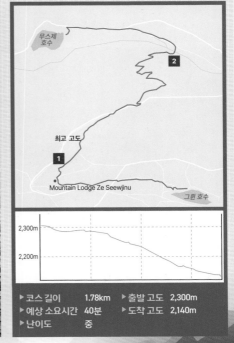

▸ 코스 길이	1.78km	▸ 출발 고도	2,300m
▸ 예상 소요시간	40분	▸ 도착 고도	2,140m
▸ 난이도	중		

다섯 개 호수의 길 ⑤ 무스제 호수에서 라이 호수 가는 길

무스제 호수 Mosjesee에서 라이 호수 Leisee까지 가는 길은 오르막길의 연속이다. 한 발 한 발 올라가다가 뒤를 돌아보자. 옥색 빛의 무스제 호수가 우리를 배웅한다. 다시 고개를 돌려 어서 오라고 손짓하는 마테호른을 바라보며 걷는다. 멀리 점점이 박힌 가옥들과 리프트 시설이 보인다. 마지막 표지판이 보이고 5분 정도 더 걸으면 라이 호수가 보인다. 잔잔한 호수 속에 담긴 마테호른을 바라보며 여행의 피로를 씻어보자.

라이 호수 주변은 호수를 건너는 보트 등의 시설이 있는 울리 테마 공원 Wolli Erlebnispark으로 조성되어 있다. 체르마트의 마스코트 울리 Wolli는 까만색 코끝을 가진, 이 지역에 사는 양으로 해마다 전문가들의 심사를 거쳐 선발된다고 한다. 라이 호수뿐만 아니라 시내 곳곳에서 울리 인형을 만날 수 있다.

라이 호수에서 체르마트로 돌아가기 위해 푸니쿨라를 탈 예정이라면 라이 셔틀 Leisee-Shuttle을 이용하자.

라이셔틀

▶ 코스 길이	0.8km	▶ 출발 고도	2,140m
▶ 예상 소요시간	35분	▶ 도착 고도	2,230m
▶ 난이도	중		

SPECIAL PAGE

미식을 즐기는 하이킹 코스,
6번 코스 구르메 길 Gourmetweg

체르마트 지역은 스위스 내에서도 유명 셰프들이 많기로 소문난 지역이다. 시내뿐만 아니라 전망대 식당이나 산악 마을에도 유명 셰프들이 운영하는 레스토랑이 많다. 금강산도 식후경이라고, 맛있는 식사 후의 하이킹은 더욱더 행복하지 않을까. 그러나 이 길은 7월 이후에 걸어야 진정한 미식의 길(구르메 길) Gourmetweg을 만끽할 수 있다. 문을 여는 계절이 정해져 있어 문을 열지 않는 때 걷는다면 배고픔의 길이 될 것이다.

라이 호수에서 표지판을 따라 널찍한 길을 내려오자. 겨울에 스노보드를 즐겼던 길이 여름에 하이킹 코스가 되어 있어 신기하고 재미있던 길이다. 한가롭게 풀 뜯는 소 떼를 지나 골짜기 너머 마테호른을 바라보며 20분 정도 걸어 내려오면 작은 마을과 만나게 된다. 이곳의 레스토랑 중 100년 넘게 운영하고 있는 식당 쉐 브로니 Restaurant Chez Vrony(홈페이지 www.chezvrony.ch)에 잠시 들러 아름다운 풍경과 함께 식사나 음료를 즐기는 것도 좋겠다. 조금 더 내려가면 만나는 레스토랑 핀들러호프 Findlerhof도 유명 미식 전문지에서 추천하는 레스토랑이다.

다시 길을 떠나 15분 정도 비탈을 내려오면 두 갈랫길을 만나게 된다. 왼쪽은 핀델른 Findeln으로 내려가는 길이다. 시간이 충분치 않다면 이곳으로 내려가자. 좁은 산길을 따라가다 울창한 숲을 만나기도 하고, 절벽 옆길을 걷기도 한다. 길가에 펜스가 만들어져 있으니 큰 걱정은 하지 않아도 좋다. 굽이굽이 돌아 트인 곳에서 만나는 마테호른 봉우리와 핀델른 마을 풍경이 그림처럼 펼쳐지며 발아래를 장식해 준다. 절벽 길을 10분 정도 걸으면 다시 숲길로 들어가게 된

다. 피톤치드 가득한 길에서 심호흡하며 10분 정도 걸어가면 곳곳에 빨간 벤치가 놓여 있는 탁 트인 마을 길이 나온다. 5분 정도 내려가면 그때부터 길가에 레스토랑들이 보인다. 크게 굽이치는 길을 따라 25분 정도 내려오면 체르보 마운틴 부티크 리조트 Cervo Mountain Boutiqu Resort가 보이고 이 앞에 수네가행 푸니쿨라 정류장으로 가는 엘리베이터가 있다. 이곳에서 15분 정도 걸어가면 체르마트 시내로 들어갈 수 있다.

위쪽 길로 가자.
아랫길은 핀델른을 거쳐 체르마트로 내려가는 길이다.

▶ 코스 길이　8.20km　▶ 출발 고도　2,288m
▶ 예상 소요시간　2시간　▶ 도착 고도　1,609m
▶ 난이도　중

마테호른 글레이셔
파라다이스 영상

마테호른의 두 가지 모습을 볼 수 있는
마테호른 글레이셔 파라다이스
Matterhorn Glacier Paradise

마테호른을 가장 가까운 곳에서 볼 수 있는 전망대로 우리가 흔히 알고 있는 모습과는 다른 마테호른 봉우리를 볼 수 있다. 올라가는 케이블카 아래로 장대한 빙하와 브라이트호른 Breithorn이 더 가깝다. 날씨 좋은 날이면 정상에서 멀리 몽블랑까지 파노라마처럼 펼쳐지는 풍경이 인상적이다. 사계절 내내 스키와 보드를 즐길 수 있는 곳으로 늘 스키어들로 붐빈다. 체르마트로 바로 내려가기 아쉽다면 슈바르츠 호수 Schwarzsee로 가자. 마테호른을 가장 가까이서 즐길 수 있다. 다른 곳보다 고도가 높으니 얇은 긴팔 상의와 선글라스를 준비하는 것이 좋고, 선크림도 챙겨 바르고 길을 나서자. 하이킹을 하지 않아도 만년설과 빙하에 반사되는 빛 때문에 탈 수 있기 때문이다.

지도 P.265-D1 **가는 방법** Bahnhofstrass 따라가다가 다리 건너 왼쪽으로 400m, 케이블카 30분.

Zoom in

마테호른 글레이셔 파라다이스 이용하기

이 지역의 케이블카는 시기별로 운행기간이 차이가 크다. 아래 마테호른 글레이셔 파라다이스의 기간별 운영 시간 및 요금 체계를 꼭 숙지하여 본인의 여행 일정에 참고해보자.

※시즌별로 변동될 수 있음.

1 여름 시즌 운영 기간 : 2024/5/2~10/31

	5/2~5/17	5/18~6/28	6/29~8/18	8/19~10/6	10/7~10/31
체르마트~푸리	08:30~16:50	08:30~16:50	06:30~17:50	08:30~17:20	08:30~16:20
푸리~슈바르츠 호수	운휴	08:40~16:30	08:00~16:30	08:40~16:30	운휴
슈바르츠 호수~트로케너 슈테크	운휴	08:50~16:15	08:10~16:30	08:50~16:15	운휴
푸리~트로케너 슈테크	08:40~16:15	08:40~16:15	06:45~08:00	08:50~16:30	08:50~16:30
트로케너 슈테크~마테호른 글레이셔 파라다이스	09:00~16:00	09:00~16:00	07:00~16:15	09:00~16:15	09:00~16:15

2 겨울 시즌 운영 기간 : 2024/11/1~2025/5/1

	11/1~2025/2/2	2025/2/3~5/1
체르마트~푸리	08:30~16:50	08:30~17:30
푸리~슈바르츠 호수	08:40~16:20	08:40~16:45
슈바르츠 호수~트로케너 슈테크	08:50~16:15	08:50~16:50
트로케너 슈테크~마테호른 글레이셔 파라다이스	09:00~15:30	09:00~16:00

3 요금 순서 : 11~4월/5·6·9·10월/7·8월

	체르마트		푸리		슈바르츠 호수	
	편도	왕복	편도	왕복	편도	왕복
푸리	CHF 10/13/14	CHF 17/19/21	-	-	-	-
슈바르츠 호수	CHF 31/36/40	CHF 48/55/61	CHF 21/24/26	CHF 35/40/44	-	-
트로케너 슈테크	CHF 41/47/52	CHF 63/72/79	CHF 36/41/45	CHF 53/61/67	CHF 17/20/22	CHF 26/30/33
마테호른 글레이셔 파라다이스	CHF 62/71/78	CHF 95/109/120	CHF 52/60/66	CHF 80/92/101	CHF 41/47/52	CHF 63/72/79

※피크 투 피크 Peak2Peak 티켓 마테호른 글레이셔 파라다이스 – 리펠베르크 익스프레스 – 고르너그라트 순으로 또는 역으로 여행할 수 있는 티켓. 여름시즌 CHF202, 겨울시즌 CHF150, 스위스 패스 소지자 50% 할인.

※애프터눈 티켓 14:30~15:30 체르마트↔슈바르츠 호수 왕복 티켓 CHF38/44/48, 13:30~15:00 체르마트↔마테호른 글레이셔 파라다이스 왕복 CHF76/87/96.

푸리 Furi 해발 1,897m

마테호른 익스프레스 케이블카를 타고 첫 번째 도착하는 정류장. 체르마트 시내에서 1시간 정도 걸으면 도착한다. 이곳에서 케이블카를 갈아타는데 슈바르츠 호수나 트로케너 슈테크로 케이블카 방향이 나뉜다. 주변은 목가적 풍경을 가진 한적한 마을이고 한여름 성수기에는 리벨베르크에서 내려오는 케이블카 리펠베르크 익스프레스 Riffelberg Express가 운행되기도 한다.

지도 P.265-C2 [리펠베르크 익스프레스 Riffelberg Express] 운영 6/19~8/18·12/3~2025/4/23 요금 편도 CHF21~26, 왕복 CHF34~43, 스위스 패스 소지자 50% 할인

슈바르츠 호수 Schwarzsee 해발 2,583m

검은 호수라는 뜻을 가진 곳으로 마테호른을 아주 가깝게 볼 수 있다. 호숫가에 자그마한 예배당이 있고 6월 말에도 눈이 녹지 않아 초록색 풀과 흰 눈이 기묘한 조화를 이루는 풍경이 인상적이다. 호수 앞에 서서 뛰어오르면 마테호른의 품에 안길 것 같은 기분이 드는 곳이다. 호텔과 레스토랑이 있으며 호수를 바라보고 왼쪽 길을 따라 올라가면 많은 등반가들이 머물렀던 회른리 산장 Hörnlihütte까지 갈 수 있는데 어느 정도 등산 경험이 있다면 도전해 보자. 2시간 15분 정도 소요되는 이 길을 오르고 싶다면 아침 일찍 서두르는 게 좋다. 지도 P.265-D2

트로케너 슈테크 Trockener Steg [해발 2,939m]

만년설이 시작되는 곳으로 눈과 황량
한 빙퇴석의 조화가 아름다운 곳이다.
이곳에서 슈바르츠 호수까지 내려가는
26번 하이킹 코스 Matterhorn Glacier
Trail도 많은 여행자들이 걷는 코스. 케
이블카로 올라오며 보는 고르너그라트
전망대의 풍경도 재미있다. 밝은 햇살
가득한 테라스에서 마테호른을 바라보
며 식사하거나 차 한잔 마시는 것도 여
행의 즐거움 중 하나. 정상으로 올라가
기 전 고산병 방지 차원에서 잠시 쉬어
가는 것도 좋다. [지도 P.265-D1]

마테호른 글레이셔 파라다이스 Matterhorn Glacier Paradise [해발 3,883m]

유럽에서 가장 높은 곳에 위치한 전망대. 높은 곳에 위치하다 보니 고산병을 느끼는 사람도 많다.
사시사철 눈이 쌓여 있어 스키를 즐기는 여행자들로 늘 붐빈다.
케이블카에서 내려 테라스로 올라가면 주변 알프스가 한눈에 들어온다. 이곳에서 바라보는 마테호
른은 남벽 South Face으로 낯선 모습이다. 알프스 파노라마를 바라보다 마테호른 쪽으로 고개를
돌리면 십자가가 서 있다. 산에 오르다 유명을 달리한 사람들을 위해 만들었다고 한다. 전망대에는
빙하를 파서 만든 빙하 궁전 Gletscher Palast, 영화관, 식당 등의 시설이 있다. 천천히 여유롭게
관람하자. [지도 P.265-D1]

손에 잡힐 것 같은
브라이트호른 Breithorn

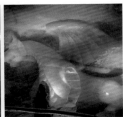

Hiking 마테호른 글레이셔 파라다이스의 하이킹

한 중턱에서 만난
걸어 올라오는 여행자들

이 지역의 하이킹 코스는 난이도가 있는 편이다. 한여름에도 눈이 녹지 않는 곳들이 있으니 등산화를 준비하는 것이 좋다.

추천! HIKING COURSE!
28번 코스 ▶▶▶

소나무 숲의 길 Lärchenweg

슈바르츠 호수에서 푸리 Furi까지 내려가는 길이다. 전체적으로 가파른 경사로를 따라 하산하는 길로 다른 길에 비해 난이도가 높은 편이다. 낮은 풀이 깔린 길을 따라가며 멀리 빙하와 체르마트 시내를 눈에 담는다. 머리 위로 지나가는 곤돌라 탑승객과 손인사를 나누고 빨간 벤치에 앉아서 휴식을 취하며 걷다 보면 저 아래 17a번 코스 (P.287)의 일부인 현수교가 매달려 있는 풍경이 경이롭기까지하다. 이후 지나는 소나무 숲속에서 피톤치드를 마시며 걷다 보면 어느 순간 푸리에 도착한다. 만나는 풍경들과 함께 이 길을 산악자전거로 오르는 여행자들을 만나는 순간 다시 경이로움을 느낀다.

까마득하게 보이는 출렁다리

내 눈 아래로 펼쳐지는 체르마트

구글맵 연결

Furi

Zermatt Schwarzsee

슈바르츠 호수

2,500m

2,000m

▶ 코스 길이　　4.35km　▶ 출발 고도　2,588m
▶ 예상 소요시간 1시간 15분　▶ 도착 고도　1,873m
▶ 난이도　　　　중상

추천! *HIKING COURSE!*

17a번 코스 ⟩⟩⟩ 빙하의 흔적과 아찔한 다리를 건너는 현수교 길 Hängebrückenweg

푸리 Furi를 중심으로 크게 한 바퀴를 도는 코스. 빙하의 흔적을 만나기도 하고 아찔한 현수교를 걸을 수 있는 코스다. 푸리 케이블카 정류장에서 내려 들꽃이 가득한 전원의 풍경을 즐기며 양쪽에 나무 울타리가 있는 길을 걷는다. 머리 위로 지나가는 곤돌라 철로 아래를 지나 표지판을 따라 5분 정도 걸어가면 아찔한 계곡을 가로지르는 현수교 Hängebrücken를 만나게 된다. 깊은 바위 계곡 위의 현수교를 건너기 위해 공포를 줄일 수 있는 방법은 앞만 보고 걷는 것이다. 생각보다 덜 흔들리니 양쪽 난간을 잡고 조심조심 건너자. 다리를 건너 야트막한 오르막길을 5분 정도 오르면 넓은 놀이터가 나타난다. 아이와 함께하는 여행이라면 잠시 쉬어가는 장소가 될 것이다. 이곳에서 10분 정도 다시 산을 오르면 'Gletschergarten'이라고 쓴 나무 표지판이 보인다. 이곳에서부터 빙하 공원이 시작된다. 길 따라 15분 정도 돌아보는 코스인데 빙하가 지나갔던 흔적인 소용돌이 구덩이를 볼 수 있다. 표지판들이 공원의 이곳저곳을 설명해 준다. 들어왔던 입구로 다시 나와 오른쪽으로 15분 정도 내려가면 처음 왔던 푸리 케이블카 정류장으로 가게 된다.

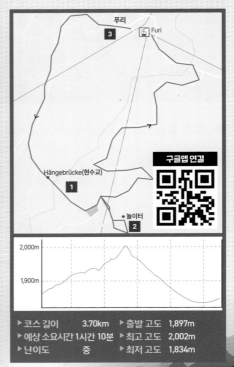

푸리 Furi

Hängebrücke(현수교)

놀이터

구글맵 연결

▶ 코스 길이	3.70km	▶ 출발 고도	1,897m
▶ 예상 소요시간	1시간 10분	▶ 최고 고도	2,002m
▶ 난이도	중	▶ 최저 고도	1,834m

RESTAURANT 체르마트의 식당

체르마트는 유명 스키 리조트이니만큼 다양한 여행자를 위한 다양한 식당이 있다. 미슐랭 스타 추천 레스토랑도 있고 유명 셰프들이 운영하는 레스토랑이 많기로 손꼽히는 곳이다. 고급 레스토랑부터 간단히 한 끼 해결할 수 있는 소규모 레스토랑까지 다양한 레스토랑이 있고 스위스 전통 음식은 물론, 버거, 아시안 푸드 등 마음에 드는 음식을 고르기만 하면 된다. 겨울 시즌 스키나 보드 후 즐기는 아프레 스키 Apre-Ski도 빼놓을 수 없는 즐거움이다.

카페 뒤 퐁 CAFE DU PONT

체르마트에서 가장 오래된 레스토랑. 나무로 가득한 실내에 변함없는 서비스, 변함없는 맛으로 여행자를 맞이한다. 체르마트가 위치한 발레 지역 음식뿐만 아니라 정통 스위스 음식을 제공한다. 직접 운영하는 농장에서 생산되는 질 좋은 치즈와 스위스 와인도 잊을 수 없는 맛.

`지도 P.257-C2` ▶ **주소** Oberdorfstrasse 7 **전화** 027-967-43-43 **홈페이지** www.restaurant-dupont.ch **영업** 매일 12:00~14:30·18:00~22:30 **예산** 전식 CHF7~23, 뢰스티 CHF15~20, 퐁뒤 CHF23~26, 뢰스티 세트 CHF23, 슈니첼 세트 CHF20.50 **가는 방법** 반호프 거리 끝 마테호른 박물관 지나 직진. 삼거리 코너.

레스토랑 발리저칸네 Restaurant Walliserkanne

1934년부터 운영하고 있는 식당. 스위스 음식과 더불어 이탈리아 음식도 판매한다. 장중한 인테리어의 실내에서 가볍고 즐겁게 식사할 수 있다. 지역에서 생산되는 식재료를 본연의 맛으로 조리하려고 노력하는 곳이다. 이전에는 댄스홀이었던 역사가 있는 식당이기도 하다.

`지도 P.256-B2` ▶ **주소** Bahnhofstrasse 32 **전화** 027-966-46-10 **홈페이지** www.walliserkanne.ch **영업** 월~금요일 12:00~14:00, 18:00~22:00, 토·일요일 12:00~23:00 **예산** 샐러드 CHF24~28, 발레 지방 요리 CHF13~29, 뢰스티 CHF24~36, 퐁뒤 CHF27.50~38, 파스타 CHF21~32, 피자 CHF19~29 **가는 방법** 체르마트역에서 반호프 거리 따라 도보 5분.

그람피스 피체리아 Grampi's Pizzeria

우리 입맛에 잘 맞는 이탈리아 음식을 먹을 수 있는 식당. 나무로 치장한 외관의 건물 2층에 자리한다. 저녁 식사 시간에만 운영하는데 간혹 자리가 없어 발길을 돌려야 하는 경우도 있다. 화덕에서 구운 피자와 파스타는 이탈리아에서 먹는 것과 다르지 않은 맛을 갖고 있다.

지도 P.257-C2 **주소** Bahnhofstrasse 70 **전화** 027-967-77-75 **홈페이지** www.grampis.ch **영업** 매일 18:00~02:00 **예산** 전식 CHF18.50~27, 샐러드 CHF10~25.50, 파스타 CHF22.50~30, 피자 CHF20~29, 육류 요리 CHF25~43 **가는 방법** 체르마트역에서 반호프 거리 따라 도보 3분 Gee's Bar 2층.

스테파니 크레페리에 Stefanie's Crêperie

악마의 잼이라 불리는 누텔라가 가득 든 프랑스식 크레이프 전문점. 하이킹 후 당을 보충하는 데 그만이다. 점포가 협소해 좌석은 있지만 테이크아웃하는 사람들이 많다. 함께 판매하는 커피도 일품.

지도 P.256-B2 **주소** Bahnhofstrasse 60 **전화** 027-967-10-91 **영업** 매일 13:00~22:00 **예산** 크레이프 CHF5~16 **가는 방법** 반호프 거리 중간 Mont Cervin Palace 호텔 옆 Bayard 스포츠 숍 맞은편 지하.

묘코 MYOKO

반호프 거리 안쪽에 자리한 일본 식당. 몽 세르뱅 팔라스 호텔 Hotel Mont Cervin Palace에서 운영한다. 점심 메뉴 구성이 저렴하고 전체적으로 고급스러운 분위기다. 가격대가 저렴하진 않지만 우동과 초밥은 꽤 맛있는 편. 현지인들은 데판야키 요리도 좋아한다고 한다.

지도 P.256-B2 **주소** Tempel 2 **전화** 027-966-87-39 **영업** 06:30~24:00, 토요일 08:00~24:00, 일요일 09:00~24:00 **예산** 점심 메뉴 CHF25~35, 초밥 CHF9~30, 우동 CHF20 **가는 방법** 반호프 거리 Mont Cervin Palace 호텔 맞은편 스노 알핀 센터 왼편 골목 안쪽.

브라운 카우 펍 Brown Cow Pub

낮에는 캐주얼한 식사를 즐기는 평범한 레스토랑이지만 밤이면 드워프들의 축제가 벌어질 것 같은 분위기의 펍으로 변하는 곳. 스타벅스 스타일의 커피를 마실 수도 있고 잠시 들러 아이스크림으로 더위를 식히기에도 좋다. 간단히 맥주와 함께 즐기는 버거와 나초도 매우 맛있다. 겨울 시즌 저녁이면 스노 스포츠 후 뒤풀이 장소로도 사랑받는 곳이다.

지도 P.257-C2 **주소** Bahnhofstrasse 41 **전화** 027-967-19-31 **홈페이지** www.hotelpost.ch **영업** 매일 09:00~26:00(주방 마감 23:00) **예산** 샐러드 CHF9.50~19, 버거 CHF16~25, 핫도그 CHF9/1.50, 샌드위치 CHF11.50~17.50, 조식 뷔페(07:30~10:30) CHF25 **가는 방법** 체르마트역에서 반호프 거리 도보 5분.

파파 카이사르 라운지 바 PAPA CAESAR lounge bar

아래층에 있는 브라운 카우 펍 Brown Cow Pub이 드워프의 축제가 열리는 곳이라면 이곳은 요정들의 파티가 열릴 것 같은 분위기의 라운지 바. 칵테일뿐만 아니라 여러 종류의 주류가 가득해 여럿이 종류별로 주문해 놓고 골라 마시는 것도 재미있을 듯.

지도 P.257-C2 **주소** Bahnhofstrasse 41 **전화** 027-967-19-31 **홈페이지** www.hotelpost.ch **영업** 매일 16:00~02:00 **예산** 칵테일 CHF15~ **가는 방법** 체르마트역에서 반호프 거리 도보 5분.

ENTERTAINMENT 체르마트의 즐길 거리

체르마트에서 가장 큰 즐길 거리는 단연 스키와 스노보드다. 마테호른 글레이셔 파라다이스 쪽에서는 연중 내내 스키와 스노보드를 즐길 수 있다. 산골을 음악으로 가득 메우는 음악 축제도 풍성하게 열린다.

스키&스노보드 Lucerne Festival

동계 스포츠의 메카 체르마트를 겨울에 여행한다면 스키, 보드 장비를 짊어지고 다니는 여행자들을 많이 볼 수 있다. 호텔마다 스키 강습을 시행하기도 하고, 장비 렌털숍과 연결해 주기도 한다. 반호프 거리 중앙에 있는 스노 알핀 센터 Snow Alpine Center나 기차역의 인포메이션 센터 Information Center에서 슬로프 정보를 얻을 수 있다. 스키 패스도 이곳에서 구매 가능하다.

고르너그라트와 리펠베르크 사이 구간, 블라우헤르트에서 수네가 구간과 수네가에서 출발하는 구간이 초보자에게 적당하다. 마테호른 글레이셔파라다이스는 스위스 지역보다 이탈리아 쪽에 초보자 코스가 많고 고지대라서 초보자들에게는 권하지 않는다. 장비 렌털은 우리나라와 달리 하나하나 비용을 지불하고 빌려야 하는데 스노보드, 부츠, 바인더, 헬멧을 빌리는 데 하루 CHF100 정도를 생각해야 한다. 한국에서 준비할 수 있는 장비는 가져가자.

[스키 패스 Ski Pass] 체르마트 지역 한정 1일 CHF83~, 이탈리아 지역 포함 패스 CHF97~

[비기너 스키 패스 Beginner Ski Pass] 수네가 지역 한정 CHF56

체르마트 뮤직 페스티벌&아카데미 Zermatt Music Festival & Academy

500여 년 전 파블로 카살스 Pablo Casals가 마스터 클래스와 여름 콘서트를 열면서 클래식 음악 애호가들에게 입소문이 나기 시작했고 2005년 베를린 필하모닉 멤버들이 창단한 샤로운 앙상블이 공연 장소를 찾던 중 체르마트를 지목한 후 페스티벌 재단이 만들어진 클래식 음악제다.

티켓은 좌석에 따라 CHF30~90이고 콘서트는 체르마트 마을 중앙에 위치한 마우리셔스 성당과 리펠알프 예배당에서 열린다.

홈페이지 www.zermattfestival.com 일정 2024/9/5~16

체르마트 언플러그드 Zermatt Unplugged

매년 4월 체르마트에서 열리는 봄을 맞이하는 음악 축제. 2007년부터 시작되었다. 싱어송라이터들을 위한 소박한 축제였지만 요즘은 크리스 디 버그 Chris de Burgh, 제이슨 므라즈 Jason Mraz 등 유명 아티스트들의 공연도 펼쳐진다. 마을 중앙에 거대한 천막이 만들어지고 이곳에 2,000여 명의 관중이 모이는 축제로 봄을 맞이하는 설렘이 가득하다.

홈페이지 www.zermatt-unplugged.ch 일정 2025/4/8~12

ⒸMauro Pinterowitsch / ZERMATT UNPLUGGED

ⒸZERMATT UNPLUGGED

목동 축제 Schäferfest

9월 둘째 주말에 푸리 Furi 지역에서 열리는 축제. 음악 공연과 먹거리 장터가 열리고 아이들을 위한 게임도 진행된다. 하이라이트는 까만 얼굴과 복슬복슬한 회색 털을 가진 이 지역 전통 양들을 모아 올해 가장 아름다운 양을 뽑는 콘테스트다. 이 양을 캐릭터화한 체르마트의 마스코트 울리 Wolli의 생일파티도 열린다.

일정 2024/9/8

HOTEL 체르마트의 호텔

체르마트는 동계 스포츠를 즐기는 이들이 늘 방문하기에 숙소마다 스키나 보드 장비를 보관할 수 있는 시설이 잘되어 있다. 또한 스키·보딩 스쿨과 연결해 주는 곳도 있으니 관심 있다면 알아보자. 겨울철이면 숙박비가 약간 오르기도 하고 최소 숙박일수가 정해지기도 한다. 사우나, 스파, 수영장 등을 운영하는 호텔이 있으니 수영복 한 벌 정도는 꼭 챙겨가자. 또한 호텔마다 무료로 셔틀 서비스를 제공하는 곳이 있다. 예약할 때 꼼꼼히 챙기고 도착시간을 미리 알려주면 마차나 택시가 역 앞에서 당신을 기다릴 것이다.

호텔 몬테 로사 Hotel Monte Rosa ★★★★

1854년에 개업한 호텔로 이 호텔과 함께 체르마트 지역 여행의 역사가 시작되었다. 5대에 걸쳐 자일러 Seiler 가문에서 운영하고 있으며 1층은 박물관처럼 운영된다. 이곳에서 숙박했던 유명 인사들의 사진이 걸려 있는데 1865년 마테호른 정상에 처음 올랐던 에드워드 휨퍼 Edward Whymper가 이곳에서 숙박 후 길을 떠났고 호텔 외벽에 그의 얼굴이 새겨진 동판을 볼 수 있다. 각기 다른 인테리어의 41개 객실은 개업 초기의 벨에포크 분위기를 유지하고 있으며 리모델링을 거쳐 단정하고 포근한 분위기다. 맞은편의 몽 세르뱅 팔라스 호텔 Hotel Mont Cervin Palace과 자매 호텔로 이 호텔의 수영장, 스파 등을 무료로 사용할 수 있다. 호텔 정비를 위해 휴업 기간을 갖는다. 2024년 여름 시즌 운영은 6/14~9/22, 겨울 시즌 운영은 12/13~2025/4/21이다.

지도 P.257-C2 ▶ **주소** Bahnhofstrasse 80 **전화** 027-966-03-33 **홈페이지** www.monterosazermatt.ch **부대시설** 바, 스키 장비 보관 **요금** CHF330~, 도시세 CHF3 **가는 방법** 체르마트역에서 반호프 거리를 따라 도보 5분.

몽 세르뱅 팔라스 Mont Cervin Palace ★★★★★

170개의 객실을 운영하고 있는 유서 깊은 호텔. 호텔 몬테 로사와 더불어 자일러 Seiler 가문의 호텔로 체르마트의 터줏대감이다. 도착시간을 미리 알려주면 체르마트역 앞에 빨간색의 마차가 여행자를 기다리는데 호텔 서비스는 여기서부터 시작이다. 전체적으로 편안하고 우아한 인테리어와 기품 있는 서비스로 숙박하는 여행자의 평가가 높은 호텔이기도 하다. 잘 정비된 수영장과 스파도 이용해 볼 만한 시설이다. 숙박하지 않더라도 이용 가능하니 비 오는 날 찾아가보는 것도 좋겠다. 비수기 시즌에는 정비를 위해 휴업 기간을 갖는다. 2024년 여름 시즌 운영은 6/14~9/22, 겨울 시즌 운영은 12/6~2025/4/21이다.

지도 P.256-B2 ▶ **주소** Bahnhofstrasse 31 **전화** 027-966-88-88 **홈페이지** www.montcervinpalace.ch **부대시설** 레스토랑, 바, 스파, 수영장, 스키 장비 보관소, 컨시어지 서비스 **요금** CHF850~, 도시세 CHF3 **가는 방법** 기차역에서 반호프 거리를 따라 도보 5분.

호텔 앰배서더 체르마트 Hotel Ambassador Zermatt ★★★★

기차역에서 가까운 곳에 있는 호텔. 널찍한 객실과 방에서 마테호른이 보이는 행복한 곳이다. 세 개의 빌딩에 86개의 객실을 운영하는데 전체적으로 포근한 분위기의 인테리어다. 신선한 재료로 만드는 푸짐한 아침 식사는 하루의 시작을 든든하게 하며 크지는 않지만 잘 갖춰진 수영장과 사우나 시설은 여행의 피로를 풀기에 적당하다. 직접 운영하는 스키 렌털숍이 있어서 편하고 저렴하게 장비 렌털이 가능한 것도 장점.

지도 P.256-A2 **주소** Spissstrasse 10 **전화** 027-966-26-11 **홈페이지** www.ambassadorzermatt.com **부대시설** 레스토랑, 바, 수영장, 스파, 사우나, 컨시어지 서비스 **요금** CHF300~, 도시세 CHF3 **가는 방법** 기차역에서 나와 왼쪽 Spissstrasse 따라 도보 3분.

알펜호텔 플뢰르 드 체르마트
Alpenhotel Fleurs de Zermatt ★★★★

이름처럼 꽃 관련 장식이 가득한 예쁜 호텔. 원목으로 장식된 실내는 정감 있고 따뜻하다. 꽃을 좋아하는 오너 부부가 직접 디자인하고 고른 소품이 호텔 곳곳을 꾸미고 있는데 특히 38개의 객실 문 앞을 장식하고 있는 꽃은 모두 마테호른에서 볼 수 있는 꽃으로 모두 다른 종류의 꽃이라고. 유리문으로 연결된 실내외 수영장은 투숙객들이 극찬하는 시설 중 하나. 특히 아이와 함께했다면 더할 나위 없이 좋은 숙소일 것이다. 천장에 작은 전구가 설치된 사우나도 지나치기에 아쉬운 시설. 예약 시 도착 시간을 미리 알려주면 셔틀 서비스를 제공하니 이용해 보자.

지도 P.256-A2 **주소** Unterer Mattenweg 41 **전화** 027-966-31-00 **홈페이지** www.fleursdezermatt.ch **부대시설** 라운지바, 피트니스, 사우나, 스파, 실내외 수영장 **요금** CHF340~, 도시세 CHF3 **가는 방법** 체르마트역에서 나와 오른쪽 Spissstrasse 따라 걷다 왼쪽에 슈퍼마켓 Denner 앞 골목 Untere Mattenstrasse로 들어가 직진하다 왼쪽 첫 번째 골목 Unterer Mattenweg 진입 왼쪽에 호텔이 보인다.

호텔 고르너그라트 도르프
Hotel Gornergrat Dorf ★★★

객실 60개 규모의 호텔. 기차역과 가까운 곳에 있어 이동이 편하다. 로비에 있는 바에서 즐거운 시간을 보내기에도 좋다. 호텔에서 운영하는 레스토랑 식사도 맛있다는 평가. 약간 오래된 듯한 인테리어이지만 테라스에서 마테호른을 볼 수 있어 위안받을 수 있다. 객실마다 비치되어 있는 커피머신을 이용할 수 있다는 것도 장점. 사우나 시설이 완비되어 있는데 이용 시 추가 요금을 지불해야 한다. 와이파이를 공용 구간(로비 등)에서만 쓸 수 있는데 호텔 내에서 진정한 휴식을 취하게 하기 위해서라고 한다.

지도 P.256-B2 **주소** Bahnhofstrasse 1 **전화** 027-966-39-20 **홈페이지** www.gornergrat.com **부대시설** 레스토랑, 바, 사우나 **요금** CHF220~, 도시세 CHF3 **가는 방법** 체르마트역에서 도보 2분.

호텔 솔레바트 아르카
Hotel Solebad Arca ★★★

26개의 객실을 운영하는 3성 호텔. 호텔에서 50m 떨어진 곳에 슈퍼마켓이 있고 각 객실마다 부엌 설비가 완비되어 있다. 슈퍼마켓 휴무를 대비한 미니 마트도 운영한다. 객실은 널찍하고 발코니에서 바라보는 마테호른은 사랑스러움 그 자체. 수영장과 함께 자쿠지가 설치되어 있고 사우나 시설도 완비되어 있는데 투숙객이라면 무료로 사용 가능하고, 투숙객이 아니더라도 이용 가능하다(여름 시즌 입장료 CHF20, 사전 예약해야 함). 홈페이지에서 직접 예약하고 장기로 투숙하면 특별 서비스와 할인 혜택이 제공된다.

지도 P.256-A2 **주소** Spissstrasse 42 **전화** 027-967-15-44 **홈페이지** www.arca.ws **부대시설** 레스토랑, 컨시어지 서비스, 피트니스 **요금** CHF190~, 도시세 CHF3 **가는 방법** 체르마트역에서 나와 왼쪽 Spissstrasse 따라 도보 5분, 슈퍼마켓 Denner 맞은편.

호텔 반호프
Hotel Bahnhof ★

체르마트역 정면에 위치한 호텔로 도미토리를 함께 운영하고 있다. 깨끗한 부엌을 갖추고 있으며 전체적으로 깔끔한 분위기다. 3층에 위치한 도미토리는 캡슐 호텔과 유사한 형태다. 건물에 엘리베이터가 없어 짐이 많다면 불편할 수 있다. 지하에 넓은 장비보관소가 마련되어 있다.

지도 P.256-B2 **주소** Bahnhofstrasse 54 **전화** 027-967-24-06 **홈페이지** hotelbahnhofzermatt.com **요금** 8인 도미토리 CHF50, 시트 CFH3 **부대시설** 주방, 장비보관소 **가는 방법** 체르마트역 맞은편.

한걸음 더!

비가 온다면 산 대신 온천!

로이커바트 Leukerbad

©www.leukerbad.ch

체르마트에 도착했는데 비가 많이 오거나 하늘에 구름이 가득하다면 절망스러운 마음이 든다. 체르마트 시내에도 수영장, 사우나를 투숙객이 아닌 외부인들에게 개방하는 곳들이 있지만 조금 더 시간을 써서 다른 도시로 여행을 떠나보자. 가까운 곳에 자리한 스위스 최고의 온천 마을 로이커바트 Leukerbad가 그곳이다.

로이커바트는 알프스 온천 휴양지 중 가장 큰 규모의 마을로 해발 1,400m에 자리한다. 고대 로마시대 때부터 치료 효능이 높은 온천수 덕분에 휴양과 요양을 목적으로 찾는 이들이 많았다. 이 지역 온천수에는 칼슘, 유황, 나트륨, 철분, 불소 등 총 130여 가지 성분이 녹아 있다고 한다. 류머티즘과 피부병 등에 효과가 좋다고 하며 괴테, 모파상, 마크 트웨인, 레닌 등 유명 인사들이 찾은 곳이기도 하다.

로이크 Leuk 역에서 버스를 갈아타고 오르는 길은 그야말로 굽이굽이 산길. 험준한 산길을 따라 올라가 만나는 로이커바트 마을은 평화로운 분위기다. 51도의 온천수가 매일 390만 리터씩 솟아오르고 30여 개의 크고 작은 온천 호텔이 있는데, 여행자들이 주로 찾는 온천 시설은 두 곳. 로이커바트 테르메 Leukerbad Therme(이전 명칭 부드거바트 Budgerbad)와 발리저 알펜테르메 Valliser Alpentherme다.

로이커바트 테르메 Leukerbad Therme는 마을에서 운영하는 온천탕으로 고대 로마시대부터 목욕탕으로 사용했다. 가족 단위 이용자들이 많고 편안하고 대중적인 분위기다. 유럽에서 가장 큰 온천 시설이라는 알펜테르메 Valliser Alpentherme는 조금 더 고급스러운 리조트 분위기의 온천탕이다. 눈 내리는 겨울날 노천탕에 몸을 담그고 바라보는 주변 산의 모습이 매우 인상적이다.

따끈한 온천수에 몸을 담그고 바라보는 바깥 풍경은 그야말로 힐링 그 자체. 특히 눈 내린 산봉우리에 둘러싸여 김이 모락모락 피어오르는 온천수 속에 앉아 있노라면 천국이 따로 없다는 생각이 든다. 수영복은 대여 가능하지만 준비해 가는 것이 좋고, 타월은 대여 가능하다.

로이커바트는 마을 북쪽에 자리한 겜미 고개 Gemmi Pass 전망대의 풍경과 하이킹 코스로도 유명하다. 겜미 고개는 코난 도일과 셜록 홈스의 팬이라면 들어봤을 만한 지명이다. 기억을 잘 살려보자.

홈페이지 www.leukerbad.ch **가는 방법** 체르마트역에서 기차로 비프스 Vips 도착(1시간 10분 소요) 후 주네브 공항 Geneve-Aéroport이나 St-Gingolph행 열차로 갈아타고 로이크 Leuk에서 하차(15분 소요) 후 역 앞 포스트 버스 탑승(30분). 환승 대기시간까지 합해 총 2시간 30분 소요. 당일치기로 여행하고자 한다면 버스에서 내린 후 로이커행 버스 시간을 미리 알아두자.

©www.leukerbad.ch

INFORMATION

로이커바트 추천 온천

➡ **로이커바트 테르메** Leukerbad Therme (이전 명칭 부드거바트 Budgerbad)
주소 Rathausstrasse 32 **전화** 027-472-20-20 **홈페이지** www.leukerbad-therme.ch **운영** 08:00~20:00 **요금** 3시간 CHF28, 1일권 CHF35, 사우나와 터키식 목욕탕 추가요금 CHF18, 타월 대여 CHF5(보증금 CHF20 별도)

➡ **발리저 알펜테르메** Valliser Alpentherme
주소 Dorfplatz **전화** 027-472-18-06 **홈페이지** www.alpentherme.ch **운영** 매일 09:00~20:00, 12/24·31 09:00~18:00, 매주 화요일 여성 전용 사우나 운영 **요금** 3시간 CHF33, 사우나&터키식 목욕탕 추가요금 CHF12

넓은 호수만큼 다양한 사람들이 모여 있는 국제도시

주네브
GENÈVE

유람선이 떠다니는 드넓은 호수, 멀리 보이는 만년설 쌓인 알프스가 아니라면 스위스라 생각하기 어려운 도시 주네브는 '제네바'라는 이름으로 더 친숙하다. 지정학적 위치로 인해 예로부터 세계적인 금융·상업 도시였으며 프랑스 출신 종교개혁가 칼뱅 Calvin의 활동 중심지이기도 했다. 1930년대 국제연합 유럽본부가 이곳에 자리를 잡았고 이후 국제노동기구, 세계보건기구 등이 차례로 들어서며 국제도시로서의 면모를 갖추고 있다. 여러 문화를 가진 사람들이 모여 사는 만큼 다채로운 모습을 지닌 주네브 속으로 들어가 보자.

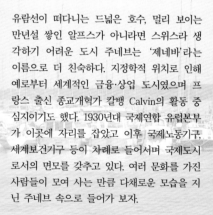

이런 사람 꼭 가자!

- 넓은 호수 위를 솟아오르는 분수가 보고 싶은 사람
- 새로운 개념의 현대미술관을 보고 싶은 사람
- 유럽 최대 과학기술연구소를 견학하고픈 과학도

INFORMATION 알아두면 좋은 **주네브 여행 정보**

클릭! 클릭!! 클릭!!!

주네브 관광청 www.geneve.com

여행안내소

중앙 ①

위치 코르나뱅역 정면 도로에서 200m 떨어진 우체국 옆 **주소** Rue du Mont-Blanc 18 **전화** 022-909-70-00 **운영** 월요일 10:00~18:00, 화~일요일 09:00~18:00 **휴무** 9~6월 중순 일요일

슈퍼마켓

Coop

위치 코르나뱅역에서 길 건너 왼쪽으로 300m **주소** Rue de Lausanne **운영** 월~수요일 08:00~19:00, 목·금요일 08:00~19:30, 토요일 08:00~18:00

통신사

SWISSCOM

위치 코르나뱅역 맞은편 쇼핑센터 **주소** Rue du Mont-Blanc 30 **운영** 월~금요일 09:00~19:00, 토요일 09:00~18:00

우체국

위치 Rue de Mont-Blanc 18 **운영** 월~금요일 07:30~18:00, 토요일 09:00~16:00

경찰서

위치 몽블랑 거리의 보행자 구역 벗어나 왼쪽 골목 **주소** Rue de Berne 6

ACCESS 주네브 가는 방법

주네브는 UN 본부와 각종 국제기구 등이 위치하며 프랑스와 국경을 마주하고 있어 비행기, 기차로 접근이 가능하다. 스위스 여행을 마치고 프랑스로 간다면 버스를 이용하는 것도 아름다운 풍경을 만날 수 있는 좋은 방법이다.

비행기

한국에서 주네브로 운행하는 직항은 없고 유럽계 항공사를 이용하거나 중동계 항공사를 이용해야 한다. 주네브 국제공항 Genève Aéroport은 시내 중심부에서 5km 정도 떨어져 있으며 대다수 유럽계 항공사가 취항한다. 공항에서 시내까지는 철도로 연결되며 버스, 택시도 운행한다. 시내에서 공항으로 갈 때는 숙소에서 받은 교통 티켓을 활용하면 된다. 일부 호텔에서는 무료 셔틀버스를 운행하니 예약한 호텔에 문의해 보자.

지도 P.304-A1 **[주네브 국제공항]** 주소 Route de l'Aéroport 21, 1215 Le Grand-Saconnex **홈페이지** www.gva.ch

> **Travel tip!**
>
> ### 주네브 국제공항에서 시내까지 대중교통으로 이동하기
> · **기차 :** 1터미널 지하 역에서 운행. 주네브 시내까지 6분 소요. 요금은 CHF3.
> · **버스 :** 5·10번 버스가 코르나뱅역까지 운행, 30분 소요. 요금은 CHF3. 운행시간은 05:27~00:31.
> · **택시 :** 공항에서 시내까지 15~30분 소요. 요금은 CHF30~35.

기차

공항과 마찬가지로 프랑스와 공유하고 있다. 주네브의 중앙역은 코르나뱅역 Gare de Cornavin이다. 철도 여행안내소에서 시간표를 제공하며 기차 예약이 가능하다. 국제선 열차를 타고 왔을 때는 여권 검사를 받는다. 주네브 여행을 마치고 TGV를 이용해 프랑스로 출국할 때도 여권 검사를 받으니 미리 준비해 두면 좋다. 7, 8번 플랫폼이 프랑스행 TGV 전용이고 기차표 없이는 출입이 불가하다. 택스 리펀드도 이곳에서 받을 수 있으니 미리 준비하자.

지도 P.304-B1·P.305-A2 **[코르나뱅역] 주소** Place de Cornavin 7 **코인 라커** 1층 왼편에 위치 **요금** 6시간 CHF5~12 **운영** 04:30~01:45

버스

겨울 시즌에는 주변의 스키 리조트를 연결해 주는 버스가 운행되며 스위스 여행을 마치고 프랑스의 샤모니몽블랑 Chamonix-Mont-Blanc, 안시 Annecy 지역으로 운행하는 버스도 자주 있다. 시즌에 따라 하루 코스 투어도 운영한다. 스페인, 이탈리아 등으로 운행하는 국제선 버스·유로라인도 있다.

지도 P.305-A2 **홈페이지** www.gare-routiere.com

▶▶ 주네브에서 주변 도시로 이동하기

주네브 ▶ 인터라켄 열차 3시간 소요(베른 환승)
주네브 ▶ 베른 열차 1시간 40분 소요
주네브 ▶ 취리히 HB 열차 2시간 25분 소요

TRANSPORTATION 주네브 시내 교통

시내는 버스와 트램이 거미줄처럼 연결되어 있지만, 시내를 구경할 때는 굳이 교통수단이 필요 없고 UN 본부와 국제적십자·적신월 박물관, CERN, 카루즈 지역 등 외곽으로 갈 때 버스나 트램을 이용한다. 코르나뱅역 앞에서 대부분 교통수단이 발착하며 티켓은 공용이다. 교통 티켓 상 구역은 나뉘어 있으나 우리가 돌아볼 여행지는 ZONE 10 안에 모여 있어서 티켓 구입에 신경 쓸 일은 없다.

홈페이지 www.unireso.com **대중교통 요금** 3정거장 이용 가능하며 30분 유효한 티켓 CHF2, 1시간 유효한 티켓 CHF3, 1일권 CHF10(2등석 기준)

Travel tip!

주네브 교통카드
Geneva Transport Card

스위스의 다른 도시들과 마찬가지로 여행자들에게 제공되는 교통카드. 주네브의 호텔, 호스텔, 캠핑장에서 숙박하면 제공되는 교통카드로 체류하는 동안 주네브 시내 교통수단을 무제한으로 사용할 수 있고 공항행 기차도 탈 수 있다.

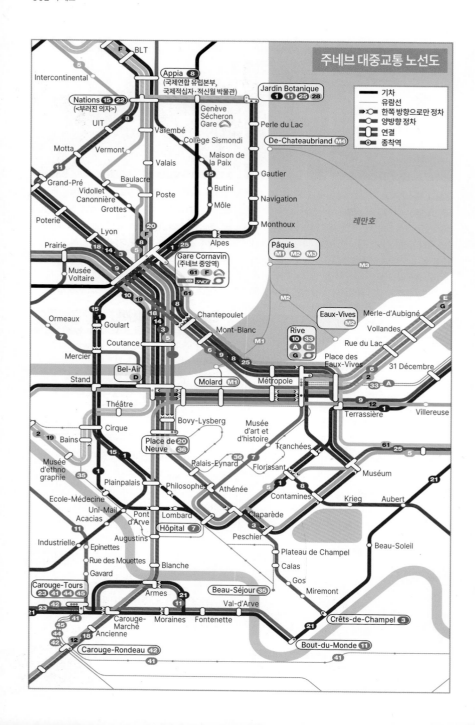

주네브 대중교통 노선도

주네브와 친해지기

주네브가 국제도시라는 명성을 얻게 된 것은 국제연합 유럽본부가 자리 잡기 시작하면서다. 시내 중심에서 약간 떨어져 있지만 비교적 입장하기 쉬운 국제기구 건물이니 견학해 보자. 맞은편에 국제적십자·적신월 박물관이 있으니 잠시 둘러본 후 다시 시내로 나온다. 몽블랑 거리를 따라 걷다 보면 레만 호숫가에 도착한다. 레만호 주변의 꼬마열차를 타고 호수를 둘러봐도 좋고 구시가 쪽으로 들어와 생피에르 교회와 종교개혁 기념비를 둘러보면 주네브의 주요한 볼거리는 다 챙긴 셈이다. 현대미술에 관심 있다면 근·현대 미술관을 둘러보고 그렇지 않다면 카루즈 지역에서 하루를 마무리한다.

주네브 MUST DO!

- ✓ 넓은 호숫가의 다양한 모습 체험하기
- ✓ 다양한 국제기구 방문하기
- ✓ 국제 도시의 여러나라 음식 체험하기

주네브 추천 코스

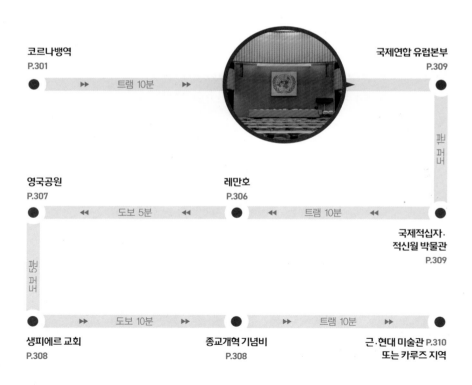

코르나뱅역
P.301

▶▶ 트램 10분 ▶▶

국제연합 유럽본부
P.309

페이지

영국공원
P.307

◀◀ 도보 5분 ◀◀

레만호
P.306

◀◀ 트램 10분 ◀◀

**국제적십자·
적신월 박물관**
P.309

페이지

▶▶ 도보 10분 ▶▶

▶▶ 트램 10분 ▶▶

생피에르 교회
P.308

종교개혁 기념비
P.308

근·현대 미술관 P.310
또는 카루즈 지역

주네브 개념도

- 유럽 원자핵 공동연구소
European Organization for
Nuclear Research (CERN)
- 주네브 국제공항
Genève Aéroport
- Genève-Aéroport
- Vernier
- Zimeysa
- Meyrin
- Route de Meyrin
- 프랑스
스위스
- Les Tuileries
- Chambésy
- 국제적십자·적신월 박물관
Musée International de la Croix-
Rouge ut du Croissant-Rouge
- 국제연합 유럽본부
Le Palais des Nations Unies
- Gare de Genève-Sécheron
- 레만호
Lac Léman
- 코르나뱅 Cornavin
(주네브 중앙역)
- 주네브 상세도

0 1.5km

● 볼거리

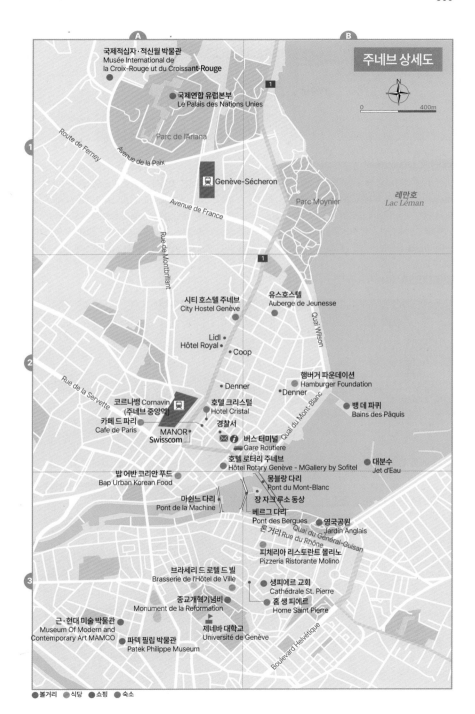

국제적십자·적신월 박물관
Musée International de
la Croix-Rouge ut du Croissant-Rouge

주네브 상세도

국제연합 유럽본부
Le Palais des Nations Unies

Route de Ferney

Parc de l'Ariana

Avenue de la Paix

Genève-Sécheron

Parc Moynier

레만호
Lac Léman

Avenue de France

Rue de Montbrillant

시티 호스텔 주네브
City Hostel Genève

유스호스텔
Auberge de Jeunesse

Lidl
Hôtel Royal •

• Coop

Quai Wilson

Rue de la Servette

• Denner

햄버거 파운데이션
Hamburger Foundation
• Denner

코르나뱅 Cornavin
(주네브 중앙역)

호텔 크리스털
Hotel Cristal

뱅 데 파퀴
Bains des Pâquis

Quai du Mont-Blanc

카페 드 파리
Cafe de Paris

경찰서

MANOR
Swisscom

우 버스 터미널
Gare Routiere

호텔 로터리 주네브
Hôtel Rotary Genève - MGallery by Sofitel

대분수
Jet d'Eau

밥 어반 코리안 푸드
Bap Urban Korean Food

몽블랑 다리
Pont du Mont-Blanc

마쉰느 다리
Pont de la Machine

장 자크 루소 동상

베르그 다리
Pont des Bergues

영국공원
Jardin Anglais

론 거리 Rue du Rhône

Quai du Général-Guisan

피체리아 리스토란트 몰리노
Pizzeria Ristorante Molino

브라세리 드 로텔 드 빌
Brasserie de l'Hôtel de Ville

생피에르 교회
Cathédrale St. Pierre

홈 생피에르
Home Saint Pierre

종교개혁기념비
Monument de la Reformation

근·현대 미술 박물관
Museum Of Modern and
Contemporary Art MAMCO

파텍 필립 박물관
Patek Philippe Museum

제네바 대학교
Université de Genève

Boulevard Helvétique

● 볼거리 ● 식당 ● 쇼핑 ● 숙소

ATTRACTION | 주네브의 볼거리

코르나뱅역에서 밖으로 나오면 약간 건조한 풍경이 펼쳐진다. 우리의 대도시 풍경과 별반 다를 것 없는 모습에 실망하지 말고 조금 더 걸어보자. 탁 트인 레만호와 멀리 보이는 몽블랑이 당신을 기다리고 있다.

레만호 Lac Léman

마치 해변 휴양지에 온 듯한 착각을 불러일으키는 커다란 호수. 엎어진 초승달 모양으로 스위스에서 가장 큰 호수다. 위의 둥근 부분은 스위스, 아랫부분은 프랑스와 접하고 있다. 호수 자체도 아름답지만 호수를 따라 늘어서 있는 니옹 Nyon, 모르주 Morge, 로잔 Lausanne, 브뵈 Vevey, 몽트뢰 Montreux 등의 휴양 도시들이 아기자기하고 아름답다. 봄부터 가을까지 호숫가를 따라 주네브를 둘러보는 유람선이 운항하니 잠시 물 위를 떠돌며 바람을 느껴보는 것도 좋고, 여름 시즌이라면 뱅 데 파퀴 Bains des Paquis에서 직접 호수에 몸을 담가볼 수도 있다.

`지도 P.304, 305` ▶ 홈페이지 www.cgn.ch 요금 CHF8~(스위스 트래블 패스, 유레일 패스 소지자 무료)

레만호에서 해수욕을 즐길 수 있는 곳, 뱅 데 파퀴
Bains des Pâquis

Travel Plus +

유럽 대륙에 자리한 스위스에는 바다가 없습니다. 대신 호수나 강이 그 역할을 대신하지요. 레만 호수에 자리한 뱅 데 파퀴 Bains des Pâquis도 그런 장소 중 한 곳입니다. 날씨 좋은 날 주네브를 찾았다면 일광욕과 수영을 즐겨도 좋고, 날이 궂다면 터키식 목욕탕 함맘과 사우나를 즐기는 것도 좋아요. 사우나나 목욕탕은 화요일을 제외하고 남녀 혼탕으로 운영되니 수영복을 잊지 마세요! 수영복은 스위스 여행할 때 유용한 물품 중 하나입니다.

`지도 P.305-B2` ▶ 주소 Quai du Mont-Blanc 30 전화 41-22-732-29-74 홈페이지 www.bains-des-paquis.ch 요금 1일 입장료 CHF2

대분수 Jet d'Eau

레만호를 박차고 하늘 높이 솟아오르며 시원한 기분을 안겨주는 주네브의 상징. 1886년 처음 만들어졌으며 1,360마력의 초강력 펌프를 이용해 145m까지 솟아오른다. 한때 세계에서 가장 높은 분수였으나 지금은 우리나라 월드컵 분수대(200m)에 자리를 내줬으며 미국 애리조나주의 파운틴힐 분수(170m)에 이어 세 번째 높이를 자랑하고 있다.

 지도 P.305-B2 주소 Quai Gustave-Ador, 운영 5~10월 09:30~23:15

영국공원 Jardin Anglais

몽블랑 다리 건너 호숫가를 따라 조성된 작은 공원으로 아기자기한 화단과 산책로로 인해 주네브 시민들의 사랑을 받는 곳이다. 이 공원의 상징인 꽃시계는 1955년에 만들어졌고 지름 5m의 크기에 6,500여 송이의 꽃으로 만들어졌다. 사진 촬영을 하기 좋은 장소다.

지도 P.305-B3 주소 Quai du Général-Guisan 34

생피에르 교회 Cathédrale St. Pierre

11세기에 건축이 시작된 고딕 양식의 교회로 그리스 신전을 떠올리게 하는 파사드는 18세기 중반에 신고전주의 양식으로 교체되었다. 구교 성당으로 건축되었으나 종교개혁 이후 칼뱅이 1536년부터 1564년까지 이곳에서 설교했으며 이후 신교 교회로 사용됐다. 157개의 계단을 통해 성당 북쪽 탑에 오르면 주네브 시내를 조망할 수 있다. 탑 꼭대기의 종은 1407년에 설치되었으며 클레망스 Clemence라고 부른다. 최근 지하에서 로마시대 유적이 발굴되어 전시되고 있다.

지도 P.305-B3 ▶ **주소** Place du Bourg-de-Four 24 **홈페이지** www.cathedrale-geneve.ch **운영** 6~9월 월~금요일 09:30~18:30, 토요일 09:30~17:00, 일요일 12:00~18:30, 종탑 연주 17:00, 오르간 콘서트 18:00, 10~5월 월~토요일 10:00~17:30, 일요일 12:00~17:30 **요금** 성당 무료, 종탑 CHF7 **가는 방법** 버스 2·7·10·12·17번 탑승 Molard 하차 후 Hotel de ville 방향 오르막길 도보 5분 또는 버스 36번 타고 Cathédrale 하차.

종교개혁 기념비 Monument de la Reformation

칼뱅 탄생 400주년과 주네브 대학 창립 350주년을 기념해 1909년에 건설된 기념비. 주네브 대학 캠퍼스와 면하고 있는 바스티옹 공원 Parc des Bastions 안에 있다. 주네브에서 활동한 종교개혁의 중심 인물인 칼뱅을 비롯해 최초로 종교개혁을 설교한 기욤 파렐 Guillaume Farel, 최초의 대학 학장 테오도르 드 베즈 Théodore de Bèze, 스코틀랜드 장로제도 창시자 존 녹스 John Nox 등 종교개혁 4대 인물이 5m 높이의 석조 부조로 조각되어 있다. 주변에는 대형 체스판과 분위기 좋은 카페 등이 있어 잠시 한적한 대학 캠퍼스를 걸으며 여행의 피로를 씻는 것도 좋겠다.

지도 P.305-A3 ▶ **주소** Parc des Bastions 1 **가는 방법** 버스 5번, 트램 12, 18번 탑승 후 Place Neuve 하차.

국제연합 유럽본부 Le Palais des Nations Unies

1929~36년 건축된 국제연합 유럽본부로 1년에 31개의 회의실에서 9,000여 건 이상의 회의가 열리는 UN의 중심부다. 주네브가 지금의 국제도시 위치에 오르게 한 주역이라고도 할 수 있다. 인도주의 분야, 인권 분야, 무기 감축 분야, 경제부, 과학·기술 분야 등을 위한 센터가 파리 베르사유 궁전 두 배 크기의 부지에 자리 잡고 있으며 중요 회의가 없을 때는 한 시간가량 소요되는 가이드 투어를 통해 견학할 수 있다. 정해진 동선에 따라 움직이며 주요 회의실과 각 나라에서 기증한 대리석, 그림, 도자기들을 볼 수 있다. 보안상의 이유로 입장할 때 여권을 소지해야 하며 커다란 가방은 반입 금지이다.

트램 정류장이 있는 나시옹 광장 Place Nation에 서 있는 나무로 만든 커다란 의자는 〈부러진 의자 Broken Chair〉라는 이름의 작품이다. 스위스 작가 다니엘 베세트 Daniel Berset의 작품으로 대인지뢰로 다리를 잃거나 목숨을 잃은 이들에 대한 추모와 대인지뢰 사용 반대 의사를 표현하고 있다.

지도 P.305-A1 ▶ 주소 Ave de la Paix 9~14 운영 가이드 투어 월~금요일 날에 따라 2~4회 진행. 예약 시간 45분 전 Peace Gate에서 보안 검색 받아야 함. 휴무 행사 진행 여부에 따라 다름. 미리 홈페이지 확인 필요 요금 일반 CHF22, 학생 CHF18 홈페이지 www.unog.ch 가는 방법 코르나뱅역 건너편 정류장에서 트램 15번, 버스 5, 11번 탑승 Nation 하차 후 도보 5분. 또는 버스 5, 18, F, V, Z 타고 Appio 하차.

국제적십자·적신월 박물관 Musée International de la Croix-Rouge ut du Croissant-Rouge

국제적십자사 활동을 홍보하기 위해 세워진 박물관. 국제적십자는 주네브의 실업가 앙리 뒤낭 Henri Dunant이 1859년 솔페리노 전쟁에서 부상자들이 치료받지 못하고 죽어가는 모습을 본 후 부상병 구조 활동을 조직화하기 위해 설립한 단체로 전 세계 500여 개국에서 8,000여 명의 회원이 활동하고 있는 국제단체

다. 상징 깃발은 빨간 바탕 속 흰색 십자가가 그려진 스위스 국기를 색깔을 반대로 해서 만든 것. 이에 따라 이슬람권 국가에서는 십자가가 기독교를 상징한다고 하여 십자가를 이슬람의 상징인 초승달 모양으로 바꾸고 적신월로 부른다. 내부는 11개 구역에서 적십자·적신월의 역사와 활동 모습을 전시해 놓고 있으며 간혹 자신들의 활동 주제에 맞는 기획전시가 열리는데 시대적 흐름과 역할에 대한 의미 있는 전시로 이름 높다.

지도 P.305-A1 ▶ 주소 Ave de la paix 17 홈페이지 www.redcrossmuseum.ch 운영 화~일요일 4~10월 10:00~18:00, 11~3월 10:00~17:00 휴무 월요일, 1/1, 12/24·25·31 요금 성인 CHF15 가는 방법 국제연합 유럽본부 맞은편, 버스 8번 탑승 Appia 하차.

근·현대 미술 박물관 Museum Of Modern and Contemporary Art MAMCO 미술

유럽의 미술관들은 옛 공장을 개조해 재활용하는 경우가 많다. 주네브의 현대미술관 MAMCO 역시 그중 하나
다. 1994년 9월에 개관했고 다른 미술관들과 달리 투박한 실내에 1960년대 초부터 현재까지 넓은 범위의 현대
미술 작품을 전시하고 있다. 주로 기획전시가 우선되며 작품들은 자주 바뀌어 늘 새로운 전시를 볼 수 있다.

지도 P.305-A3 주소 Rue des Vieux-Grenadiers 10 홈페이지 www.mamco.ch 운영 화~금요일 12:00~18:00, 토·일요일
11:00~18:00 ※매달 첫 번째 일요일 무료 입장 및 무료 가이드 투어 진행(15:00) 휴무 월요일 요금 일반 CHF15 가는 방법 트
램 12, 15번 탑승 Plainpalais 하차 후 맞은편 광장 가로질러 도보 8분. 또는 버스 2, 19번 탑승 Musée d'ethnographie 하차
후 길 따라 도보 3분. 또는 버스 1번 탑승 École de Médecine 하차 후 도보 5분.

파텍 필립 박물관 Patek Philippe Museum

세계 3대 시계 브랜드 중 하나인 파텍 필립 Patek Philippe의
역사를 만날 수 있는 박물관. 파텍 필립사의 명예 회장 필립 스
턴 Patrick Stern이 만든 2,000여 점 이상의 시계가 소장되어
있는 박물관으로 2001년 문을 열었다. 시계를 만들 때 쓰던 장
비들과 오래된 시계를 복원하는 장인들의 작업장도 볼 수 있다.
또한 파텍 필립에서 제조한 시계들을 연도순으로 관람할 수 있
는데 설립 초기에 유럽 왕실에서 사용되었거나, 귀족들이 사용
했던 시계부터 최신의 모델까지 저마다의 독특한 아름다움을
뽐내고 있다. 다른 브랜드의 시계와 파텍 필립사의 역사, 사장
의 집무실, 특허 서류 등이 전시되어 있는 공간도 마련되어 있
다. 시계에 관심 많은 여행자라면 잊지 말고 들러보자.

지도 P.305-A3 주소 Rue des Vieux-Grenadiers 7 홈페이지 www.
patek.com 운영 화~금요일 14:00~18:00, 토요일 10:00~18:00, [영어 가
이드 투어] 토요일 14:00 휴무 일·월요일, 성금요일부터 부활절 후 월
요일 (2024/3/29~4/1), 예수승천대축일 (2024/5/12), 오순절 후 월요
일 (2024/5/20), 8/1, 9/5, 12/22-25, 12/29~/1/1 요금 CHF10 가는 방
법 버스 1번 탑승 Ecole-M decine 하차 후 도보 3분. 또는 트램 15
번 타고 Circus 하차 후 도보 5분. 또는 버스 19번 탑승 Musée
d'ethnographie 하차 후 도보 5분.

유럽 원자핵 공동연구소 European Organization for Nuclear Research (CERN)

현재 우리가 사용하는 월드와이드웹을 개발한, 세계에서 가장 큰 과학연구시설로 1954년에 설립되었으며 대중에게는 댄 브라운의 소설 『천사와 악마』 도입부에 소개되며 널리 알려졌다. 물리학과 핵 관련 연구 시설로는 세계 최대이며 유럽 내 20여 개국이 모여 공동으로 연구를 진행하고 있다. 연구소 내부는 예약을 통해 관람 가능하며 예약을 하지 못했다면 방문객들을 위한 시설인 마이크로즘 Microsm을 둘러보자. 약식으로나마 현재 진행되고 있는 연구들을 둘러볼 수 있다. 이곳은 주네브의 끝자락에 있는 곳이라 트램에서 내려온 방향을 바라보면 프랑스 국경 초소가 보인다.

지도 P.304-A1 **주소** Espl. des Particules 1, 1211 Meyrin **운영** 가이드 투어 1일 4~8회 진행, 투어 시작 1시간 전 방문 등록 후 참여 가능함. 인터넷 예약 불가. **휴무** 성금요일부터 부활절 후 월요일(2024/3/29~4/1), 5/1, 예수승천대축일 (2024/5/12), 오순절 후 월요일(2024/5/20) **홈페이지** www.cern.ch/visit **가는 방법** 코르나뱅역에서 트램 18번 타고 종점 CERN 하차. 40분 소요. [마이크로즘 Microsm] **운영** 월~금요일 08:30~17:30, 토요일 09:00~17:00 **휴무** 일요일

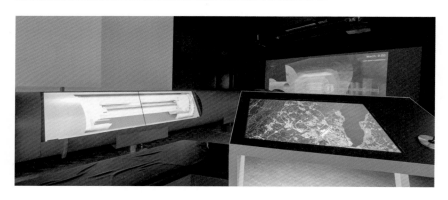

RESTAURANT 주네브의 식당

다양한 국적의 사람들이 함께 어우러진 도시답게 이국적인 음식들을 고루 즐길 수 있다. 코르나뱅역 앞 로잔 거리 Rue de Lausanne와 몽블랑 거리 Rue du Mont-Blanc 주변에 다양한 메뉴의 음식점이 늘어서 있다.

카페 드 파리 Cafe de Paris

코르나뱅역 앞 번화가 몽블랑 거리에서 90년 가까이 운영되고 있는 식당. 특제 버터 소스와 곁들이는 갈빗살 요리 코스가 단일 메뉴로 판매되는데 부드러운 고기와 소스가 잘 어울리는 것이 일품이다. 디저트나 음료도 다양하게 마련되어 있다. 저녁 시간에는 예약하는 것이 좋다.

지도 P.305-A2 **주소** Rue du Mont-Blanc 26 **전화** 022-732-84-50 **영업** 매일 08:30~23:00 **예산** 코스 요리 CHF42.50, 와인 CHF21~ **가는 방법** 코르나뱅역 맞은편 몽블랑 거리 초입.

브라세리 드 로텔 드 빌 BRASSERIE DE L'HöTEL DE VILLE

생피에르 교회 부근에 자리한 식당으로 16세기에 지어진 오래된 건물의 고풍스러운 분위기가 일품이다. 스위스 각 주의 특선 요리를 먹을 수 있고 요일별 변하는 세트 메뉴도 알차다. 육류 요리가 맛있고 퐁뒤도 수준급이다.

지도 P.305-A3 **주소** Grand-Rue 39 **전화** 022-311-70-30 **홈페이지** www.hdvglozu.ch **영업** 매일 11:30~23:00 **예산** 파스타 CHF20~21, 메인 요리 CHF27~52, 전채 CHF16~26 **가는 방법** 구시가 생피에르 교회 앞 광장 중앙 길로 나와 왼쪽 코너.

햄버거 파운데이션 HAMBURGER FOUNDATION

이름 그대로 수제 버거 전문점. 어릴 때 함께 자란 세 친구가 창업한 곳으로 이곳과 같은 레스토랑, 푸드 트럭 등이 함께 운영된다. 냉동식품은 사용하지 않고 신선한 채소와 스위스산 최고 품질의 소고기로 만든 패티를 자랑한다. 일반 버거, 치즈버거, 베이컨치즈버거 세 가지 메뉴가 있으며 패티의 굽기 정도와 원하는 재료의 추가가 가능하다.

지도 P.305-B2 **주소** Rue Philippe-Plantamour 37 **전화** 022-738-03-83 **홈페이지** www.thehamburgerfoundation.ch **영업** 일~목요일 11:00~22:30, 금·토요일 11:00~23:00 **예산** 버거 CHF19, 치즈버거 CHF20, 베이컨 치즈버거 CHF21, 음료 CHF3~ **가는 방법** 레만 호숫가 켐핀스키 호텔 뒤쪽.

피체리아 리스토란테 몰리노 PIZZERIA RISTORANTE MOLINO

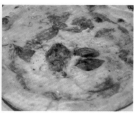

구시가 아래에 자리한 몽블랑 다리 건너 쇼핑가에 있는 큰 규모의 이탈리아 식당. 이탈리아보다는 비싸겠지만 스위스, 특히 주네브의 물가를 생각한다면 저렴한 가격으로 이탈리아 음식을 먹을 수 있다. 다양한 피자와 파스타, 어린이 메뉴가 알차게 구성되어 있어 주네브 주민의 식사 장소로 애용되는 곳이다.

지도 P.305-B3 ▶ **주소** Place du Molard 7 **전화** 022-310-99-88 **홈페이지** www.molino.ch **영업** 월~토 08:30~23:00, 일 11:00~23:00 **예산** 전식 CHF11~22, 피자 CHF17.50~30, 파스타 CHF16.50~33.50 **가는 방법** 몽블랑 다리를 건너 광장에서 Dior 매장 골목으로 들어와 도보 2분.

밥 어반 코리안 푸드 bap urban korean food

코르나뱅역에서 가까운 한국 식당. 깔끔한 분위기가 인상적이며 현지 손님들도 많이 찾는다. 인근 호텔 학교 학생들이 인턴십 근무하는 때도 있어 서빙이 미숙하거나 소통이 어려울 때가 있다. 음식은 무난하며 찌개류에는 반찬이 따로 나오지 않으니 유의할 것.

지도 P.305-A3 ▶ **주소** Rue de Coutance 25 **전화** 022-731-11-33 **홈페이지** www.b-a-p.ch **영업** 월~금요일 11:00~14:30, 18:00~22:00, 토요일 18:00~22:00 **휴무** 일요일 **예산** 잡채 CHF27, 비빔밥 CHF28, 찌개류 CHF30 **가는 방법** 코르나뱅역 등지고 왼쪽 큰길 따라가다 노트르담 성당 골목으로 들어와 성당 앞을 지나 직진 도보 6분.

Travel Plus +

몽블랑 거리에 우주선이 뜨는 주네브의 크리스마스 시장
Weihnachtsmarkt in Geneve

주네브의 크리스마스 시장은 다른 도시보다 차분하며 구역별로 다른 분위기예요. 코르나뱅역 앞 몽블랑 거리에 우주선 모양의 조명들이 떠다니고 수공예 상점들이 들어섭니다. 이 길을 따라 호숫가로 가서 만나는 몽블랑 다리는 색색의 조명으로 화려하게 장식되고 유명 브랜드 숍으로 가득한 론 거리 Rue du Rhône에는 커다란 크리스마스트리가 서고 숍들은 각기 다른 크리스마스 장식으로 개성을 표현합니다. 바닥에 놓인 조명으로 그 화려함이 더해집니다.

일정 2024/11/16~12/24

HOTEL 주네브의 호텔

주네브는 늘 바쁜 도시다. 5월 중순부터 9월까지는 저렴한 숙소 구하기가 어려울 때가 많다. 여행 계획을 세웠다면 숙소 예약을 서두르자. 최고급 호텔부터 저렴한 호스텔, 기숙사까지 다양한 숙소가 있다. 숙소에서 제공하는 교통카드도 잊지 말자.

호텔 로터리 주네브 Hôtel Rotary Genève - MGallery ★★★★

95개 객실이 있는 부티크 호텔. 아코르 Accor 호텔 그룹 중 하나인 엠갤러리 MGallery 계열 호텔로 주네브 출신 유명 건축가이자 앤티크 제품 수집상 소유의 호텔로 2015년 7월에 리노베이션해 재개관했다. 골동품 수집가인 오너와 현대적 감각을 가진 디자이너의 결합은 호텔 곳곳에 놓여 있는 동양풍 고가구와 깔끔하고 모던한 현대 가구의 조화에서 엿볼 수 있다.

`지도 P.305-A2` **주소** Rue du Cendrier 18-20 **전화** 022-908-80-80 **홈페이지** www.accorhotels.com **부대시설** 와이파이, 피트니스, 룸서비스, 바, 레스토랑, 유아 동반 가능, 세탁서비스, 취향에 따른 베개 선택 가능 **요금** CHF326~, 도시세 CHF3.30 **주차** 호텔 인근 공영주차장 (예약 필수) 1일 CHF 45 **가는 방법** 코르나뱅역에서 트램 8, 9, 25번 타고 2번째 정류장 Mont-Blanc 하차, 도보 5분 또는 코르나뱅역에서 몽블랑 거리 따라 레만호 방향으로 가다가 왼쪽 BanqueMigros 있는 골목 Rue du Cendrier로 들어가 도보 3분.

호텔 크리스털 HOTEL CRISTAL ★★★

코르나뱅역에서 가까운 디자인 부티크 호텔. 하늘색을 주로 사용한 인테리어가 화사하고 따뜻하다. 군더더기 없는 객실 인테리어는 깔끔하고, 불투명 유리를 사용한 욕실 벽과 비정형 형태의 책상은 감각적인 공간 활용의 한 면을 보여준다. 객실에 전기 주전자와 차, 금고가 비치되어 있으며 미니바는 복도에 따로 설치된 냉장고에서 이용할 수 있다. 조식은 8층에 있는 레스토랑에서 먹는데 통유리 외벽으로 멀리 몽블랑을 감상하며 아침 식사를 즐길 수 있다.

`지도 P.305-A2` **주소** Reu Pradier 4 **전화** 022-716-12-21 **홈페이지** www.fhotels.ch **부대시설** 와이파이, 비즈니스 센터, Iron 룸 **요금** CHF285~, 도시세 CHF3.30 **가는 방법** 코르나뱅역에서 나와 길 건너 몽블랑 거리로 들어와 왼쪽 첫 번째 골목.

유스호스텔 Auberge de Jeunesse

레만호 주변에 위치한, 보안이 잘되어 있는 공식 유스호스텔. 주변에 5성급 호텔이 즐비하다 보니 안전하고 조용한 분위기다. 깔끔한 시설은 물론, 친절한 스태프가 여행자들의 즐거운 여행을 위해 서비스를 제공한다. 취사 시설이 있고 샤워실에 헤어드라이어가 갖추어져 있어 편리하다. 숙박 예약하면 체크인 전날 이메일로 주네브 교통카드를 전달해주니 유용하게 사용하자.

지도 P.305-B2 〉 **주소** Rue Rothschild 28-30 **전화** 022-732-62-60 **홈페이지** www.genevahostel.ch **요금** CHF38~(도시세, 아침 식사 포함), 주차 CHF10/1일 **가는 방법** 코르나뱅역에서 Nation 방향 트램 15번 타고 두 번째 정류장 Butini 하차, 트램이 오던 방향으로 두 블록 걸어 오른쪽 로스차일드 거리 Rue Rothschild로 들어가 두 블록 걸어 왼쪽 코너, 코르나뱅역에서 도보 15분.

시티 호스텔 주네브
CITY HOSTEL GENêVE

역에서 가까운 사설 호스텔로 주네브에서 손꼽히는 저렴한 가격과 깔끔한 시설로 늘 인기가 많다. 취사가 가능하며 주방 시설이 잘되어 있다. 냉장고는 CHF10의 보증금을 지불하고 숙박 기간 내내 전용 칸을 쓸 수 있다. 칸칸이 분리된 샤워실도 깔끔하다. 리셉션 운영 시간은 06:30~12:00, 13:00~24:00. 직원 점심시간에는 체크인, 체크아웃이 불가능하니 주의할 것.

지도 P.305-A2 〉 **주소** Rue Ferrier 2 **전화** 022-901-15-00 **홈페이지** www.cityhostel.ch **요금** CHF38~ **가는 방법** 코르나뱅역에서 나와 왼쪽으로 5분 정도 걸어 프리외레 거리 Rue Prieuré 쪽으로 들어가 오른쪽에 위치.

홈 생 피에르 HOME SAINT PIERRE

생피에르 성당 맞은편에 있는 조용하고 깔끔한 분위기의 숙소. 기숙사로 운영되는 곳을 시즌별로 개별 여행자들에게 개방하기도 하고 10인의 여성 전용 도미토리와 8인의 남성 전용 도미토리를 운영한다. 취사 시설이 완비되어 있으며 1인실과 2인실에는 세면대가 있다. 리셉션 운영시간이 월~토요일 08:00~10:00, 15:00~18:00(월·목요일 ~20:00)인 점이 조금 불편하다. 리셉션을 운영하지 않는 시간에 도착한다면 별도 이메일로 안내하거나 정문에 안내 메시지가 붙어 있으니 그대로 따르면 된다.

지도 P.305-B3 〉 **주소** Cour St. Pierre 4 **전화** 022-310-37-07 **홈페이지** www.homestpierre.ch **부대시설** 와이파이, 주방시설, 독서등, 주네브 교통카드 **요금** 도미토리 CHF40(4박부터 CHF36), 1인실 CHF60(시트 포함), 아침 식사 CHF8, 카드 결제 시 3% 추가, 도시세 CHF1.65 **가는 방법** 코르나뱅역에서 5번 버스 또는 트램 18번 타고 Place Neuve 하차 후 길 건너 오르막길 직전, 버스 정류장에서 36번 버스 타고 Catedrale 하차, 또는 Place Neuve 하차 후 길 건너 오르막길 따라 Hotel de Ville 방향으로 도보 10분, 생피에르 교회 앞.

한걸음 더!

스위스 리비에라의 진주
몽트뢰 Montreux

예로부터 차이콥스키, 헤밍웨이, 바그너 등 많은 예술가의 사랑을 받아온 도시로 매년 7월 초에 세계적인 재즈 페스티벌이 열린다. 기차역에서 나오면 호수를 따라 만들어진 도로에 늘어서 있는 상점과 카페, 레스토랑의 여유로운 분위기와 표현하기 힘든 독특한 느낌이 여행자를 사로잡는다. 이 산책로에서 가장 눈에 띄는 것은 영국의 전설적인 록그룹 퀸 Queen의 리드 보컬 프레디 머큐리 Freddie Mercury(1946~1991)의 동상. 프레디 머큐리는 영국령 잔지바르 출신의 록가수로 화려한 보컬, 폭발적인 무대 매너, 천재적인 작곡으로 유명했다. 그의 인생을 다룬 영화 〈보헤미안 랩소디 Bohemian Rhapsody〉를 통해 다시 한 번 전 세계적으로 폭발적인 관심을 받았다. 그는 몽트뢰에 위치한 마운틴 스튜디오 Mountain Studio(현재 퀸 스튜디오 익스피리언스 Queen Studio Experience로 바뀌었고 박물관으로 사용되고 있다)에서 마지막 앨범 〈Made in Heaven〉을 녹음했고 세상을 떠나기 전 발표한 〈A Winter's Tale〉은 몽트뢰를 주제로 만든 곡이다. 유명세에 시달리던 그는 몽트뢰에 정착하며 마음의 안정을 얻었으며 그만큼 이 도시를 사랑했다. 그의 사후 마지막 앨범의 재킷 사진을 재현한 동상이 세워졌고 2003년부터 9월 첫 주에 프레디 머큐리의 추모 행사가 크게 열리고 있다(자세한 정보는 www.montreuxcelebration.com 참고).

프레디 머큐리 외에도 이 도시를 사랑한 유명인사들이 있다. 무성영화 시대에 한 획을 그었던 코미디언 찰리 채플린 Charlie Chaplin, 『롤리타』의 작가 블라디미르 나보코프 Vladimir Nabokov, 몽트뢰의 시옹 성 방문 후 〈시옹 성의 죄수〉를 남긴 19세기 낭만주의 시인 바이런 Byron, 전 세계 여자들의 로망이 되어버린 명품 브랜드 샤넬의 창업자 코코 샤넬 Coco Chanel, 러시아의 작곡가 표트르 차이콥스키

Pyotr Tchaikovsky와 이고르 스트라빈스키 Igor Stravinsky 등이 그들이다. 몽트뢰 관광청에서는 몽트뢰와 근교 마을을 사랑했던 유명인들의 발자취를 따라갈 수 있는 루트와 정보를 제공하니 관심 있다면 들러볼 것.

몽트뢰역 주변의 호숫가를 산책했다면 레만호의 백조라 불리는 시옹 성으로 가자. 호숫가에서 툭 튀어나온 위치에 단단히 서 있는 시옹 성은 호화스러운 거주지처럼 보이기도 하고, 때로는 난공불락의 요새처럼 보이기도 한다. 9세기 무렵 이탈리아에서 오는 상인에게 통행세를 징수하기 위해 세워졌고 13세기에 사보이 Savoy 가문이 완성했다. 1816년 이 성을 방문한 영국 시인 바이런이 〈시옹 성의 죄수〉라는 작품을 발표하면서 유명해지기 시작했다. 내부에는 바이런이 남겨놓은 서명이 있으니 찾아보자. 7번째 방의 기둥에 있다. 겉으로 보이는 평화로운 모습과 달리 한때는 종교개혁가들을 가두는 감옥으로 사용되기도 했다.

홈페이지 www.montreux.ch **가는 방법** 주네브에서 기차로 1시간 소요.

주요관광지

➡ **퀸 스튜디오 익스피리언스** Queen Studio Experience
주소 Rue du Théâtre **홈페이지** www.mercuryphoenixtrust.com/studioexperience **운영** 매일 10:30~22:00
입장료 무료 **가는 방법** 몽트뢰역에서 나와 호수를 따라 도보 10분.

➡ **시옹 성** Château de Chillon
주소 Avenue de Chillon 21 **홈페이지** www.chillon.ch
운영 매일 4·5·9·10월 9:00~18:00, 6~8월 9:00~19:00, 11~3월 10:00~17:00(입장 마감 1시간 전) **휴무** 1/1, 12/25
입장료 성인 CHF13.50(스위스 뮤지엄 패스 소지자 무료)
가는 방법 몽트뢰 여행안내소 앞에서 201번 버스 타고 Chillon 하차. 약 10분 소요. 버스 요금 편도 CHF3.

현대건축의 교과서

바젤
BASEL

스위스 북쪽 라인강 상류에 자리한 바젤은
프랑스, 독일과 국경이 맞닿아 있어 예로부
터 교통의 요지였다. 이 고요한 중세 도시에
16세기 플랑드르 지방과 독일에 불어닥친 종
교개혁을 피해 이민 온 가톨릭교도 장인들
이 정착하면서 스위스 내 중요한 무역 도시
로 재탄생했다. 지금도 스위스 무역 거래의
3분의 1 이상이 바젤에서 이루어질 정도라
고 한다.

스위스에서 가장 오래된 공공 미술관과 대
학이 있고 부의 사회 환원이 그대로 이어지
고 있는 바젤은 현재 가장 뜨거운 현대 건
축가들의 격전지기도 하다. 40곳이 넘는 각
종 미술관의 건설, 리모델링 그리고 여러 기
업의 사옥과 공공 건축물들이 현재 가장 잘
나가는 건축가들의 주도 아래 진행되고 있
고 그 덕분에 바젤은 건축학도라면 결코 지
나칠 수 없는 도시가 되었다.

이런 사람 **꼭 가자!**

나는야 건축학도!

INFORMATION 알아두면 좋은 바젤 여행 정보

클릭! 클릭!! 클릭!!!

바젤 관광청 www.baseltourismus.ch
바젤시 www.basel.ch

여행안내소

두 곳의 여행안내소에서 바젤과 바젤 근교 여행 정보를 얻을 수 있으며 숙박, 가이드 투어, 주변 지역 버스 투어 등의 예약이 가능하다. 관광청에서 발행하는 건축 관련 안내서는 그 자체만으로도 훌륭한 가이드북 역할을 한다.

바젤 중앙 여행안내소
주소 Barfüsserplatz **운영** 월~금요일 08:30~18:30, 토요일 09:00~17:00, 일요일·공휴일 10:00~16:00

바젤 SBB역 여행안내소
위치 바젤 SBB역 중앙홀 왼편 Migros 앞에 위치 **운영** 월~금요일 08:30~18:30, 토요일 09:00~17:00, 일요일·공휴일 09:00~16:00

통신사

Swisscom
주소 Marktplatz 11 **운영** 월~목요일 09:00~18:30, 금요일 09:00~19:00, 토요일 09:00~18:00 **가는 방법** 마르크트 광장 시청사 옆.

슈퍼마켓

기차역 내 Migros가 있고 2층에 Coop Pronto가 있다. 두 슈퍼마켓 모두 주말에도 운영하고 시내보다 늦게까지 영업한다. 역 앞 광장 오른쪽으로 약간 돌아가면 Coop이 있고 역 뒤편 출구로 나가면 왼편에 또 하나의 Coop이 있다(주소 Güterstrasse 125, 영업 월~토요일 07:00~22:00). 이 Coop이 위치한 건물은 건축에 관심 있는 여행자라면 저절로 눈길이 갈 것이다. 바젤 출신의 세계적인 건축가 헤르조그 & 드 뫼롱 Herzog & de Meuron의 작품이다.

우체국

중앙우체국
주소 Rudengasse 1 **운영** 월~금요일 07:30~18:30, 목요일 07:30~20:00, 토요일 08:00~17:00

바젤 SBB
운영 월~금요일 07:30~21:00, 토요일 08:00~17:00, 일요일 15:00~20:00

ACCESS 바젤 가는 방법

바젤은 독일, 프랑스, 스위스 세 나라의 접경지대에 있는 도시이며 비행기와 기차로 모두 접근이 가능하다. 프랑스, 독일 여행을 마치고 스위스 여행을 시작하기에도 좋은 도시다.

비행기

시내 북쪽으로 8km 정도 떨어진 곳에 있는 바젤 국제공항 Euroairport은 행정구역상 프랑스의 뮐루즈 Mulhouse에 자리하고 있으며 독일의 프라이부르크 Freiburg와 함께 3개의 도시가 사용한다. 건물 내부

에서 프랑스 구역과 스위스 구역으로 나뉘기 때문에 여권을 늘 소지해야 한다.

스위스 구역에서는 이지젯 Easyjet, 영국항공 Britishi Airway, 루프트한자 Lufthansa 등의 수속이 가능하며 프랑스 구역에서는 에어 프랑스 Air France 등의 수속이 가능하다. 공항에 내려서 짐을 찾은 후 자신이 가고자 하는 방향을 찾아가야 하는데 출구 위에 국기로 표시되어 있으니 잘 살펴볼 것. 공항 출국장은 자유롭게 왕래할 수 있으나 도착 구역은 프랑스 구역과 스위스 구역이 나뉘어 왕래가 어려우니 동선에 유의해야 한다.

공항에서 바젤 시내는 50번 버스로 연결된다. 입국장으로 나와 오른쪽 문으로 나가면 50번 버스 정류장이 있다. 티켓은 정류장에 있는 자판기에서 구입한다. 요

금은 CHF4.40, 소요시간은 20분. 바젤 시내에서 공항으로 갈 때는 숙소에서 받은 바젤교통카드를 이용하면 된다(바젤 SBB→공항 04:55~23:25, 공항→바젤 SBB 05:09~23:55). 버스가 끊긴 다음 공항에 도착했다면 택시를 이용해야 한다. 요금은 CHF40 이상이다.

> **지도 P.324-A1** [바젤 국제공항 Euroairport] 주소 68300 Saint-Louis, France 홈페이지 www.euroairport.com

▶▶ 바젤에서 주변 도시로 이동하기

바젤 SBB ▶ 주네브 Comavin 기차 2시간 40분 소요
바젤 SBB ▶ 베른 기차 1시간 소요

기차

바젤은 스위스, 프랑스, 독일 3개국의 국경이 맞닿아 있다. 스위스 국내선은 물론 독일, 프랑스로 가는 국제선 열차도 자주 있다. 바젤에는 스위스 철도청에서 운영하는 SBB, 프랑스 철도청에서 운영하는 SNCF, 그리고 독일 철도청에서 운영하는 BBF, 세 개의 기차역이 있다. 바젤 SBB와 SNCF는 한 건물 내에 위치해 있다.

바젤 SBB역(스위스 국철역)&SNCF역(프랑스 국철역)
도시 남쪽에 있는 기차역으로 스위스 국내 열차와 프랑스 방면 열차가 발착한다. 공간 대부분은 스위스 국철 역인 바젤 SBB역으로 사용되고 있으며 오른쪽 일부 구역은 프랑스 국철 역인 바젤 SNCF역으로 사용된다.

SBB역에서 출발하는 열차는 정문으로 들어와 맞은

편에 보이는 에스컬레이터를 타고 올라가 쇼핑몰 사이에 있는 에스컬레이터를 타고 다시 내려가면 도착하는 플랫폼에서 발착한다.

SNCF역으로 가려면 역 안에 있는 슈퍼마켓 Migros 옆을 지나 복도를 따라 직진하면 프랑스 구역에 들어서게 되고 FRANCE라고 써 있는 문을 통과하면 플랫폼이다. 이때 여권을 요구할 수 있으니 미리 준비하자. 역 안에 여행안내소가 있고 약국, 슈퍼마켓 등이 자리하고 있으며 지하에 자전거 대여소와 유료 화장실, 샤워장 등이 있다. 역 앞 광장은 많은 트램과 버스가 발착하는 바젤의 교통 요지다.

> **지도 P.324-A1·P.328-B2** [코인 라커] 위치 역 중앙홀 지하 요금 대 CHF8.00, 소 CHF6.00

바젤 BBF역(독일 국철역)

라인강 건너편 시가지 북쪽에 있는 역으로 도심과는 떨어져 있다. 독일에서만 유효한 철도패스를 갖고 있다면 이 역까지만 이용할 수 있다. 티켓 검사가 엄격히 시행되니 주의하자. 역 앞에서 2번 트램을 타면 시내를 거쳐 SBB역과 SNCF역으로 연결되고 15분 정도 걸린다.

지도 P.329-C1 [코인 라커] 요금 대 CHF8.00, 소 CHF6.00

Travel tip!

바젤에서 택스 리펀드 받기

스위스에서 아기자기한 물품을 쇼핑한 후 바젤에서 다른 EU 국가로 떠난다면 택스 리펀드를 받아야 한다. 바젤에서 택스 리펀드를 받을 수 있는 곳은 바젤 SBB역과 바젤 국제공항이다.

· **바젤 국제공항** : 택스 리펀드를 받는 사무소는 출국층인 3층 중앙의 스위스, 프랑스 지역이 나뉘는 지점에 있다. 직원이 없는 경우가 많으니 비치된 전화기를 이용해 창구에 써 있는 번호로 전화하면 직원이 와서 처리해 준다.

· **바젤 SBB역** : 프랑스 기차역 구역 문을 통과하면 바로 위치한 창구에서 택스 리펀드를 받을 수 있는데 직원이 없는 경우가 많다. 프랑스에서 도착한 TGV 도착 시간에 맞춰 근무한다고 하니 기차 도착 시간보다 조금 일찍 가거나 시간이 여유롭다면 공항에서 처리하는 것이 가장 편하다.

TRANSPORTATION 〉 **바젤 시내 교통**

바젤 시내는 도보로 여행할 수 있지만 시내 곳곳을 거미줄처럼 연결하고 있는 트램과 버스를 이용하면 더 효율적으로 돌아볼 수 있다. 여행안내소에서 제공하는 교통지도를 꼭 챙길 것. 티켓은 트램, 버스 공용이다.
바젤 SBB역 앞 광장에서 8번 트램을 타면 시청사가 위치한 마르크트 광장 Marktplatz를 거쳐 클라라 광장 ClaraPlatz까지 연결된다. 이 노선 주위에 바젤의 볼거리가 모여 있으며 클라라 광장에서는 비트라 캠퍼스행 55번 버스가 출발한다.

시내 교통 정보 홈페이지 www.bvb.ch **대중교통 요금** 1회권 Einzelbillet CHF1.80, 1일권 Tageskarte CHF8.00

Travel tip!

바젤 카드 Basel Card

바젤의 모든 호텔과 호스텔에 숙박하면 제공받을 수 있는 카드. 바젤 시내 미술관(특별전시 포함), 시내 투어 버스, 라인강 횡단 유람선 등을 50% 할인된 가격으로 이용할 수 있으며 시내 교통과 무료 와이파이도 이용할 수 있다.

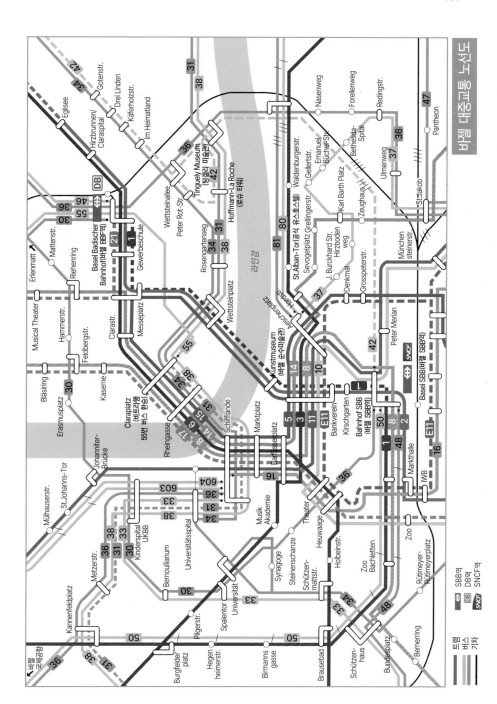

바젤 대중교통 노선도

바젤과 친해지기

바젤의 볼거리는 라인강 남쪽 구시가에 집중되어 있다. 시내만 돌아본다면 시청사 앞 마르크트 광장에서 시작해 반나절이면 충분히 돌아볼 수 있다. 기차역 여행안내소에서 정보를 얻은 후 마르크트 광장으로 온다. 타는 듯한 붉은 외벽이 인상적인 시청을 보고 그 옆 골목을 따라 5분 정도 올라가면 대사원을 만날 수 있다. 사원 안에 잠들어 있는 에라스무스에게 경의를 표한 후 스위스에서 가장 오래된 공공 미술관인 바젤 순수미술관을 관람한 후 팅겔리 미술관에서 잠시 동심의 세계로 빠져보자. 피곤함이 느껴지나? 지하 카페에서 커피를 한잔하며 잠시 충전의 시간을 갖고 6번 트램을 타고 바이엘러 재단을 관람한다.

하루 정도 여유가 된다면 외곽의 비트라 뮤지엄이나 롱샹성당을 방문하는 것도 추천한다. 기획전 시기라면 샤울라거 미술관도 빼놓지 말자.

[바젤의 여행 포인트] 내로라하는 건축가들이 만든 건물들, 바젤이 스위스 도시라고 알려주는 분수, 부의 사회 환원의 결실 미술관 **[랜드마크]** 마르크트 광장

바젤 MUST DO!

- ☑ 붉은 외관과 화려한 프레스코화가 어울리는 시청사
- ☑ 가장 오래된 공공 미술관, 바젤 순수미술관
- ☑ 동심으로 돌아가자, 움직이는 미술관 팅겔리 미술관
- ☑ 자연과 하나 되는 건축, 개인 컬렉션의 사회 환원, 바이엘러 재단
- ☑ 현대건축의 집대성, 비트라 캠퍼스

바젤 개념도

- ● 볼거리 ● 숙소

바젤 추천 코스

COURSE 1 시간이 여유롭지 않은 여행자를 위한 바젤 하루 코스

바젤 시청을 시작으로 구시가의 볼거리와 미술관을 둘러보는 코스. 외곽의 건축물들은 다음을 기약하자.

출발 바젤 SBB역
P.321

마르크트 광장
지도 P.329-D2

시청사
P.331

▸▸ 트램 8, 11번 탑승 Markplazt 하차 ▸▸ ● ▸▸ 바로 ▸▸ ●

팅겔리 미술관 도보+트램 12분/
바이엘러 재단 도보+트램 30분

도보 6분

● ◂◂ ● ◂◂ ● ◂◂ 도보 4분 ◂◂ ●

도착 팅겔리 미술관 P.332
또는 바이엘러 재단 P.333

바젤 순수미술관
P.330

대사원
P.331

COURSE 2 바젤을 충분히 느낄 수 있는 2일 코스

현대건축의 살아 있는 교과서 바젤. 부의 사회 환원이 여러 형태로 드러나는 도시의 곳곳을 살펴보자.

첫째날 중세시대부터 발달했던 라인강 이남의 주요 장소들을 돌아보자. 월·수요일에 여행한다면 바이엘러 재단의 입장료 할인을 이용하는 것도 알뜰 여행의 한 방법이다.

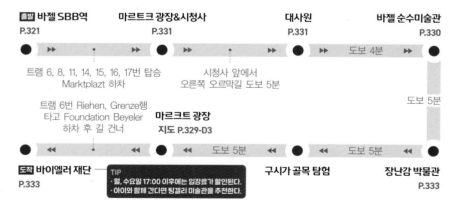

출발 바젤 SBB역
P.321

마르트크 광장&시청사
P.331

대사원
P.331

바젤 순수미술관
P.330

● ▸▸ ● ▸▸ ● ▸▸ ● ▸▸ 도보 4분 ▸▸ ●

트램 6, 8, 11, 14, 15, 16, 17번 탑승
Marktplazt 하차

시청사 앞에서
오른쪽 오르막길 도보 5분

트램 6번 Riehen, Grenze행
타고 Foundation Beyeler
하차 후 길 건너

마르크트 광장
지도 P.329-D3

도보 5분

● ◂◂ ● ◂◂ 도보 5분 ◂◂ ● ◂◂ 도보 5분 ◂◂ ●

도착 바이엘러 재단
P.333

TIP
· 월, 수요일 17:00 이후에는 입장료가 할인된다.
· 아이와 함께 간다면 팅겔리 미술관을 추천한다.

구시가 골목 탐험

장난감 박물관
P.333

둘째날 근교의 비트라 캠퍼스를 돌아본 후 바젤로 돌아와 남은 건축물들을 답사해 보자.

55번 버스를 타고
Vitra 하차

비트라 캠퍼스
P.335

바젤 메세
P.326

55번 버스를 타고
Claraplatz 하차 후 도보 5분

● ▸▸ ● ▸▸ ● ▸▸ ● ▸▸ ●

출발 바젤 BBF 역
지도 P.329-C1

바젤 메세 뒤쪽으로 10분 걸어
바젤 BBF 앞에서 36번 버스 타고
Tinguely Museum 하차

도착 팅겔리 미술관
P.332

THEME ROUTE | 전통과 현대가 조화로운 **바젤 건축 여행**

유럽 여행, 스위스 여행을 떠난 건축학도라면 바젤은 지나치기 아쉬운 도시다. 바젤 관광청에서는 **1** 이전의 건축물을 보존하며 현대적인 감각을 더한 건물들을 돌아보는 **트래디션 앤 모더니티 Tradition and Modernity** **2** 바젤 SBB역을 중심으로 하는 대바젤 구역의 생활과 업무 시설들을 돌아보는 **리빙 앤 워킹 인 그로스바젤 Living and Working in Grossbasel** **3** 라인강 건너편의 거대한 건물들을 돌아보는 **빅 빌딩 인 클라인바젤 Big Building in Kleinbasel** **4** 바젤과 근교의 세계적 명성의 건축물들을 돌아보는 **월드클래스 아키텍처 인 바젤 앤 더 리전 World-class architecture in Basel and the region** 4가지 건축 여행 코스를 제안한다. 건축 기행을 목적으로 바젤을 방문한 건축학도라면 모두 돌아보고 싶겠지만 그렇지 못한 여행자들을 위해 1~3번 코스 중 핵심 건물들을 돌아볼 수 있는 알짜배기 코스를 소개한다.

※모든 코스를 다 돌아보고 싶다면 여행안내소에 들러 건축 기행 안내서를 꼭 받도록 할 것.
※4번 코스 속 건축물들은 대부분 본문에 소개되어 있다.

01 **바젤 메세** Basel Messe
아트 바젤, 바젤 월드 등 주요 전시가 열리는 전시장. 입구의 거대한 구조물이 특색 있다.
지도 P.329-C1 ▶ 주소 Messepl. 10

02 **로슈 타워** Roche Tower
바라보는 방향에 따라 모양이 달라지는 거대한 건물.
지도 P.329-C1
주소 Grenzacherstrasse 124

03 **팅겔리 미술관** Museum Tinguely
키네틱 아트로 유명한 장 팅겔리 Jean Tinguely의 작품들이 모여 있는 미술관. 친한 친구였던 마리오 보타의 설계로 재미있는 작품들이 가득하다. 미술관 관람은 꽤 시간이 걸리니 참고할 것. P.332
지도 P.329-D1 ▶ 주소 Paul Sacher-Anlage 2

Messeplatz에서 트램 1, 2번 타고 ettsteinplatz 하차 후 버스 31, 38, 42번 타고 두 번째 정류장 Hoffmann-La Roche 하차.

출발

06

05

Gartenstrasse 따라 도보 400m.

04

03

Sankt Jakobs-Strasse 따라 도보 200m.

01

02

버스 36번 타고 다리 건너 Breite 정류장 하차 후 트램 3번 타고 Aeschenplatz 하차.

건물 옆 공원 지나 도보 5분.

04 **BIS(보타 빌딩)**
Bank for International Settlements (Botta Building)
건축가 마리오 보타 Mario Botta의 명료함과 기하학적 구성이 느껴지는 건축물. 그리고 그 앞의 나무까지도 조화를 이룬다.
지도 P.328-B2 ▶ 주소 Aeschenpl. 1

05 **수바** Suva
1950년대에 지어진 건물을 유리창으로 한 번 감싼 헤르조그 & 드 뫼롱 Herzog & de Meuron의 위트가 돋보인다.
지도 P.328-B2 ▶ 주소 St. Jakobs-Strasse 24

06 BIS (Bank for International Settlements)
1977년에 완공된 원통형 건물. 건축가는 스위스에서 은행 건축을 전문으로 했다고 한다.

지도 P.328-B2

주소 Centralbahnpl. 2

07 주드파크 Südpark
바젤 SBB역 뒤쪽에 자리한 고령자들을 위한 레지던스 건물. 창문의 모양이 재미있다.

지도 P.328-B2 ▶ 주소 Südpark

08 마르크트할레 Markthalle
옛 청과물 시장에 지붕을 얹어 우아한 선을 가진 대규모 레스토랑이 완성되었다.

지도 P.328-B2 주소 Steinentorberg 20

©www.altemarkthalle.ch

바젤 SBB역을 가로질러 뒤쪽 출구 바로 앞.

Basel Markthalle에서 트램 16번 타고 Basel Theater 하차 후 트램 3번 타고 Musik-Akademie 하차.

도서관 앞에서 큰길 따라 걸어 Klingelbergstrasse 진입, 길 따라 걷다가 사거리에서 오른쪽 코너.

07

08

09

10

11

12

바젤 SBB역 앞 Basel Bhfeingang Gundeldingen에서 16번 트램 타고 2번째 정류장 Basel Markthalle 하차.

Musik-Akademie에서 트램 3번 타고 2번째 정류장 Spalentor 하차, Schönbeinstrasse 따라 도보 200m.

Kinderspital 정류장에서 버스 31, 33, 36, 38번 타고 Schifflände 하차, 마르크트 광장 지나 Schlüsselberg로 들어가 직진.

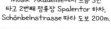

09 바젤 음악대학
Musikhochschulen FHNW - Hochschule für Musik
스위스에서 가장 오래된 대학인 바젤 대학 건물들의 원형을 보존하며 진행된 리모델링의 흔적을 살펴보자.

지도 P.329-C2 주소 Leonhardsstrasse 6 House "Rosengarten", Office 8-205

10 바젤 대학도서관
Universitätsbibliothek Basel
고전적인 선을 가진 건물 속 세련된 실내의 반전.

지도 P.328-A1 주소 Schönbeinstrasse 18-20

11 바젤 대학병원 Basel University Hospital
쇼핑몰과 같은 분위기의 병원 지대. 이 사이를 걷는 것만으로도 치유의 기운이 느껴진다.

지도 P.328-A1 주소 Spitalstrasse 21

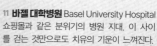

12 바젤 문화박물관
Basel Museum of Cultures
중세시대 건물 위에 얹힌 세련된 스틸 지붕의 조화가 재미있다.

지도 P.329-D2 ▶ 주소 Münsterpl. 20

바젤 상세도

↑ 노바티스 캠퍼스
Novartis Campus

Metzerstrasse

0 ___ 400m

Feldbergstrasse

Johanniterbrücke

바젤 타투 아레나
Basel Tatto Arena

호텔 디-디자인 앤 어반 호텔
Hotel D-Design & Urban Hotel

바젤 대학병원
Basel University Hospital

미그로스 레스토랑
Migros Restraunt

Denner

클라라 광장
ClaraPlatz

바젤 대학교
Universität Basel

그랜드 호텔 레 트루아 루아
Grand Hotel Les Trois Rois

Basel Schifflände

호텔 크라프트 바젤
Hotel Krafft Basel

바젤 대학도서관
Universitätsbibliothek Basel

구시가 확대

Mittlere Brücke

Spalenring

Steinengraben

Aeschenvorstadt

노마드 디
Nomad D

Heuwaage-Viadukt

BIS(

Elisabethenstrasse

Aeschengraben

Steinenring

마르크트할레
Markthalle

호텔 메트로폴 바젤
Hotel Metropole Basel

Rutimeyerstrasse

수
Su

레스토랑 르 트랭 블뢰
Restaurant Le Train Bleu

BIS

Coop

Zoo Basel

바젤 SBB & SNCF
Bahnhof Basel SBB & SNCF

가이아 호텔
GAIA Hotel

Migros
Coop Pronto

주드파크
Südpark,
Coop

Margarethenstrasse

●볼거리 ●식당 ●쇼핑 ●숙소 ⊤ 트램 정류장

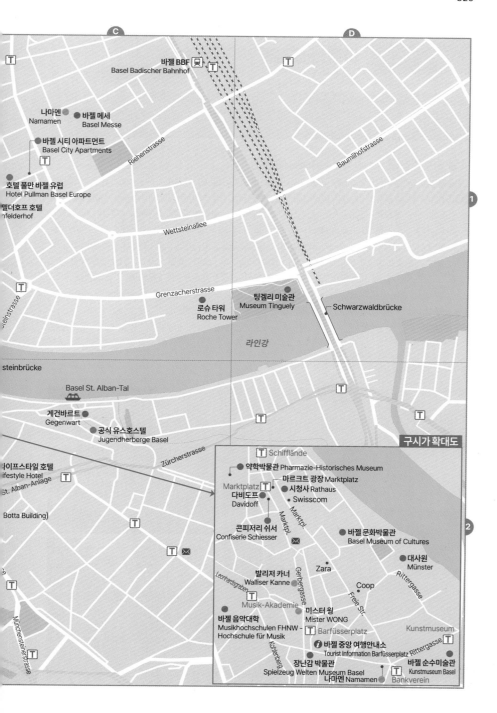

바젤 BBF
Basel Badischer Bahnhof

나마멘
Namamen

바젤 메세
Basel Messe

바젤 시티 아파트먼트
Basel City Apartments

호텔 풀만 바젤 유럽
Hotel Pullman Basel Europe

멜더호프 호텔
nfelderhof

Riehenstrasse

Baumlihofstrasse

Wettsteinallee

Grenzacherstrasse

틴겔리 미술관
Museum Tinguely

로슈 타워
Roche Tower

Schwarzwaldbrücke

라인강

steinbrücke

Basel St. Alban-Tal

게건바르트
Gegenwart

공식 유스호스텔
Jugendherberge Basel

이프스타일 호텔
ifestyle Hotel
St. Alban-Anlage

(Botta Building)

Zürcherstrasse

Münchensteinerstrasse

구시가 확대도

Schifflände

약학박물관 Pharmazie-Historisches Museum

마르크트 광장 Marktplatz

Marktplatz
시청사 Rathaus
다비도프
Davidoff
Swisscom

콘피저리 쉬서
Confiserie Schiesser

Marktpl.

Marktpl.

바젤 문화박물관
Basel Museum of Cultures

Zara

대사원
Münster

발리저 카너
Walliser Kanne

Leonhardsgraben

Gerbergasse

Coop

Rittergasse

Musik-Akademie

미스터 윙
Mister WONG

바젤 음악대학
Musikhochschulen FHNW -
Hochschule für Musik

Freie Str.

Kunstmuseum

바젤 중앙 여행안내소
Tourist Information Barfüsserplatz

Barfüsserplatz

Kohlenberg

장난감 박물관
Spielzeug Welten Museum Basel
나마멘 Namamen

Rittergasse

바젤 순수미술관
Kunstmuseum Basel

Bankverein

ATTRACTION 바젤의 볼거리

도시 전체에 여유로움과 기품이 넘치는 도시 바젤. 마르크트 광장을 중심으로 한 구시가 골목의 정감 어린 분위기와 세련된 현대건축의 조화가 신기하리만큼 잘 어울리는 바젤에서 예술과 기술의 만남을 한껏 만끽해 보자.

바젤 순수미술관 Kunstmuseum Basel 미술

스위스를 넘어 유럽에서 가장 오래된 공공 미술관으로 1661년 바젤시가 아머바흐 Amerbach 가문의 소장 미술품 5,000여 점을 구입해 만들었다. 메인 빌딩인 쿤스트뮤지엄 하우프트바우 Kunstmuseum Hauptbau(1936년 완공)와 지하 통로로 연결되는 길 건너편 건물 노이바우 Neubau(2016년 개장), 그리고 게건바르트 Gegenwart(1980년 개장, St. Alban-Rheinweg 60, 지도 P.329-C2 참고) 세 파트로 나뉘어 있다. 메인 건물 하우프트바우에는 중세시대부터 15세기 라인강 북부 지방과 플랑드르 지방의 회화, 20세기의 현대미술까지 폭넓은 시대의 작품을 소장하고 있다. 한스 홀바인 Hans Holbein의 〈금발의 소년〉, 〈두 어린이를 안은 부인〉, 〈무덤 속 그리스도의 주검〉을 비롯하여 그의 작품을 가장 많이 소장한 미술관으로 유명하며 그 외 피카소, 미로, 드가, 르누아르, 마티스 등의 회화와 자코메티의 조각 작품도 볼 수 있다. 맞은편 건물 노이바우는 하우프트바우의 외관과 비슷한 분위기지만 더 세련된 멋을 풍기며 주로 기획전시가 열린다.

지도 P.329-D2 **주소** St. Alban-Graben 16 **홈페이지** www.kunstmuseumbasel.ch **운영** 화~일요일 10:00~18:00(수요일 ~20:00) **휴관** 월요일, 바젤 카니발 기간(2025/3/10~12), 12/24 **요금** 성인 CHF26, 학생 CHF13, 스위스 뮤지엄 패스 소지자 무료 ※화~금요일 17:00 이후와 매달 첫 번째 일요일 입장료 무료(단 대규모 특별 전시 유료). **가는 방법** 트램 1, 2, 15번 탑승 Kunstmuseum 하차.

시청사 Rathaus

타는 듯한 붉은색과 프레스코화가 한눈에 보이는 건물. 1356년 지진으로 크게 훼손되어 다시 지었다가 동맹연
방이 들어선 후 1504년에서 1514년에 걸쳐 새로 건축되었고 이후 부족한 공간을 보충하기 위해 1904년 양쪽으
로 탑을 건축하면서 공간을 넓히고 현재까지 시정부 청사로 사용하고 있다. 내부 정원에는 사형을 집행하고 강
제 경매가 행해졌던 돌로 된 접시 '뜨거운 돌 Heisse Stein'이 있고 바로 옆에 교수대, 죄인에게 씌우던 칼, 나
무로 된 말, 도랑이 있다.

지도 P.329-D2 ➤ 주소 Marktpl. 9 가는 방법 트램 6, 8, 11, 14, 15, 16, 17번 탑승 Marktplazt 하차.

대사원 Münster

구시가에 위치한 20m 높이의 종탑이 있는 붉은 사암의 건물. 1019년에 지어졌으나 1356년 지진으로 무너진
후 재건되었으며 로마네스크 양식의 외관과 고딕 양식의 내부 장식이 혼합된 특이한 형태다. 성당 종탑에 올라
가면 라인강과 바젤 시가지의 풍경이 한눈에 들어오며, 날씨가 좋은 날이면 멀리 프랑스와 독일의 검은 숲 지
역까지 볼 수 있다. 파사드는 예언자부터 마리아까지의 일화로 장식되어 있으며 성당 내부 북쪽에는 이 도시에
서 사망한 네덜란드의 인문주의자 에라스무스 Erasmus(1466~1536)의 무덤이 있다.

지도 P.329-D2 ➤ 주소 Münsterpl. 9 운영 월~금요일 10:00~17:00, 토요일 10:00~16:00, 일요일·공휴일 11:30~17:00 요금 종
탑 CHF4 가는 방법 Kunstmuseum에서 도보 3분.

약학박물관 Pharmazie-Historisches Museum

마르크트 광장 맞은편 조용한 골목 사이에 자리한 박물관. 1316년 대중목욕탕으로 시작된 집으로 에라스무스가 이곳에서 기거하며 집필 활동을 펼치기도 했다. '안락한 의자 Zum Vorderen Sessel'라는 별칭처럼 따뜻하고 정감 있는 분위기의 건물로 1925년에 설립된 바젤 대학 부설 약학박물관이 있다는 것이 재밌다. 3층에 걸쳐 과거에 약을 만들면서 사용되었던 도구, 실험실의 풍경 등을 볼 수 있는데 실제 학생들 수업에 사용되던 것들이라고 한다. 예로부터 교역이 활성했고 물이 풍부했던 바젤에서는 점성술사나 연금술사들이 많이 모여들었다고 한다. 이런 전통이 이어져 지금도 다국적 제약사들이 근거를 두고 있는데 세계 최대의 제약사로 기적의 항암제라 불리는 백혈병 치료제 글리벡을 개발한 노바티스 Novartis, 인플루엔자 치료제 타미플루, 암 치료의 패러다임을 바꾼 표적치료제로 유명한 로슈 Roche 등이 바젤에 본사를 두고 있다.

지도 P.329-C2 **주소** Totengässlein 3 **홈페이지** www.pharmazie museum.ch **운영** 화~일요일 10:00~17:00 **휴관** 월요일·공휴일 **요금** CHF8, 스위스 뮤지엄 패스 소지자 무료 **가는 방법** 트램 6, 8, 11, 14, 15, 16, 17번 타고 마르크트 광장(Marktplatz) 하차, 뫼뱅픽 레스토랑(Mövenpick Brasserie Baselstab) 왼쪽에 끼고 골목 안쪽 도보 150m.

팅겔리 미술관 미술, 건축
Museum Tinguely

파리 퐁피두센터 앞의 스트라빈스키 분수의 작가이자 움직이는 미술, '키네틱 아트'로 유명한 장 팅겔리 Jean Tinguely(1925~1991)의 작품이 모여 있는 미술관이다. 대표적인 스위스 출신 건축가 마리오 보타 Mario Botta의 설계로도 유명한 곳으로 조용히 작품을 감상하는 것이 아니라 움직이는 작품들이 눈길을 끌며 작품들이 만들어 내는 소리가 귓전을 울린다. 고철과 폐품을 이용해 기발한 상상력으로 만든 재치 넘치는 작품들이 가득하며 실제로 작동시켜 볼 수도 있다. 아이와 함께하는 가족 여행자라면 꼭 들러봐야 할 곳. 하지만 아이들보다 보호자가 더 빠질 수도 있다.

지도 P.329-D1 **주소** Paul Sacher-Anlage 1 **홈페이지** www. tinguely.ch **운영** 화~일요일 11:00~18:00(목요일 ~21:00) **휴관** 월요일, 5/1, 12/25, 카니발(2025/3/10~12), 성금요일(2025/4/18) **요금** 성인 CHF18, 학생 CHF12, 스위스 뮤지엄 패스 소지자 무료, 바젤 카드 소지자 50% 할인 **가는 방법** 버스 31, 36번 탑승 Tinguely Museum 하차.

바이엘러 재단 — 미술, 건축
Fondation Beyeler

바젤 아트페어를 지금의 위치에 올려놓은 주역 중 한 사람인 유명한 미술거래상 에른스트 바이엘러 Ernst Beyeler(1921~2010)가 평생에 걸쳐 수집한 미술품을 전시한 미술관. 빈센트 반 고흐, 세잔, 조르주 쇠라, 앤디 워홀, 잭슨 폴록, 호안 미로, 막스 에른스트, 칸딘스키 등 인상파부터 현대미술 작품까지 소장하고 있는 미술관으로 현대건축 거장 중 한 사람인 렌초 피아노 Renzo Piano가 건물을 설계했다. 렌초 피아노의 건축은 '따뜻한 하이테크'를 모토로 하며 파격적이거나 주변 지형과 어우러지는 건축이 특징인데 바이엘러 재단 건물은 후자에 속한다. 입구로 들어가면 작은 정원이 나타나고 연 蓮이 가득한 연못을 사이에 두고 미술관이 자리해 있다. 연못과 만나는 외벽은 통유리로 만들어져 있고 위에는 캐노피가

있어 정자 亭子의 느낌을 물씬 풍기며 내부 전시 풍경을 엿볼 수 있다. 내부는 커다란 유리창을 통해 비추는 자연 빛을 이용한 채광이 인상적이다. 시원시원한 작품 배치로 전시로 인한 피로도가 덜하다. 미술관 절반의 공간은 바이엘러 재단 소장품의 상설 전시가 진행되고, 절반의 공간은 현대미술작가들의 기획전이 열린다.

지도 P.324-B1 ▶ **주소** Baselstrasse 101 **홈페이지** www.fondationbeyeler.ch **운영** 매일 10:00~18:00(수요일 ~20:00) **요금** 성인 CHF25(월요일 종일·수요일 17:00 이후 성인 CHF20, 학생 CHF10), 바젤 카드 소지자 50% 할인 **가는 방법** 트램 6번 Riehen, Grenze행 타고 Foundation Beyeler 하차. 길 건너에 위치.

장난감 박물관
Spielzeug Welten Museum Basel

1867년에 지은 4층 건물 전체에 6,000여 종의 테디베어와 장난감이 모여 있는, 유럽에서 가장 큰 규모의 장난감 박물관. 작은 미니어처부터 아이만한 인형들이 각 층을 가득 채우고 있으며 이전 시대 생활상을 모형으로 만들어 놓은 작은 인형의 집들이 매우 특이하고 다양하다. 박물관 1층에 있는 숍은 무료 입장이 가능하고 귀여운 인형으로 만든 소품과 엽서 등도 판매한다.

지도 P.329-D2 ▶ **주소** Steinenvorstadt 1 **홈페이지** www.puppenhausmuseum.ch **운영** 화~일요일 10:00~18:00 **휴관** 12/25, 월요일(12월 매일 운영), 카니발 기간 3일(2025/3/10~12) **요금** CHF7, 스위스 뮤지엄 패스 소지자 무료 **가는 방법** 트램 3, 6, 8, 11, 14, 16번 타고 Brafüsserplatz 하차, 또는 트램 10번 Theatre 하차.

샤울라거 미술관 Schaulager

바젤에 본사를 둔 다국적 제약사 로슈 창업자
의 장남인 엠마뉴엘 호프만 Emanuel Hoffmann
의 방대한 소장품을 전시하는 미술관으로 2003
년 개관했다. '샤울라거'는 독일어로 '보다'를 뜻
하는 '샤우언 schauen'과 '창고'를 뜻하는 '라거
lager'의 합성어로 20세기 후반부터 21세기까지
현대미술의 수집, 관리, 전시를 전문적으로 하는
현대미술관이다. 일반인들에게 개방되어 있는 곳

이라기보다 관련 기관 종사자들을 위한 수장고의 역할을 하고 있으며 일반인은 1년에 두어 번 미술관에서 기
획하는 기획전만 관람할 수 있다. 미술이나 건축을 전공하는 관련 기관 종사자라면 미리 미술관 측에 이메일로
문의하여 예약하면 내부 관람이 가능하다.

샤울라거 미술관이 자리한 곳은 바젤 시내 외곽의 산업지대다. 약간 한적한 들판 위에 우뚝 솟아 있는 건물은 석
기시대의 미니멀리즘을 표방하는 디자인으로 헤르조그&드 뫼롱 Herzog&De Meuron이 설계했다. 미술계 인사
나 박물관 종사자, 교사 등에게는 1년 내내 개방하고 있으니 방문 전 미리 예약하고, 증빙서류를 챙겨 방문하자.

지도 P.324-B1 **주소** Ruchfeldstrasse 19 **홈페이지** www.schaulager.or ※ 샤울라거 미술관은 기획전이 열리지 않는다
면 내부 개방을 하지 않는다. 바젤 여행 계획을 세웠다면 홈페이지에서 미리 일정을 체크해보자. **가는 방법** 트램 11번 탑승
Schaulager 하차.

Travel Plus +

담 너머 보이는 아름다운 건축물들, 노바티스 캠퍼스
Novartis Campus

로슈와 더불어 바젤에 본사를 둔 또 하나의 다
국적 제약사 노바티스 Novartis. 도심에서 조금
떨어진 곳에 있는 노바티스 본사는 비트라 캠퍼
스 못지않은 현대건축의 장으로 유명합니다. 라
파엘 모네오 Rafael Moneo(프라도 미술관 확장
공사를 담당한 스페인 건축가. 1996년 프리츠커
상 수상), 프랭크 게리 Frank Gehry, 요시오 다
니구치 Yoshio Taniguchi(도쿄 국립박물관 동양
관), 후미히코 마키 Fumihiko Maki(1993년 프리
츠커상 수상), 안도 다다오 Ando Tadao 등이
설계한 건물이 가득한 곳이나 제약회사라는 특
성상 안타깝게도 일반인들에게는 제한적으로 개
방됩니다. 한 달에 두 번 토요일마다 건축물을
관람할 수 있는 가이드 투어가 시행되나 독일어
로 진행되고 사진 촬영은 엄격히 금지됩니다. 아
쉬워 할 여행자들을 위해 노바티스에서는 홈페
이지를 통해 이미지로나마 내부를 둘러볼 수 있
게 했습니다.

지도 P.324-A1·P.328-A1 **주소** Fabrikstrasse 2 **홈페이지** 노바티스 캠퍼스 가상투어 campus.novartis.com, 캠퍼스
투어 신청(바젤 관광청) www.basel.com(홈페이지) 하단 'City Tour-Modern Architecture' 선택) **가는 방법** 트램 1,
2, 8, 15, 16, 21번 탑승 Novartis Campus 하차. 또는 버스 N21번 탑승 Novartis Campus 하차.

SPECIAL PAGE

산업현장과 건축예술의 위대한 만남
비트라 캠퍼스 Vitra Campus 〈건축, 핫스폿〉

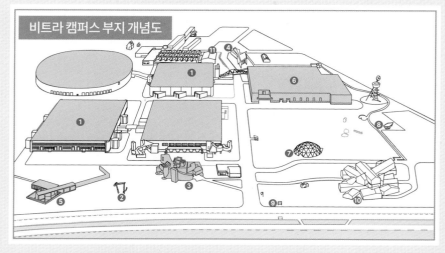

비트라 캠퍼스 부지 개념도

현재 가장 유명한 건축가의 작품을 한자리에서 볼 수 있는 곳. 스위스의 세계적 가구 회사 비트라 Vitra의 공장부지는 공장 건물뿐만 아니라 부속 시설들이 모두 최고의 건축가들이 만들어 낸 건물들이다. 1981년 화재로 1950년대 지어진 공장이 전소되어 다시 건축을 시작하면서 창조와 혁신을 모토로 하는 비트라의 기업 이념을 충실히 구현했다.

영국 건축가 니컬러스 그림쇼의 설계를 바탕으로 한 공장 건물의 완공(1983)을 시작으로 프랭크 게리의 디자인 박물관, 자하 하디드의 소방서, 안도 다다오의 콘퍼런스 파빌리온, 알바로 시자의 공장 등이 지어졌고 2013년 샤우드팟이 완공되면서 일단락되었다. 행정구역상으로 독일에 위치해 있지만 바젤에서 접근하기 가장 편리하며 연간 100만 명이 관람하는 곳이다. 일부 건물들은 투어 프로그램을 통해 직접 방문해 관람할 수 있으니 바젤을 방문한 건축학도라면 지나칠 수 없는 곳이다.

지도 P.324-B1 ▶ **주소** Vitra Campus, Charles-Eames-Straße 2, 79576 Weil am Rhein, Germany(독일령) **홈페이지** www.vitra.com(사이트 하단 Vitra Campus 선택) **운영** 10:00~18:00, [가이드 건축 투어] 영어 월~목 12:00, 금~일 12:00-15:00, 독일어 월~목 11:00, 금~일 11:00-14:00, 상황에 따라 변동 가능하니 방문 전 홈페이지 확인 필요 **휴무** 12/24-25, 12/31, 1/1 **요금** 비트라 디자인 박물관+Schaudepot €21, 비트라 디자인 박물관 €15, Schaudepot €12, 건축 가이드 투어 €16, 건축 가이드 투어+비트라 디자인 박물관+Schaudpot €35 **가는 방법** 바젤 BBF 기차역에서 55번 버스를 타고 Vitra 하차. 약 30분 소요.

Travel tip!

박물관 가기 전 알아두세요
비트라 캠퍼스는 행정구역상으로는 독일에 위치해 있어 유로화(€)가 통용된다. 유로화 현금이 없다고 당황하지 말자. 비트라 캠퍼스 모든 구역에서 신용카드 사용이 가능하다.

❶ 니컬러스 그림쇼 Nicholas Grimshaw의 팩토리 빌딩 Factory Building(1981, 1983)

화재 사고 이후 첫 번째로 완공된 건물로 화재 당시 보험 보상 기간 때문에 6개월 만에 지었다고 한다. 오늘날 비트라 캠퍼스의 시작을 알리는 건물로 푸른색의 외벽과 가로줄 무늬가 있는 금속 재질의 파사드가 기능론적 모더니즘의 전통과 차갑지만 합리적인 기계 미학의 조화를 보여준다. 그림쇼는 공장 완공 이후 비트라 캠퍼스의 마스터플랜 조성에도 참여한다. 그림쇼는 리처드 로저스 Richard Rogers, 노먼 포스터 Norman Foster와 함께 1970년대부터 영국 건축계에서 하이테크 아키텍처를 이끌고 있는 건축가다. 주요 작품으로는 영국 런던의 워터루역 국제역사, 스위스 취리히 국제공항이 있다.

❷ 클래스 올덴버그 Claes Oldenburg&코샤 판 브룽겐 Coosje van Bruggen의 밸런싱 툴스 Balancing Tools(1984)

비트라 설립자 빌 펠바움 Willi Fehlbaum의 70세 생일을 기념해 만든 조형물로 산업 공간이었던 비트라 가구 공장 단지가 예술문화 공간인 비트라 캠퍼스로 변모하는 신호탄을 쏘아 올린 구조물이다. 설치미술가 부부인 작가들은 현재 팝아트의 선두주자이며 서울 청계광장의 스프링을 제작하기도 했다.

❸ 프랭크 게리 Frank Owen Gehry의 디자인 박물관 Design Museum(1993)

입구에 자리한 흰색 건물. 비트라 캠퍼스를 공공
의, 그리고 개인적이면서 산업적인 문화 요소를
살려서 건물을 만들자는 요청에 부응하는 디자인
으로 캐나다 출신 미국 건축가 프랭크 게리가 미
국이 아닌 곳에 만든 첫 번째 건물이자 그의 대
표작 중 하나다.

아연으로 만든 지붕, 흰색 파사드, 그리고 기하학
적 형태의 구조물들이 유기적으로 결합해 움직

이는 듯한 형태의 디자인으로 프랭크 게리의 해
체주의 건축의 시발점으로 평가받고 있으며 이후
스페인 빌바오의 구겐하임 미술관 작업으로 연결
된다. 처음 미술관이 기획될 당시에는 비트라 설
립자 가족의 가구 컬렉션 전시와 디자인 상품의
판매를 위해 지었으나 지금은 기획전시 공간으
로 활용되고 있다. 1989년 프리츠커상 수상자인
프랭크 게리는 해체주의 건축을 대표하는 건축가
다. 쇠락해 가는 공업 도시 스페인 빌바오를 단숨에 인기 여행지로 떠오르게 했던 구겐하임 미술관을 비롯해
체코 프라하의 댄싱 하우스, 프랑스 파리 루이뷔통 재단, 서울 청담동 에스파스 루이뷔통 등이 그의 작품이다.

❹ 자하 하디드 Zaha Hadid의 소방서 Feuerwehrhaus(1993)

지붕 위 날카로운 예각의 구조물이 인상적인 건물. 원래는 공장과 주변의 화재
감시, 관리를 위한 소방서로 지었으나 지금은 비트라에서 주최하는 대형 콘퍼
런스나 이벤트 장소로 사용되고 있다. 파격적인 외관으로 화제에 올랐으나 건
물이 자리한 지면 이외에 그 어느 선도 수직이나 수평을 그리지 않는 구조 덕
택에 내부 근무자들이 두통과 구토를 호소하는 바람에 악평에 시달리기도 했
다. 실제로 처음 이곳을 찾는 사람들 가운데 멀미 증상을 느끼거나 화장실에서
나오는 문을 찾지 못하는 일이 종종 발생한다.

이 건물의 설계자 자하 하디드 Zaha Hadid(1950~2016)는 이라크 출신으로 영
국에서 공부했으며 여성 최초로 프리츠커상을 수상했다. 이 건물은 페이퍼 아키

텍트 Paper Architect라 불리던 자하 하디드의
첫 번째 완공작이다. 이 건물이 완공되기 이전에
는 공모전에 입상하거나 스승인 램 콜하스 등과
전시회에 참가하거나 자신의 작품을 발표해 유명
세를 얻었으나 실제로 완공된 건물들은 없었다
고 한다. 이후 개념적이고 실험적인 작업을 선보
이며 유명세와 함께 혹독한 비판을 받았다. 대표
적인 작업으로 서울 동대문디자인플라자 DDP,
이탈리아 로마의 21세기 현대 미술관 MAXXI, 중
국 광저우 오페라 하우스 등이 있다.

❺ 안도 다다오 Ando Tadao의 콘퍼런스 파빌리온 Konferenzpavillon(1993)

꼬불꼬불하면서 유쾌한 외관을 가진, 디자인 박물관 왼쪽에 조용히 자리한 건물. 외부 행사, 콘퍼런스를 위한 용도로 기획, 건축되었다. 도로 쪽을 향한 벽면은 모두 통유리로 처리해 지면 아래에 자리하는 여러 홀이 지하 라는 느낌이 들지 않을 만큼 밝은 분위기다. 전체적으로 직선을 사용해 단정하고 잔잔한 느낌이며 커다란 창을 통해 밖을 바라볼 때 건물 외벽 위로 자동차가 달리는 듯한 뷰를 볼 수 있는데 설계자의 위트를 엿볼 수 있는 대목이다.

안도 다다오는 최종 학력 고졸, 전직은 화물트럭 운수 노동자, 복서라는 이력만 보면 고개를 갸웃하게 되는 일 본 건축가로 주변 환경을 해치지 않으며 자신의 건축을 만들어 내기로 유명하다. 1995년 프리츠커상을 수상했 고 르코르뷔지에와 같이 노출 콘크리트를 주로 사용하며 탁월한 감각으로 전통 일본 건축을 재해석하는 요소 를 놓치지 않는다. 그의 다른 작품으로는 일본 나오시마의 지추 미술관, 서울 혜화동의 JCC 크리에이티브센터, 강원도 원주 뮤지엄 산, 제주도의 본태 박물관, 글라스 하우스 등이 있다.

❻ 알바로 시자 Álvaro Siza의 공장 건물 Factory Building(1994)

비트라 캠퍼스 내 건물들과 비교할 때 붉은 벽돌로 지어진 건물 외관이 눈에 띈다. 화재로 전소된 공장 자리에 세운 건물로 이전 공장의 외관과 비슷한 모습이나 붉은 벽돌로 만든 파사드는 혁신적인 변화라 할 수 있다. 특히 이 건물 뒤쪽에 자리한 자하 하디드의 소방서 건물과 비교하면 진중한 느낌의 디자인이 더욱 돋보인다. 건물 위쪽에 설치된 아치형 구조물은 맞은편 건물과의 가교 역할을 하고, 비가 올 때 두 건물 사이를 이동하는 보행자들에게 우산 역할도 한다. 이 구조물은 날씨가 좋은 날이면 위쪽으로 올라가 뒤쪽의 소방서를 더 잘 보이게 한다. 알바로 시자는 공장 건물을 설계하면서 원래 할당된 부지보다 3m 정도 뒤쪽에서 시작하게 설계했는데 이는 하디드의 소방서 건물을 배려하기 위함이라고 한다. 때문에 이 건물을 '비트라 캠퍼스의 신사'라고 부르기도 한다. 뒤쪽의 산책로도 공장 외벽과 같은 벽돌로 만들었으면 차분한 분위기를 갖고 있다.

알바로 시자는 1992년 프리츠커상을 수상한 포르투갈 출신 건축가로 건축물과 주변 대지의 소통을 중요하게 생각하는 설계로 '건축의 시인'이라는 별칭을 갖고 있다. 그의 작품은 주로 포르투갈에 있지만, 우리나라에서도 그의 작품과 만날 수 있으니 안양예술공원의 안양 파빌리온, 파주 출판도시 미메시스 뮤지엄, 경북 군위 사유원 내 소요헌과 소대가 그의 작품이다.

❼ 리처드 버크민스터 풀러 Richard Buckminster Fuller의 돔 Dome(2000)

알바로 시자의 공장 완공 후 2000년 다시 시작된 캠퍼스 조성 사업 첫 번째 결과물. 크로마뇽인이 거주하던 움막에서 영감을 받은 지오데식 돔으로 소규모 이벤트가 열리는 장소로 사용되고 있다. 지오데식 돔 Geodesic Dome이란 지오데식 다면체로 이루어진 반구형 또는 바닥이 일부 잘린 구형의 건축물을 칭하는데 고대 건축의 돔을 현대적으로 재해석한 형태로 리처드 버크민스터 풀러가 처음으로 개발했다. 주로 삼각형 모서리나 면으로 힘을 분산시켜 얇은 외벽만으로도 하중을 지탱할 수 있게 만들었다. 입체적인 외형을 가지면서 고대 건축물에 비해 훨씬 더 넓고 커다란 규모를 가질 수 있다고 한다. 리처드 버크민스터 풀러는 미국 출신 건축가, 작가, 디자이너, 발명가, 시인으로 멘사(가장 크고 오래된 고지능자의 모임인 비영리 단체로, 인구 대비 상위 2%의 지능지수면 가입할 수 있다)의 2대 회장이었다고 한다. 20세기의 레오나르도 다 빈치라고 불릴 만큼 다방면에 해박한 지식을 갖고 있다.

⑧ 장 프루베 Jean Prouvé의 주유소 Petrol Station(2003)

프랑스 건축가 장 프루베가 디자인한 주유소. 1953년에 프랑스 회사 모빌오일 소코니바쿰 Mobiloil Socony-Vacuum을 위해 만들었으며 2003년에 이곳으로 이전해 설치했다. 군더더기 없는 박스형 건물은 알루미늄으로 만들어진 앵글과 둥근 원이 뚫린 외벽으로 이루어져 있다. 기둥과 벽은 색상으로 명확하게 구분되어 있는데 특유의 색감이 깜찍한 모습을 자아낸다. 장 프루베는 가구 디자인과 알루미늄 건축, 조립식 가옥 제작의 선구자로 20세기 디자인사에서 가장 혁신적인 인물로 손꼽힌다. 전쟁으로 인해 학업을 그만두고 철 세공업을 시작했는데 그때 만든 가구들이 르코르뷔지에를 비롯한 그 시대 유명 건축가들에게 주목받으며 명성을 얻었다. 디자인의 기능성과 단순성을 추구하는 그는 "만들어 낼 수 없는 디자인은 하지도 말라"고 늘 말했다고 한다.

⑨ 재스퍼 모리슨 Jasper Morrison의 버스 정류장 Bus Station(2006)

바젤을 오고 가는 55번 버스를 타고 내리는 버스 정류장으로, 그 어떤 장식 없이 단순하면서 우아한 선을 갖고 있다. 버스 정류장의 유리벽을 통해 비트라 캠퍼스의 풍경과 맞은편 와이너리의 전망을 바라볼 수 있다. 정류장에 설치된 와이어 의자는 미국의 부부 디자이너 찰스 Charles와 레이 이엄스 Ray Eames가 설계했고 비트라 사에서 제작한 것이다. 재스퍼 모리슨은 영국 출신 산업디자이너로 비트라를 비롯한 세계적인 가구 회사의 파트너로 일하고 있는 미니멀리즘의 대표주자다. 기교나 각색을 최소화하고 사물의 본질만을 표현해 현실과 작품의 괴리를 최소화하는 디자인으로 유명하다.

⑩ 헤르조그 & 드 뫼롱 Herzog & de Meuron의 비트라 하우스 Vitra Haus(2010)와
⑪ 샤우데포 Schaudepot(2016)

비트라 하우스는 디자인 박물관 맞은편에 있는 거대한 쇼룸으로, 바젤을 기반으로 활동하는 현재 가장 잘 나가는 건축가인 헤르조그&드 뫼롱의 작품이다. 흰색의 비트라 디자인 박물관과 대비되는 검은색의 건물로 12개의 박공지붕 모양의 컨테이너를 쌓은 듯한 형태가 인상적이다. 12개의 컨테이너는 독일과 스위스의 주요 지역을 향하고 있다고. 5층으로 이루어진 건물 안에는 비트라에서 생산되는 가구들이 전시되어 있고, 제작 공정을 볼 수도 있다. 유기적으로 이어져 있으면서 각각의 공간을 가진 컨테이너는 각각의 테마별로 인테리어 아이디어를 얻을 수 있다. 밝은 채광, 유기적인 공간 구성이 매력적이며 가구와 인테리어에 관심 있는 여행자라면 오랜 시간이 필요할 수밖에 없는 곳.

샤우데포는 비트라 캠퍼스에 자리한 헤르조그&드 뫼롱의 두 번째 건물이다. 그들의 초기 건축이었던 단순한 형태의 창고 건물에 7,000여 점의 가구와 1만여 점의 조명 기구가 보관되어 있으며 우리가 볼 수 있는 가구들은 유명 건축가들이 만든 의자 등 400여 개의 작품이다. 붉은 벽돌은 알바로 시자의 공장 건물과의 연속성을 나타내며 창문 하나 없는 단순한 외형은 역동적인 자하 하디드의 소방서와 대조를 이룬다.

헤르조그&드 뫼롱은 바젤에서 태어난 소꿉친구 건축가로 현재 가장 잘나가는 현대 건축가 팀이다. 2001년 프리츠커상을 수상했으며 초기에는 현대적이며 단순한 설계를 했다면 점차 외관의 재료를 강조하고 기하학적이며 복잡해 보이는 건축물을 만들고 있다. 대표작으로는 영국 런던의 테이트 모던 갤러리 리모델링과 별관, 독일 뮌헨의 알리엔츠 아레나, 우리나라 서울 청담동의 송음문화재단 사옥 등이 있다.

RESTAURANT · 바젤의 식당

바젤은 물가가 높기로 유명하다. 배가 고파 들어간 식당에서 메뉴판에 적힌 가격을 보는 순간 식욕이 가실 정도로 높은 물가를 자랑하지만 여행 중 식도락이 주는 즐거움을 빼놓을 수는 없다.

발리저 카너 WALLISER KANNE

교통이 편리한 곳에 위치한 스위스 전통 식당. 꽤 큰 규모에 다양한 메뉴를 갖추고 있다. 주로 스위스 남부 발레 지방의 음식이 맛있으며 부근 농장에서 공수해 오는 소시지 요리도 추천한다.

지도 P.329-D2 **주소** Gerbergasse 50 **전화** 061-261-70-17 **홈페이지** www.walliserkanne-basel.ch **영업** 월~토요일 11:30~24:00 **휴무** 일요일·공휴일 **예산** 전식 CHF19~32, 파스타 CHF21~28, 퐁뒤, 라클렛 등 스위스 전통 메뉴 CHF21~55 **가는 방법** Brafüsserplatz 맞은편 오른쪽 골목 도보 3분.

레스토랑 르 트랭 블뢰 Restaurant LE TRain BLEU

바젤 SBB역 맞은편 빅토리아 호텔 Hotel Victoria 1층에 자리한 레스토랑. 밝고 캐주얼한 분위기로 오전에는 호텔 조식 뷔페로, 낮에는 바와 레스토랑으로 운영된다. 역을 오가는 여행자와 주변 직장인들이 가볍게 점심을 먹거나 미팅을 가지는 곳이다.

지도 P.328-B2 **주소** Centralbahnplatz 3 **전화** 061-270-78-17 **영업** 매일 11:30~24:00 **예산** 전식 CHF9.50~36, 채식 요리 CHF27, 메인 요리 CHF27~55 **가는 방법** 바젤 SBB역 맞은편.

미스터 윙 MISTER WONG

바젤 여행 중 두어 번은 찾게 되는 중국·태국 음식점으로 저렴한 가격 대비 푸짐한 양 덕분에 현지인도 많이 찾는다. 식사 시간이면 자리 찾기가 어려울 때도 있다. CHF20 내외의 가격으로 우

리 입에 잘 맞는 볶음밥과 음료로 한 끼 식사가 가능하다. 저렴한 가격이지만 카페테리아 형태로 운영되고 있으니 마음에 든다고 마구 고르면 계산하면서 슬퍼질 것이다. 중앙역 앞(Centralbahnplatz 1), 인형 박물관 부근 보행자 거리(Steinenvorstadt 23)에도 지점이 있다.

지도 P.329-D2 **주소** Gerbergasse 76 **전화** 061-281-83-81 **홈페이지** www.misterwong.ch **영업** 월~목요일 11:00~23:00, 금·토요일 11:00~24:00, 일요일 11:30~23:00 **예산** 볶음국수 CHF15~, 볶음밥 CHF13~, 커리 CHF14~18 **가는 방법** Brafüsserplatz 맞은편 왼쪽 골목 도보 3분.

나마멘 namamen

바젤 메세에 있는 일본식 라멘바. 깔
끔한 인테리어와 널찍한 실내에서 따
끈한 국물을 먹을 수 있다. 기호에 맞
는 면을 선택할 수 있다. 라멘뿐만 아
니라 오니기리(삼각김밥), 야키도리, 롤
등도 준비되어 있다. 사이드 메뉴에 준
비되어 있는 김치가 반갑다. 구시가쪽
에도 지점이 있다.

<mark>지도 P.329-C1·D2</mark> **주소** Messeplatz 1a **전화** 061-281-83-81 **홈페이지** www.namamen.ch **영업** 월~금요일 11:00~21:30
휴무 토·일요일 **예산** 라멘 CHF16.80~23.80 **가는 방법** 바젤 메세 안쪽.

미그로스 레스토랑 Migros Restraunt

카페테리아 형태로 운영되는 식당으로 간단한 빵 종류부터 파스타 등 일
품요리와 크기별로 준비된 샐러드 등 기호에 맞는 음식을 골라 먹을 수
있는 것이 장점이다.

<mark>지도 P.328-B1</mark> **주소** Ochsengasse 2 **전화** 058-575-85-91 **영업** 월~토요일
07:00~18:00 **휴무** 일요일 **예산** CHF13~ **가는 방법** 클라라 광장 코너에 위치.

SHOPPING　　바젤의 쇼핑

세련된 분위기의 도시인 만큼 백화점이자 쇼핑몰이 시내에 있다. 마르크트 광장에서 대사원 가
는 길 Freie Strasse 주변에 우리에게 친숙한 브랜드 상점이 밀집되어 있다. 마르크트 광장에서
매일 오전 열리는 식료품 시장도 재미있는 볼거리며 알뜰하게 먹거리를 구입할 수 있는 찬스다.

콘피저리 쉬서 CONFISERIE SCHIESSER

스위스의 특산품인 초콜릿 상점. 품질
좋고 고급스러운 수제 초콜릿을 판매
한다. 상점 위층의 찻집은 1870년대에
조성되었으며 빈풍으로 꾸며져 있다.
고딕 양식의 시청 외관을 가장 잘 감
상할 수 있는 곳이다.

<mark>지도 P.329-D2</mark> **주소** Marktplatz 19 **전화** 061-261-60-77 **영업** 08:00~18:30, 토요일 08:00~17:30 **휴무** 공휴일 **예산** 초콜
릿 세트 CHF15~ **가는 방법** 시청사 맞은편.

다비도프 Davidoff

고풍스러운 담배 파이프와 좋은 품질의 시가가 가득한, 애연가를 위한 상
점. 그 외 액세서리도 있으니 애연가라면 꼭 들러봐야 한다.

<mark>지도 P.329-D2</mark> **주소** Marktplatz 21 **전화** 061-261-42-90 **영업** 월~토요일
09:00~18:30 **휴무** 일요일 **예산** 시가 CHF8~ **가는 방법** 시청사 맞은편.

ENTERTAINMENT 바젤의 즐길 거리

전시와 축제 기간이면 숙소 가격과 물가가 모두 상승해 주머니가 가벼워지지만 어디에서도 볼 수 없는 풍경과 경험을 만나게 된다. 놓치지 말아야 할 바젤의 행사를 살펴보자.

파스나흐트 Fasnacht

14세기부터 시작된 유럽에서 가장 아름다운 카니발 중 하나. 사순절의 시작인 '재의 수요일' 다음 주 월요일 04:00에 등불행렬로 시작된다. 이때 사용한 등불은 첫날 행렬 이후 축제 기간 동안 대사원 앞에 진열된다. 등불행렬도 볼 만하지만 시내 곳곳을 누비는 4~10명 정도의 가면 연주단의 연주도 인상적이다.

홈페이지 www.baslerfasnacht.info 일정 2025/3/10~12

바젤 아트페어 Basel Art Fair

세계 3대 아트페어 중 하나로 세계적인 명성을 가진 미술품 견본 시장이다. 인구 19만 명의 도시 바젤에 최소 5만 명의 미술가들이 모이는 행사로 매년 바젤 외곽에 위치한 메세에서 열린다. 행사는 점차 규모를 확장하면서 2002년부터 마이애미 비치에서, 2013년부터 홍콩에서도 행사를 개최하기 시작했다. 현대미술의 흐름을 알아볼 수 있는 행사로 미술에 관심 있다면 챙겨보자. 2024년에는 6월 13일부터 16일까지 개최된다.

홈페이지 www.artbasel.com

바젤 타투 Basel Tattoo

2006년부터 시작된 군악대 축제로 영국 에든버러에서 열리는 밀리터리 타투에 이어 두 번째로 큰 규모의 군악대 축제. 각국의 군악대 퍼레이드뿐만 아니라 전통 음악, 전통 무용 등 종합적인 예술 무대가 전용 공간인 바젤 타투 아레나 Basel Tattoo Arena(지도 P.328-B1, 주소 Klybeckstrasse 1B)에서 열린다. 2024년에는 7월 19일부터 27일까지 열릴 예정이다. 입장료는 CHF39~160.

홈페이지 www.baseltattoo.ch

HOTEL 바젤의 호텔

바젤의 호텔 가격은 전시회 가격과 그 외 가격으로 나뉜다고 해도 과언이 아니다. 전시회가 없는 기간에는 문을 닫는 호텔도 있을 정도. SBB 주변은 대중교통을 이용하기가 편리하지만 가격대가 조금 높다. 메세 주변은 아파트먼트가 모여 있고 큰 슈퍼마켓도 있고 교통도 편리해 여행하기에도 좋다. 바젤의 모든 호텔, 호스텔에서는 숙박하는 기간 내에 유용하게 사용할 수 있는 바젤 카드를 제공한다는 것을 잊지 말자.

그랜드 호텔 레 트루아 루아 Grand Hotel LES TROIS ROIS ★★★★★

라인강변에 위치한 바젤 최고의 호텔. 유럽에서 가장 오래된 시티호텔 중 하나로 1681년 호스텔로 설립된 후 1844년 그랜드 호텔로 변모했다. 호텔 이름 트루아 루아 Trois Rois는 동방박사 세 사람을 뜻하며 호텔 파사드 상단에 그들의 조각상이 서 있는 모습이 이채롭다. 17세기에 지어진 건물 두 채를 연결해 사용하고 있는데 기울어진 계단, 대리석 문양의 나무 등이 호텔의 역사를 보여준다. 1844년 라인강에 큰 홍수가 났을 때 침수해서 건물 중앙 계단 부분이 약간 기울어졌는데 이를 수평으로 만들지 않고 보수만 해서 사용하고 있다. 이 역시 건물의 역사라고 생각하기 때문이라고. 호텔은 여러 번의 리모델링을 거쳐 2004년부터 지금의 모습을 갖추고 있다. 중앙홀이나 객실 인테리어의 기본은 18세기 바로크와 아르누보 양식을 따르면서 욕실 내 어메니티는 스위스에서 생산되는 Feuerstein 브랜드의 유기농 허브 제품을 사용하고 덴마크산 오디오 명품 뱅앤올룹슨 Bang&Olufsen TV와 오디오가 자리해 과거와 현대의 호화로움을 한 곳에서 경험할 수 있다.

지리적 이점으로 바젤을 방문한 유명 인사들이 많이 숙박했고 그들의 이름을 딴 객실을 꾸며놓았다. 대표적으로는 나폴레옹 스위트 Napoleon Suite와 오늘날의 이스라엘을 있게 한 시오니즘의 창시자 테오도로 헤르츨 Teodoro Herzl이 묵었던 헤르츨 룸 Herzl Room이 있다. 그 외 투숙객으로 여왕 엘리자베스 2세 Queen Elisabeth II, 모나코의 레이니어 대공 등 각국의 원수, 파블로 피카소 Pablo Picasso, 마르크 샤갈 Marc Chagall 등의 예술가, 토마스 만 Thomas Mann, 볼테르 Voltaire 등의 작가 등이 있으며 이들이 작성한 방명록은 호텔의 보물이다.

바젤 최고의 호텔인 만큼 프렌치 레스토랑 슈발 블랑 Cheval Blanc은 미슐랭 3스타에 등재된 바젤 최고의 레스토랑으로 바젤에서 만드는 특별한 시간에 방점을 찍을 수 있는 장소다.

지도 P.328-B1 **주소** Blumenrain 8 **전화** 061-260-50-50 **홈페이지** www.lestroisrois.com **요금** CHF765~, 도시세 CHF3.50 **주차** 인근 Storchen 주차장 사용, 1일 CHF40(발레파킹 서비스) **가는 방법** 트램 6, 8, 11, 14, 15, 16, 17번 타고 Schifflände 하차 후 길 따라 도보 3분.

호텔 크라프트 바젤 HOTEL KRAFFT Basel ★★★

바젤 출신 점성가 에른스트 크라프트 Ernst Krafft가 1872년 오
픈한 호텔로, 헤르만 헤세가 이 호텔에서 『황야의 이리』를 집필
한 것으로 유명하다. 2004년부터 2년 동안 호텔 60개 전 객실
을 리모델링했는데 이전 모습을 유지하며 스위스에서 생산된 현
대적 디자인의 타이픈모델 Typenmöbel 가구로 교체한 공로를
인정받아 2007년 유서 깊은 호텔 Historic hotel of the year로
지정되었다. 맞은편에 자리한 별관에는 12개의 객실을 운영하
며 비트라 Vitra의 가구들로 인테리어해 세련된 분위기다.

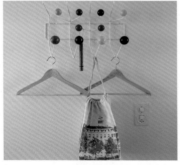

각 층의 복도와 로비에는 24시간 이용할 수 있는 물과 차, 그
리고 시간에 따라 약간의 간식거리가 준비되어 있고 어메니티
는 록시땅 L'Occitane 제품을 사용하며 주니어 스위트 이상의
룸에는 캡슐커피 머신이 설치되어 있다. 라인강을 조망하며 식
사를 즐길 수 있는 테라스 레스토랑은 바젤에서 인기 있는 레
스토랑 중 하나로 바젤과 인근 지역에서 생산되는 재료로 만
든 바젤 요리를 맛볼 수 있다. 호텔 홈페이지에서 예약하면 호
텔에서 월드비전 World Vision에 CHF5을 기부한다.

지도 P.328-B1 ▶ **주소** Rheingasse 12 **전화** 061-690-91-30 **홈페이지** www.krafftbasel.ch **부대시설** 자전거 무료 대여 **주
차** Rebgasse 공영 주차장 이용(25% 할인 가능) **요금** CHF120~, 도시세 CHF3.50 **가는 방법** 트램 6, 8, 14, 15, 17번 또
는 버스 31, 34, 38번 타고 Rheingasse 하차 후 왼쪽 Salt Store 끼고 Rheingasse로 들어와 도보 100m.

가이아 호텔 GAIA HOTEL ★★★★

1929년부터 4대째 운영되고 있는 4성급 호텔. 생 고타드 호텔
St. Gotthard Hotel이라는 이름으로 운영하다 2015년 가을,
이름부터 호텔 설비까지 리모델링하며 가이아 GAIA라는 이름
으로 다시 시작했다. 대지의 여신을 뜻하는 이름처럼 땅과 환
경을 생각하는 호텔의 운영 철학이 인상적이다. 호텔에서 제공
되는 모든 음식은 스위스 각지에서 생산되는 오가닉 푸드, 아
니면 스위스에서 생산된 제품이다.

객실은 노란색, 황금색, 갈색을 바탕으로 따뜻하고 포근한 분
위기다. 간간이 빨간색으로 포인트를 주어 자칫 지루할 수 있는
분위기에 생동감을 주고 있다. 욕실의 어메니티 역시 스위스 환
경친화적 기업의 제품을 사용한다고. 3개의 건물을 연결해 사
용하고 있는데 아침 식사를 제공하는 1층 식당은 호텔에서 가
장 오래된 부분으로 고전적인 인테리어를 유지하고 있다. 오가
닉 제품을 사용한 조식 뷔페는 글루텐 프리 제품과 비건 푸드
도 준비해 알러지가 있는 이들에 대한 배려를 엿볼 수 있다.

지도 P.328-B2 ▶ **주소** Centralbahnstrasse 13 **전화** 061-225-13-13 **홈페이지** www.gaiahotel.ch **요금** CHF230~, 도시세
CHF3.50 **주차** 인근 공영주차장 (예약 필수) 1일 CHF23 **부대시설** 무료 미니바, 스위스 내 전화 사용 무료, 사우나 **가는
방법** 바젤 SBB 역 앞 광장 빅토리아 호텔 지나 맥도날드 옆.

호텔 메트로폴 바젤 Hotel metropole Basel ★★★★

바젤 SBB역 앞 광장 끝에 위치한 호텔. 호텔 위치상 비즈니스 목적으로 방문한 이들이 즐겨 찾는 호텔 중 하나다. 호텔 내부는 세련된 분위기로 컬러풀한 소품과 조명이 조화롭게 배치되어 있다. 총 48개의 객실은 전체적으로 깔끔하고 밝은 분위기에 방음 시설이 잘되어 있고 모든 객실에 샤워가운이 비치되어 있다. 호텔 건물은 주변 다른 건물에 비해 고층이라 객실 전망이 훌륭하고 높은 층일수록 가격은 비싸진다. 가족 기업이 운영하며 장기 근속자들이 많아 자주 숙박하는 손님들과 유대감을 형성하고 있다고. 바젤의 전경을 한눈에 바라볼 수 있는, 건물 최상층에 위치한 홀에서 제공되는 아침 식사는 글루텐 프리, 알러지 프리 식품들을 이용해 준비된다고. 날씨가 좋은 날이면 바젤 시민들도 조식 뷔페를 즐기기 위해 많이 찾는 곳 중 하나다. 직접 운영하는 레스토랑은 없지만 주변의 제휴 레스토랑을 통해 룸서비스가 가능하고 전날 예약하면 04:00부터 조식을 서브해 준다(별도 요금 CHF7). 호텔 웹사이트에서 예약하면 유럽 내 난민 원조 민간기구인 schwizerchrüz.ch에 CHF5을 기부한다.

지도 P.328-B2 ▶ **주소** Elisabethenanlage 5 **전화** 061-206-76-76 **홈페이지** www.metropol-basel.ch **주차** 1일 CHF18, 사전 예약 필요) **요금** 2인실 CHF180~, 도시세 CHF3.50 **가는 방법** 바젤 SBB역 앞 광장 왼쪽 끝 스타벅스 위치한 건물 왼쪽.

노마드 디자인 앤 라이프스타일 호텔 Nomad Design&Lifestyle Hotel ★★★★

독특한 소품이 인상적인 65개 객실의 디자인 호텔. 크라프트 Krafft 호텔과 같은 그룹 소속으로 5년간의 준비를 거쳐 2016년에 오픈했다. 객실은 노출 콘크리트를 그대로 사용하고 원목 패널과 가구를 사용해 차분한 분위기 속에 컬러풀한 소품들이 포인트를 준다. 호텔에서 사용하는 리넨 등 섬유 제품은 대부분 인도산 공정무역 제품이라고. 어메니티는 이솝 AESOP 제품을 사용하고 있으며 사우나 이용 시 사용할 수 있는 가운과 슬리퍼가 들어 있는 사우나백이 방마다 갖춰져 있다.

로비와 복도에는 24시간 이용할 수 있는 음료와 간식 코너가 마련되어 있으며 전용 주차장이 있어 자동차 여행 시 이용하기 편리하다. 세련된 분위기의 바 Eatry에서 제공되는 조식 뷔페가 별도 요금이라는 게 조금 아쉽다.

지도 P.328-B2 ▶ **주소** Brunngässlein 8 **전화** 061-690-91-60 **홈페이지** www.nomad.ch **부대시설** 자전거 무료 대여, 사우나, 피트니스 **요금** CHF180~, 조식 뷔페 CHF20 **주차** 호텔 전용 주차장 1일 CHF25, 예약 필수 **가는 방법** 트램 2, 3, 8, 10, 11, 14, 15번 타고 Basel Bankverein 하차 후 길 건너서 트램 오던 방향으로 거슬러 올라가 Basler Kantonalbank 끼고 Brunng sslein로 들어가 도보 100m.

호텔 풀만 바젤 유럽 Hotel Pullman Basel Europe ★★★★

스위스에 들어선 첫 번째 풀만 호텔로 아코르 Accord 계열 호텔이다. 호텔 건
물 외관은 별다른 장식이 없지만 내부 인테리어는 장중하면서도 깔끔한 분위
기다. 호텔은 안뜰을 중심으로 두 개의 건물로 나뉘며 총 146개 객실을 운영
하고 있다(레지던스 건물에는 클래식 룸이, 메인 빌딩에는 슈피리어, 디럭스,
주니어 스위트가 자리한다). 객실마다 네스프레소 머신이 비치되어 있고 널찍
한 욕실에는 코비글로우 C.O.Bigelow 제품의 어메니티들이 자리하고 있다.

로비 라운지 한편의 바는 트렌디한 분위기로 사랑받고 있으며 레스토랑 레 카
트르 세종 Les Quatre Saison은 미슐랭 1스타를 획득한 곳이다. 호텔 전용
주차장이 있어 자동차 여행을 하는 여행자들에게 인기가 좋다.

지도 P.329-C1 **주소** Clarastrasse 43 **전화** 061-690-80-80 **홈페이지** www.accorhotels.com **요금** 1인실 CHF110~, 2인
실 CHF135~, 도시세 CHF3.50 **주차** 호텔 내 주차장이 1일당 CHF 24 **부대시설** 피트니스 **가는 방법** 트램 6, 14번 타고
클라라스트라세 Clarastrasse 하차. 길 건너편.

호텔 디 – 디자인 앤 어반 호텔 Hotel D - Design & Urban Hotel ★★★★

번화가에서 약간 벗어난 곳에 위치해 조용한 환경을 선호하며 세련된 휴식을
취하고 싶다면 선택할 만한 호텔. 48개의 객실이 있는 소규모 디자인 호텔로
2010년 11월에 오픈한 후 2016년 2월 리모델링을 마쳤다. 짙은 색 바닥과 흰
색 벽지로 인테리어를 한 객실은 깔끔한 분위기며 오렌지색 침구는 훌륭한
포인트를 준다. 아이팟 도크와 무료 와이파이 등 현대적인 편의시설이 장점이

다. 거리 쪽으로 창이 나 있으나 소음이 크지 않고 채광이 좋다. 이그젝티브
룸 Executive Room과 스위트 룸 Suite Room은 욕실에 창이 있어 로맨틱
한 분위기를 가질 수도 있다.

지도 P.328-B1 **주소** Blumenrain 19 **전화** 061-272-20-20 **홈페이지** www.hoteld.ch
요금 2인실 CHF210~, 도시세 CHF3.50 **부대시설** 피트니스, 사우나 **가는 방법** 트램
11번 타고 Universitätsspital 하차 후 트램 오던 방향으로 도보 100m.

바젤 시티 아파트먼트 Basel City Apartments

깔끔한 시설의 아파트먼트. 클라라 광장 Claraplatz와 바젤 메세 중간에 있
어 출장자에게 인기 좋은 숙소다. 체크인은 한 블록 떨어진 체크인은 라인
펠더호프 호텔 Rheinfelderhof Hotel(지도 P.328-B1, 주소 Hammerstrasse
61)에서 진행하는데 아침 식사를 이 호텔 뷔페를 이용할 수 있다. 객실은 환
한 채광으로 시원하고 널찍해 보이며 객실마다 네스프레소 머신이 구비되어

있고 매일 캡슐을 보충해준다. 수건과 어메니티를 교체하면서 청소도 간단하
게 해서 주방이 완비된 호텔이라고 생각해도 무방하다. 가까운 트램 정류장
Clarastrasse에 대규모 슈퍼마켓 Coop이 있어 주방을 이용해 저렴하게 저
녁 식사 하기에도 좋다.

지도 P.329-C1 **주소** Clarastrasse 53 **전화** 061-695-45-45 **홈페이지** www.basel-city-apartments.ch **이메일** info@
basel-city-apartments.ch **요금** 2인 기준 CHF180, 1인당 CHF40 추가 **부대시설** 주방 시설 **가는 방법** 트램 6, 14 번 클
라라스트라세 Clarastrasse 하차, 길 건너 바젤 메세 방향으로 걷다가 풀만 호텔 Pullman Hotel 지나 자전거 숍 옆 현관.

제너레이션 YMCA 호스텔 Hyve
YMCA Hostel Hyve

바젤을 찾는 여행자들의 최고 인기 숙소였던 YMCA 호스텔이 이름을 바꾸고 새 단장 해 문을 열었다. 바젤 SBB역 뒤편의 조용한 주택가에 자리하며 도미토리뿐만 아니라 아파트 형태의 객실도 운영한다. 깔끔하면서도 편리한 시설, 친절한 스태프 덕분에 늘 여행자로 붐빈다. 도미토리 침대마다 독서 등이 마련되어 있으나 콘센트는 조금 부족한 편이다. 방마다 세면대가 설치되어 있어 간단하게 씻기에도 불편함이 없고 공용 샤워 시설 또한 넉넉하게 마련되어 있어 씻기 위해 많이 기다리지 않아도 되는 점은 이 호스텔의 최고 장점. 넓고 깔끔한 주방 시설은 물가가 비싸기로 유명한 바젤에서 조금이라도 비용을 절감할 수 있게 해준다.

지도 P.324-A1 ▶ 주소 Gempenstrasse 64 전화 061-361-73-09 홈페이지 www.hyve.ch 이메일 info@hyve.ch 요금 도미토리 CHF 32~, 2인실 CHF 79~, 1인실 CHF 59~ 부대시설 주방 완비 주차 사전 예약, 1일 CHF20, 와이파이, 세탁기(세탁 CHF5, 건조 무료) 가는 방법 바젤 SBB역 뒤편 Gundeldingen 출구로 나와서 도보 10분.

공식 유스호스텔
Jugendherberge Basel

조용한 분위기의 공식 유스호스텔로 2008년 건축가 부흐너 Buchner와 브룬들러 Bründler의 설계로 확장 리모델링했다. 여느 도시의 건축물처럼 오래된 건물에 현대적 요소를 가미한 실내 인테리어는 모던하고 깔끔하다. 대성당 및 바젤 순수 미술관과 가까운 것이 강점. 강변보다 약간 낮은 지대에 위치해 습한 기운이 느껴질 수 있다. 주차 시설이 완비되어 있어 자동차 여행 중이라면 고려해 볼 만한 숙소다.

지도 P.329-C2 ▶ 주소 St Alban Kirchrain 10 전화 061-278-97-39 홈페이지 www.youthhostel.ch/basel 이메일 basel@youthhostel.ch 요금 6인 도미토리 CHF41, 4인실 CHF42, 2인실 CHF46~61, 싱글 CHF60~70(아침 식사·시트 포함), 호스텔 카드 미소지자 추가 요금 CHF6, 주차 인근 공영 주차장 1일 CHF20 가는 방법 바젤 SBB 역에서 트램 8, 10, 11번 타고 Aeshenplatz에서 트램 3, 14번으로 갈아탄 후 At. Alban Tor 하차 후 도보 5분. 길 건너 성문 통과해 내리막길 아래에 위치.

바젤에서 떠나는 독일 여행

작은 수로를 가진 친환경 도시
프라이부르크
Freiburger

친환경 도시로 유명한 프라이부르크는 1120년경 역사에 등장했다. 독일, 스위스, 프랑스 국경에 자리한 덕에 예로부터 교역의 중심지로 이름 높았으며 합스부르크, 바이에른, 오스트리아, 프랑스 등 여러 왕조의 지배를 받았다. 제2차 세계대전 중 80% 이상 파괴되었으며 도시 재건 과정에서 자연과 환경을 지키는 것을 최우선으로 하였다. 그 결과 프라이부르크는 전 세계적인 환경 에코 투어의 대표 도시로 성장하게 되었다.

기차역에서 구시가로 들어오면 자동차의 흔적을 찾아볼 수 없다. 대신 발밑을 잘 살피며 여행해야 한다. 그 이유는 두 가지다. 하나는 프라이부르크에서만 볼 수 있는 작은 수로 베히레 Bachle가 구시가 중심을 흐르고 있기 때문이다. 폭 50cm, 전체 길이는

15km에 달하는 수로는 500년이 넘는 역사를 가지고 있다. 프라이부르크에 목조 건물이 가득하던 중세시대에 화재를 진압하기 위한 소방용수를 조달하기 위해 만든 것이라고 한다. 오늘날 베히레는 도시의 열을 식혀주는 역할을 하며 여행자들에게는 피로한 발을 쉬게 해주는 휴식처로 사랑받고 있다. 프라이부르크 시민들의 베히레에 대한 애정은 대단하다. 자신의 집이나 상점 앞을 지나는 베히레를 자발적으로 장식할 정도라고. 베히레를 걷다가 수로에 빠지면 프라이부르크 시민과 결혼해야 한다는 전설도 내려온다.

또 하나의 이유는 길에 수놓아진 여러가지 모자이크 때문이다. 프라이부르크 주변 지역에서 채취한 돌로 만든 이 모자이크들은 상점의 성격을 나타내는 간판 역할을 한다. 모자이크를 보고 상점의 성격을 맞춰보는 것도 또 하나의 재미다.

구시가 중심에 우뚝 솟은 종탑이 있는 프라이부르크의 대성당은 독일 내 대표적인 프랑스풍 고딕 양식 성당이다. 높은 종탑, 내부의 장미창, 그리고 가고일 gargoyle이 특징인 이 성당은 1200년경 건축이 시작되어 1513년에 완성되었다. 유럽에서도 아름답기로 손꼽히는 성당으로 외벽에 가득한 조각상들이 압권이다. 116m 높이의 종탑에 오르면 검은 숲의 풍경과 성당을 둘러싸고 있는 광장의 모습이 눈을 사로잡는다. 성당 내부로 들어서면 고딕 양식 성당 특유의 장미창이 눈에 띄고 화려하게 장식된 스테인드글라스가 무척 아름답다.

도시의 크기는 작지만 고대사 박물관, 현대미술관, 자연박물관, 카니발 박물관, 인형 박물관 등 여러 종류의 박물관이 여행자를 기다리고 있다. 가장 대표적인 곳은 아우구스티너 박물관 Augustiner Museum이다. 유럽 대부분의 성당들이 그러하듯 오래된 성당 외벽의 조각들은 모사품을 만들어 그 자리에 대체하고 원본은 따로 박물관에 보관한다. 박물관 중앙홀 양옆에 성상이 즐비하고 고개를 들면 가고일들이 저마다의 모습으로 매달려 있다. 이 가고일들은 성서에 등장하는 7가지 죄악인 탐식, 탐욕, 나태, 정욕, 교만, 시기, 분노를 상징한다.

1970년대 초반 인근 지역에 원전이 건설된다는 소식을 듣고 격렬히 저항하며 탈원전을 선언하고 친환경적인 방법으로 도시를 유지해 지금은 전 세계적인 친환경 도시로 자리매김한 프라이부르크. 잠깐의 시간이지만 자연과 환경을 유지하려는 노력으로 보존되고 있는 도시 속으로 떠나보자. 비록 편리하고 세련되지는 않았지만 잠깐의 불편함 또한 추억이 될 것이다.

가는 방법 바젤 SBB역에서 ICE 기차로 40분 소요, 또는 RE 기차로 1시간 10분 소요.

INFORMATION

➡ **프라이부르크 대성당** Freiburger Münster
주소 Münsterplatz, 79098 Freiburg im Breisgau, Germany **운영** 성당 월~토요일 10:00~17:00, 일요일 13:00~19:30, 종탑 월~토요일 10:00~16:45, 일요일 13:00~17:00 **요금** 종탑 €1,50

➡ **아우구스티너 박물관** Augustiner Museum
주소 Augustinerpl., 79098 Freiburg im Breisgau, Germany **운영** 화~일요일 10:00~17:00 **휴관** 월요일 **요금** €7

바젤에서 떠나는 프랑스 여행

유럽 정치의 중심지
스트라스부르
Strasbourg

알퐁스 도데의 단편 〈마지막 수업〉의 배경인 알자스-로렌 지방 제1의 도시 스트라스부르. 독일과 프랑스 국경에 자리하며 두 나라 간의 치열한 영토 다툼의 격전지였던 역사로 인해 프랑스와 독일 두 나라의 향기가 곳곳에 묻어 있다. 서양 최초로 금속활자를 발명한 구텐베르크가 이곳에서 활동했고 지금은 유럽연합의 유럽의회와 유럽인권재판소, 유럽평의회가 자리하고 있어 유럽 정치의 중심으로 불린다. 주네브처럼 수도가 아니면서 국제기구의 본부가 들어와 있는 도시 중 하나이다. 또한, 프랑스 국립행정학교 ENA 본교가 자리하고 있고 100여개 국 이상의 학생들이 이곳에서 공부하는 교육의 도시이기도 하다.

스타디움 같은 형태의 기차역에서 나와 역 광장을 가로지른 후 메르 퀴스 거리 Rue du Maire Kuss를 따라 10분 정도 걸으면 구시가에 도착한다. 고풍스러운 분위기의 구시가는 1988년 유네스코 세계문화유산으로 지정되었는데 구시가 전체가 세계문화유산으로 지정된 최초의 사례라고 한다.

구시가의 랜드마크는 중심에 우뚝 솟아 있는 스트라스부르 대성당 Cathédrale Notre-Dame de Strasbourg이다. 높디높은 첨탑이 있는 전형적인 프랑스식 고딕 양식의 성당으로 첨탑의 높이는 142m에 달한다. 12세기 후반에 공사를 시작해 19세기 후반 오늘날의 모습을 갖게 되었다. 여러 세기에 걸쳐 만들어진 다양한 모양의 스테인드글라스가 눈길을 끈다.

목재 프레임이 그대로 드러나는 알자스 지방의 양식으로 지어진 건물들을 따라 구시가 골목을 걷다 보면 만나게 되는 프티 프랑스 Petit France는 스트라스부르 최고의 명소다. 귀여운 어감의 이름을 가진 이곳은 실제로도 귀여운 풍경을 가진 강 중간의 작은 섬이다. 15세기에는 이곳에 매독 환자를 치료하는

병원이 있었다고 한다. 당시 전쟁에 참여했던 프랑스 사람들이 매독을 앓은 채 고향에 돌아오는 경우가 많았고 그들을 위한 병원이 있었던 수로 일대를 '매독(프랑스어로 petit vérole)에 걸린 프랑스인'이라는 의미의 프티 프랑스로 부르던 것이 오늘날까지 이어져 오고 있다.

고즈넉하고 우아한 구시가, 우뚝 솟은 종탑, 올망졸망한 분위기의 프티 프랑스와 더불어 현대적인 모습의 유럽의회 건물까지 있는 스트라스부르는 역사 속 독일과 프랑스의 격전지에서 화해의 도시로, 나아가 전 유럽의 화해를 상징하는 도시로 자리하고 있다.

홈페이지 www.otstrasbourg.fr **가는 방법** 바젤 SBB역 내 SNCF 승강장에서 기차 1시간 20분 소요.

INFORMATION

➡ **스트라스부르 대성당** Cathédrale Notre-Dame de Strasbourg
주소 Place de la Cathédrale, 67000 Strasbourg, France **홈페이지** www.cathedrale-strasbourg.fr **운영** 월~토요일 08:30~11:15, 12:45~17:45, 일요일·공휴일 13:30~17:30

바젤에서 떠나는 프랑스 여행

알자스 지방의 진주

콜마르
Colmar

스트라스부르와 더불어 프랑스에 있지만 독일의 모습이 가득한 소도시 콜마르 Colmar는 알자스 와인의 수도 Capitale des vins d'Alsace로 일컬어진다. 콜마르에서 생산되는 화이트와인처럼 달콤하고 아기자기한 모습을 가진 도시다.

기차역에서 나와 구시가로 들어가면 알자스 지방 특유의 목재 프레임으로 만든 건물들을 만나게 된다. 그중 여행자들의 시선을 끄는 건물은 일본의 미야자키 하야오 宮崎駿의 애니메이션 〈하울의 움직이는 성〉 속에 등장하는 메종 피스테르 Maison Pfister(Rue des Marchands 11)다. 16세기에 지어진 건물로 모서리 부분의 독특한 테라스가 인상적이며 외벽을 가득 채운 프레스코화 또한 섬세하다.

스트라스부르에 프티 프랑스가 있다면 콜마르에는 프티 베니스가 있다. 프티 베니스는 유럽 여러 곳에 있다. 대표적으로는 독일 밤베르크 Bamberg에도 있다. 운하를 따라 아기자기하고 알록달록한 건물들이 늘어서 있는 모습이 베네치아와 비슷하다 해서 붙은 이름으로 주변 지역에서 생산된 포도나 와인의 이동 경로였던 강을 따라 유람선을 타고 주변을 돌아볼 수 있다. 꽃으로 장식된 풍경이 아름답고, 강변에 늘어선 레스토랑에서 식사를 즐기는 것도 좋다.

작은 도시지만 운터린덴 박물관 Musee Unterlinden 만큼은 프랑스 내에서도 유명하다. 알자스 지방에서 손꼽히는 큰 규모의 수도원에 자리한 박물관으로 예수 그리스도를 가장 끔찍하게 묘사했다는 〈이젠하임의 제단화 Retable d'Isenheim〉를 비롯해 홀바인부터 피카소까지

폭넓은 소장품으로 미술 애호가
들의 발길을 끌어당긴다.
뉴욕에 있는 〈자유의 여신상〉의
원작자 바르톨디 Bartholdi가 태

어난 도시로 그의 생가는 박물관으로 사
용 중이다. 시내 중심의 웅장한 생 마르탱 성당, 도미
니크 성당 등 작은 도시지만 볼거리들이 다양하다.
하지만 목적 없이 걷는 것도 재미있는 곳이다. 독일 바
이에른 지방 소도시에서 볼 법한 각양각색의 간판이 머
리 위에서 저마다의 메시지를 전달하고, 상점마다 특색
있는 장식들은 여행자들의 지갑을 유혹한다.
콜마르는 프랑스와 독일의 국경지대에 위치하지만 전쟁
의 피해를 거의 입지 않아 옛 모습을 그대로 간직하고
있다. 올망졸망한 도시 풍경과 함께 다양한 알자스 와
인과 함께한다면 오늘의 여행도 성공!
홈페이지 www.tourisme-colmar.com **가는 방법** 바젤 SBB
역 내 SNCF 승강장에서 기차 1시간 소요.

INFORMATION

➡ **운터린덴 미술관** Musee Unterlinden
주소 Rue des Unterlinden 1 **홈페이지** www.musee-
unterlinden.com **운영** 수~월요일 9:00~18:00 **휴무** 화요
일, 1/1, 5/1, 11/1, 12/25

여행 준비
Before the Travel

여권 만들기

해외여행을 준비할 때 반드시 필요한 신분증이다. 여권은 공항 출입국 심사와 면세품 구입, 환전, 숙소 체크인, 택스 리펀드 Tax Refund 등을 할 때뿐만 아니라 미술관, 박물관에서 오디오 가이드를 대여할 때도 꼭 필요하다. 여권을 발급받은 후 서명란에 바로 서명하고 여행 중에 분실하거나 도난당하지 않도록 주의를 기울여야 한다. 특히 유럽에서 한국인 여행자들의 여권은 아주 인기 좋은 표적이라고 한다. 이미 여권을 소지하고 있다면 유효기간을 살펴보자. 스위스뿐만 아니라 대부분 나라에서는 여권 잔여 유효기간을 6개월 이상으로 규정하고 있다. 잔여 유효기간이 6개월 미만이라면 재발급받아야 한다.

여권

현재 발급되고 있는 전자여권 ePassport에는 보안성 극대화를 위해 IC칩이 내장되어 있다. 칩에는 얼굴, 지문 등의 바이오 인식정보(Biometric data) 와 성명, 여권 번호, 생년월일 등 신원정보가 저장되어 있다. 전자여권은 18세 이상 성인이면 신청 가능하며, 대리 신청은 불가하다. 만 18세 미만의 미성년자의 경우 본인의 2촌 이내 친족, 법정대리인의 배우자가 대리신청할 수 있다. 여권 접수는 서울 지역 모든 구청과 광역시청, 지방 도청 여권과에서 한다. 신청부터 발급까지는 공휴일을 제외하고 최소 4일 이상 걸린다. 특히 6~8월, 11~1월의 성수기에는 신규 여권 신청자가 많이 몰리므로 발급이 더 늦어질 수도 있다. 이때 여권을 신청해야 한다면 예약제를 실시하는 기관을 이용하는 것도 좋다.

[외교통상부 여권 안내] 홈페이지 www.passport.go.kr

여권 발급 준비 서류

· **여권 발급 신청서 1부 :** 외교통상부 홈페이지에서 다운로드 가능하며, 각 여권과에 신청서가 구비되어 있다.
· **여권용 사진 2장 :** 반드시 여권용 사진으로 찍어야 한다.
· **신분증 :** 주민등록증, 운전면허증, 공무원증
· **수수료 :** 단수여권 2만 원, 복수여권 5만 3,000원(24면 5만 원), 유효기간만 연장할 경우 2만 5,000원
· **군 미필자의 국외여행 허가서 :** 군 복무를 마치지 않은 25~37세의 남자는 국외여행 허가서를 받아야 한다. 병무청 홈페이지(www.mma.go.kr)에서 간단히 신청할 수 있으며, 신청 2일 후에 출력할 수 있다. 발급받은 국외여행허가서는 여권 발급 시 제출하면 된다(여권 재발급의 경우 기존 여권을 소지해야 한다).

> **Travel tip!**
>
> **미성년자의 여권 발급**
> 18세 미만의 미성년자는 유효기간 5년의 복수여권을 발급받을 수 있다. 8~18세 청소년의 여권 수수료는 4만 7,000원이며 8세 미만 어린이의 여권 수수료는 3만 5,000원이다. 여권에 들어가는 사진 촬영 조건은 성인과 동일하다.

여권 사진 규정 안내

· 사진 규격은 가로 3.5cm, 세로 4.5cm이며, 6개월 이내에 촬영한 천연색 상반신 정면 탈모 사진으로 얼굴의
길이가 3.2~3.6cm이어야 한다.
· 사진 바탕색은 흰색이어야 한다. 복사한 사진, 포토샵으로 수정된 사진은 사용할 수 없다.
· 사진이 접히거나 손상되지 않아야 하며, 표면이 균일하지 않거나 저품질의 인화지를 사용하여서는 안 된다.
· 즉석사진 또는 개인이 촬영한 디지털 사진은 여권사진으로 부적합하다.
· 눈동자는 정면을 응시해야 하며, 컬러렌즈를 착용하면 안 된다. 색안경을 착용해서도 안 된다.
· 머리카락으로 얼굴 윤곽을 가리거나 두꺼운 안경테로 눈썹을 가려서도 안 된다.

Travel Plus +

여권을 분실했다면

우리나라 여권 소지자는 유럽 국가 대부분에 무비자로 입국할 수 있어 도둑들의 좋은 표적입니다. 이런 도
난 사고로 분실된 여권은 위조되어 밀입국, 불법 체류에 이용될 확률이 높습니다. 만일의 사고에 대비해
여행을 떠나기 전 여권 사본 2~3부를 만들어 분리 보관하고 여분의 사진도 4~5장 정도 준비해 가세요. 현
지에서 여권을 분실했다면 먼저 경찰서로 가서 여권 분실 증명서를 발급받습니다. 이때 여권 번호를 알려
줘야 하니 여권 번호는 따로 메모해 두는 것이 좋습니다. 주스위스 한국대사관에 문의해도 알 수 있답니
다. 경찰서에서 분실 증명서를 발급 받은 후에는 사진 2장을 들고 베른에 위치한 주스위스 한국대사관으
로 가면 됩니다.

[스위스 대한민국 대사관]
주소 Kalcheggweg 38, 3006 Bern **전화** 031-356-24-44(근무 시간 대표전화), 079-897-40-86(근무 시간 외), 위
급상황 시 24시간 연락처 079-852-22-66 **운영** 월~금요일 08:30~12:30, 14:00~17:00 **가는 방법** 베른 중앙역에서
Ostring행 7번, 또는 Saali행 8번 트램 타고 5번째 정류장 Thunplatz 하차, 길 건너 공원 쪽으로 들어가 왼쪽 테니
스장 끼고 직진 도보 5분. 또는 19번 버스 타고 9번째 정류장 Petruskirche 하차해 교회와 경찰서 보이는 방향으로
직진 후 만나는 삼거리에서 오른쪽 길. 택시 약 CHF20(북한 대사관과 혼동될 수 있으니 주소를 보여준다)

※여권 재발급 시 준비물 : 여권용 컬러사진 2장, 재발급 수수료 CHF15(현금만 사용 가능)

스위스 **입국 허가 요건**

스위스는 90일간 무비자로 체류가 가능하나 셍겐조약을 우선으로 하기에 다른 유럽 내 국가 체류 일수와 스
위스 체류 일수가 90일을 넘어서는 안 된다. 입국 시 여권의 유효 기간은 체류 일수+3개월로 규정되어 있으나
다른 나라로의 여행을 생각한다면 여권의 잔여 유효 기간은 6개월 이상 되는 것이 좋다.

항공권 구입 요령 및 예약

항공권 구입은 여행의 시작을 의미하는 중요한 절차다. 또한 여행 경비의 3분의 1이 여기에 소요되므로 신중히 결정해야 한다. 내가 원하는 최상의 스케줄이면서 저렴한 항공권을 구입하고 싶다면 최소 3개월 전에 예약하는 것이 좋다.

저렴한 항공권 구입 요령

저렴한 항공권을 원한다면 미리 여행 계획을 세우고 성수기를 피해야 한다. 보통 스위스 성수기는 6/20~8/20, 12/20~2/28, 그리고 설과 추석 연휴로, 미리 계획을 세워 조기 발권을 이용하는 것이 좋다. 조기 발권은 여행 출발 3~4개월 전에 하는 것이 일반적이고 예약이 확정되면 72시간 이내에 비용을 지불하고 발권해야 한다. 이 경우 변경이 불가하거나 수수료가 비싼 단점이 있으니 신중하게 결정하자.

조기 발권을 놓쳤다면 직항인 국적기보다는 조금 불편해도 외국계 항공사의 경유편이 싸다. 항공사 홈페이지에 특가 행사가 열리기도 하니 평소 선호하는 항공사 홈페이지를 주시하자.

항공사에 따라 학생 또는 나이별 특별 할인 요금이 적용되는 경우도 있으니 꼼꼼히 살펴보고 같은 스위스 내라도 IN/OUT을 같은 도시로 하는 왕복 항공권이 IN/OUT을 다르게 하는 왕복 항공권보다 특가 요금도 많고 더 저렴하다.

항공권 예약 및 발권

우리나라에서 스위스로 가는 직항은 취리히로 운항하는 대한항공이 유일하다. 대신 많은 유럽계 항공사가 취항하고 있고 아시아계 항공사로는 타이항공과 중동계 항공사들이 취리히를 운항한다. 본인이 선택한 루트에 따라 취리히와 바젤, 주네브 등으로 IN/OUT 설정이 가능하나 이왕이면 같은 도시 왕복권을 구입하는 것이 더 저렴하다.

루트를 만들고 항공사를 정했다면 정확한 출발일과 귀국일, 목적지와 귀국지, 여권과 동일한 영문 이름을 항공사 측에 알려주고 항공권을 예약한다. 만일 원하는 항공사에 좌석이 없다면 대기자(Waiting List)로 이름을 올려놓고, 다른 항공사에도 같은 스케줄을 예약해 두는 것이 안전하다.

항공권 예약 후 좌석이 확정되면 전자항공권을 받을 수 있다. 발권 직전에는 여권과 동일한 영문 이름이 제대로 항공권에 들어가 있는지, 예약한 출발일과 귀국일, 목적지와 귀국지 등이 예약한 대로 잡혀 있는지, 예약 상태가 OK인지 등을 반드시 확인해야 한다. 발권 이후 변경을 하게 되면 수수료를 내야 하는 경우가 생긴다. 또한 귀국 시 현지에서 해당 항공사에 예약 재확인(Reconfirm)이 필요한지 미리 확인하자.

마지막으로 항공사 마일리지를 적립하면 국내 항공을 저렴하게 이용하거나 무료로 이용할 수 있는 기회가 주어지니 잊지 말고 적립하자.

그 밖에 항공권 구입 시 체크해야 할 사항   `Travel tip!`

· **유효 기간** : 항공권에도 유효 기간이 있다. 혹시 모를 여행 기간의 변화에 대비하자.
· **변경 가능 여부** : 귀국 일자, 또는 귀국 도시의 변경이 가능한지도 체크하자. 일부 항공사의 경우
  변경 수수료를 부과한다.
· **스톱오버 여부** : 직항이 아닌 경우 경유지 스톱오버를 제공하는 항공사들이 있다. 이를 이용하면
  스위스 이외의 다른 나라도 여행할 수 있는 기회가 되니 활용하자.
· **경유지 숙박 제공 여부** : 일부 항공사의 경우 당일 연결이 되지 않을 경우 숙박지를 제공하는 프로그램을
  가지고 있다.
· **공동 운항 여부** : 항공사끼리 동맹을 맺고 공동 운항하는 경우가 있는데 이를 코드 셰어 Code Share라고
  한다. 이럴 경우 예약은 외국 항공사에 하고 국적기를 이용하게 되는 경우도 있다.

항공사 마일리지 적립하기

각 항공사에서는 탑승 거리에 따라 마일리지를 적립해 일정 기준에 도달하면 무료 항공권, 할인, 좌석 승급 등의 다양한 혜택을 받을 수 있는 서비스를 제공한다. 마일리지 적립 카드는 인터넷으로 신청이 가능하다. 카드가 배송되는 데 약 1달 정도 걸리니 출발 전에 여유를 두고 신청하자. 특별한 사정이 없다면 국적기로 마일리지를 적립하는 것이 좋다. 국내선 탑승 시 활용하기도 좋고 마일리지를 이용한 보너스 항공권 발권 시에 소요 마일리지도 절약할 수 있다.

항공 마일리지 동맹체

스카이 팀 Sky Team

대한항공 · 델타항공 · 아에로멕시코 · ITA항공 · 에어프랑스 · 체코에어라인 · 베트남항공 ·
중화항공 · 중국동방항공 · 케냐항공 · 아르헨티나항공 · 가루다인도네시아항공 · KLM · 중동항공 ·
사우디아항공 · 샤먼항공 · 에어유로파 · 타롱항공

홈페이지 www.skyteam.com

스타 얼라이언스 Star Alliance

STAR ALLIANCE
THE WAY THE EARTH CONNECTS

아시아나항공 · 루프트한자 · 스칸디나비아항공 · 싱가포르항공 · 에어 뉴질랜드 ·
에어 캐나다 · 오스트리아항공 · 유나이티드항공 · 전일본공수 · 타이항공 · 폴란드항공 ·
아에게안 · 에어차이나 · 브뤼셀에어라인 · 크로아티아항공 · 이집트에어 · 남아프리카항공 · 스위스항공 ·
포르투갈항공 · 터키항공 · 아비앙카 · 코파항공 · 에티오피아항공 · 에바항공 · 심천항공 · 에어 인디아

홈페이지 www.staralliance.com

원 월드 One World

아메리칸 에어라인 · 영국항공 · 이베리아항공 · 핀에어 · 캐세이퍼시픽 ·
콴타스항공 · 일본항공 · 로열 요르단 항공 ·
말레이시아항공 · 카타르항공 · S7항공 · 스리랑카항공

홈페이지 www.oneworld.com

스위스에 취항하는 주요 항공사 안내

직항편

대한항공 Korean Air (KE)

우리나라 사람들이 가장 선호하는 항공사. 편리한 스케줄, 우리 입맛에 딱 맞는 기내식 등 친절한 서비스로 이름 높다. 항공권 가격이 비싼 것이 흠이다.

취항 도시 취리히

스위스 국제항공 Swiss International Air Lines AG (LX)

스위스 국영 항공사. 루프트한자 그룹에 속해 있어 스타 얼라이언스 동맹 항공사다. 2024년 5월부터 직항편이 신규 취항해 스위스 가는 길이 더욱 쉬워졌다.

취항 도시 취리히, 주네브, 바젤
홈페이지 www.swiss.com/ch/

유럽계 항공사

유럽 내 공항에서 환승하는 항공사. 환승 공항에서 입국 심사를 받게 된다. 그다지 까다로운 질문은 없기 때문에 긴장할 필요는 없고 여권 유효 기간에 신경 쓰자. 대체적으로 유럽에 점심시간대에 도착해 환승하므로 현지 도착 시간은 늦은 저녁이 되기 쉽다. 미리 숙소와 교통편을 확보해 두는 것이 좋다.

에어프랑스 Air France (AF)

여행자들이 가고 싶어하는 도시 중 한 곳인 파리를 경유한다. 짧은 운항 시간과 친절한 기내 서비스로 인기가 높으며 스카이 팀 일원으로 대한항공과 공동 운항하는 비행기를 탈 수도 있다.

취항 도시 취리히, 주네브, 바젤 **홈페이지** www.airfrance.co.kr

네덜란드항공 KLM Royal Dutch Airlines (KL)

에어프랑스와 합병된 네덜란드 국적기. 암스테르담 스히폴 공항을 허브로 사용한다. 밤에 출발하는 스케줄로 현지에 오전에 도착하기 때문에 시간 효율성이 좋다.

취항 도시 취리히, 주네브, 바젤
홈페이지 www.klm.co.kr

터키항공 Turkish Airlines (TK)

남유럽 최고 항공사로 인정받고 있는 터키의 국적기. 동서양 문화의 접점 이스탄불을 기반으로 하며 스톱오버를 제공한다. 편리한 스케줄과 스타 얼라이언스 멤버로 아시아나항공 마일리지 공유가 매력적이다. 하늘 위 레스토랑이라 불리는 기내식도 일품이다.

취항 도시 취리히, 주네브, 바젤
홈페이지 www.turkishairlines.com

루프트한자 Lufthansa (LH)

프랑크푸르트와 뮌헨을 기반으로 하는 독일 국적기. 주6회 프랑크푸르트와 뮌헨에 운항하며 스위스 주요 도시와 연결된다. 독일 특유의 정확성과 깔끔함이 돋보이며 아시아나항공과 마일리지 교환이 가능하다는 장점이 있다. 프랑크푸르트 경유보다는 뮌헨 경유편이 대기 시간도 짧고 조금 일찍 도착한다.

취항 도시 취리히, 주네브, 바젤
홈페이지 www.lufthansa.com

핀에어 Finnair (AY)

핀란드 국영 항공사로 헬싱키에서 환승한다. 공항 시설이 잘되어 있어 경유 시간 내내 지루하지 않게 보낼 수 있다. 원월드 항공사로 평균 10년 정도 된 항공기를 소유하고 있다.

취항 도시 취리히, 주네브
홈페이지 www.finnair.co.kr

폴란드항공

 1929년에 설립된 폴란드 국영 항공사로 최근 최신 기종을 도입하고 서비스 개선에 나서며 점차 인지도를 높여가고 있다. 스타 얼라이언스 회원사로 탑승 실적을 아시아나 마일리지로 적립할 수 있다.

취항 도시 취리히, 주네브

아시아계 항공사

아시아와 중동 지역을 기반으로 움직이는 항공사. 인천에서 늦은 밤 출발해 스위스에 오전에 도착하는 스케줄로 시간을 효율적으로 사용할 수 있고 스톱오버가 비교적 자유롭게 허용되는 장점이 있다. 단점이라면 항공편에 따라 경유 시간이 오래 걸릴 수 있다는 것.

캐세이퍼시픽 Cathaypacific (CX)

 홍콩을 기반으로 운행되는 항공사. 인천~홍콩의 경우 하루에 2~3회 운항한다. 홍콩 스톱오버가 가능하며 스톱오버가 아니더라도 경유 시간을 이용해 잠시 시내 여행이 가능한 장점이 있다.

취항 도시 취리히
홈페이지 www.cathaypacific.com/kr

타이항공 Thai Air (TG)

 여행자의 천국이라는 방콕을 경유하는 태국 국적기. 싱가포르항공과 더불어 스타 얼라이언스 팀으로 아시아나항공사와 마일리지 교환이 가능하다. 방콕 스톱오버가 매력적이다.

취항 도시 취리히, 주네브
홈페이지 www.thaiair.co.kr

싱가포르항공 Singapore Air (SQ)

 세계에서 가장 안전하고 좋은 서비스로 유명한 싱가포르 국적기. 흠잡을 데 없는 기내식과 서비스, 그리고 최신식 여객기로 유명하다. 스타 얼라이언스의 일원으로 아시아나항공과 마일리지 교환이 가능하다. 짧은 경유 시간이 최대 장점이며 싱가포르 스톱오버도 가능하다.

취항 도시 취리히
홈페이지 www.singaporeair.com

아랍에미리트항공 Emirates Airlines(EK)

 두바이를 기반으로 운행되는 항공사. 늦은 밤 출발하는 스케줄로 인해 직장인들에게 인기가 높다. 최신식 기종의 항공기와 친절한 서비스로 점차 떠오르는 항공사 중 하나. 두바이 스톱오버도 매력적이다.

취항 도시 취리히, 주네브
홈페이지 www.emirates.com

카타르항공 Qatar Airway

 카타르의 국영 항공사로 도하를 중심으로 운항한다. 스타 얼라이언스 회원사는 아니지만 아시아나항공 마일리지를 적립할 수 있다. 기내 서비스 부분에서 세계 최상위권을 자랑한다.

취항 도시 취리히
홈페이지 www.easternair.co.kr

여행자보험과 면허증 준비하기

혹시 일어날지 모르는 사고를 대비하는 여행자보험은 여행을 떠나기 전 반드시 준비해야 하는 사항. 그리고 시칠리아와 토스카나 지역을 렌터카로 여행할 계획이라면 국제운전면허증도 준비해야 한다.

여행자보험

여행 중 어디에서 어떤 사고가 일어날지 모르기 때문에 여행자보험은 반드시 가입하자. 휴대품 도난 등의 사고가 발생거나 상해, 질병 등으로 병원 치료를 받을 경우 여행자보험에 가입하면 혜택을 받을 수 있다. 보험사 홈페이지를 통해 신청할 수 있으며, 출발 전 공항에서 가입할 수 있지만, 미리 가입하는 게 더 저렴하다.
사고가 발생하면 관할 경찰서에서 분실도난증명서를 받고, 치료를 받으면 진단서와 영수증 등을 증빙서류로 제출한다. 한국에 돌아와서 필요한 서류를 챙겨 보험사로 연락하면 규정에 따라 보험 처리를 받을 수 있다.

보험 가입 시 체크해야 할 내용
❶ **의료비** : 상해, 또는 질병 발생 시 보장 받을 수 있는 의료비
❷ **배상책임 손해비** : 우연한 사고로 상대방의 신체, 또는 물품에 손해를 입혔을 때 배상의 범위와 금액
❸ **휴대품 손해비** : 여행 중 소지품 등을 도난당했을 때 보장 받을 수 있는 금액

> **Travel tip!**
>
> **해외여행자보험사**
> · **LIG 손해보험** www.lig.co.kr, 1544-0114
> · **한화다이렉트 해외여행자보험**
>   www.hanwhadirect.com, 1566-8000
> · **삼성화재** www.samsunglife.com,
>   1588-3339

국제운전면허증 발급

렌터카를 이용할 예정이라면 필수로 발급받아야 하는 문서. 발급을 받으려면 본인 여권, 6개월 이내 촬영한 사진과 수수료 8,500원을 갖고 전국 면허시험장이나 전국 경찰서를 방문하면 그 자리에서 발급받을 수 있다. 시간이 여의치 않아 면허증을 준비하지 못했다면 인천공항 제1여객터미널 3층과 제2여객터미널 2층 경찰치안센터에 자리한 국제운전면허 발급센터와 김해국제공항 국제선 1층 출국장에서도 발급받을 수 있다. 이용하자. 국제운전면허증의 유효기간은 발급일로부터 1년이며, 여행 시 본인 여권과 한국에서 발급받은 운전면허증도 소지해야한다.

면허증을 잊었다면
이 표지판을 찾아가자.

2019년 9월 16일부터 해외에서 국제운전면허증 없이도 운전이 가능한 '영문 운전면허증'을 전국 27개 운전면허시험장에서 발급하기 시작했는데 이 중 스위스도 포함된다. 영문 운전면허증은 운전면허 신규 취득·재발급·적성검사·갱신 시 전국 운전면허시험장에서 발급할 수 있으며, 면허 재발급·갱신 시에는 전국 경찰서 민원실에서도 신청할 수 있다. 신청 시에는 신분증과 사진, 기존 면허증 발급 수수료 7,500원에 2,500원을 더한 1만 원(적성검사 시 1만 5,000원)의 수수료가 필요하다.

현지 교통편 준비하기

스위스 여행 시 가장 편리하게 이용할 수 있는 교통수단은 기차다. 기차에 앉아 있는 것만으로도 여행의 기분을 즐길 수 있는 풍광을 갖고 있기 때문. 최근 자동차를 이용하는 여행자들도 늘고 있는데 기차로 접근하지 못하는 스위스의 산악 도로를 달리며 장대한 풍광을 맛볼 수 있다.

기차

스위스를 여행할 때 기차는 생략하고 싶어도 생략할 수 없다. 아름다운 풍광을 보며 앉아서 여행을 즐길 수 있게 해주는 편리한 교통수단이다.

스위스 국내선 열차는 일부 파노라마 열차를 제외하고는 좌석 예약이 필요 없다. 다만 출퇴근 시간에 도시 간을 이동할 때 좌석을 확보하고 싶다면 예약하는 것도 좋다. 단점이 있다면 짐 보관에 대한 스트레스와 성수기 좌석 문제. 좌석을 미리 확보하고 싶다면 예약하는 것도 좋고, 가족과 함께 떠난 여행이라면 1등석을 선택하는 것도 편안한 여행을 도와주는 지름길이다.

스위스 트래블 패스 Swiss Travel Pass
스위스 여행 시 이 패스 한 장이면 천하무적이다. 패스 한 장으로 3일, 4일, 8일, 또는 15일 동안 기차, 버스, 유람선을 이용할 수 있다. 26세 이하의 여행자는 15% 할인된 가격으로 구입할 수 있다.

스위스 트래블 패스 사용법
❶ E-티켓은 반드시 A4 사이즈로 출력해서 사용해야 한다. 확대, 축소, 팩스 본으로 열차 탑승은 불가하며 코팅해서도 안 된다.

❷ 개시일 및 인적사항이 모두 기재되어 발권되기 때문에 현지에서 패스를 따로 개시하는 절차가 필요 없다. 출력한 티켓을 여권과 함께 제시하고 탑승하자.

❸ 발권 후 개시일 변경은 가능하나 수수료를 지불해야 하고 스위스 현지에서는 불가능하다. 여행 계획이 확정되면 구입하도록 하자.

❹ 패스는 개시일 00:00부터 23:59까지 유효하다.

❺ 1등석 패스는 1등석, 2등석 모두 이용 가능하다 2등석 패스는 2등석 이용만 가능하다.

❻ 2등석 패스로 1등석을 사용하려면 현지에서 좌석 구매 시 업그레이드해야 한다.

❼ 기차의 좌석 예약은 출발일을 기준으로 최대 90일 전부터 가능하다. 좌석은 한정되어 있음으로 일정이 정해졌다면 예약하는 것이 좋다.

❽ 패스 개시일을 기준으로 패스 사용자의 연령이 결정된다. 성인은 만 26세 이상, 청소년은 만 16~25세, 어린이는 만 6~15세이다.

❾ 만 6세 미만의 어린이는 유효한 티켓을 소지한 성인과 동행 시 무료로 탑승 가능하다.

❿ 스위스 패밀리 카드를 요청하려면 동행하는 어린이의 여권 정보를 정확히 입력해야 한다.

Travel tip!

스위스 트래블 패스 특전

· 기차, 버스, 유람선, 도시 내 대중교통 무료 탑승
· 프리미엄 파노라마 기차 무료 이용(단, 좌석 예약 필수. 1등석 CHF30~)
· 500개 이상 박물관 무료 입장
· 리기 Rigi, 쉴트호른 Schilthorn 등산열차 무료
· 그 외 여러 산악 열차, 케이블카, 곤돌라 최대 50% 할인
· 무료로 발급 가능한 스위스 패밀리 카드로 STS 티켓을 소지한 최소 한 명의 부모와 동반하는
  6세에서 16세 어린이에게 동일한 혜택 적용
· 유효한 STS 티켓을 소지한 성인이 동반하는 6세 이하 어린이는 교통비 무료
· E-티켓 프린트 앳 홈 Print@Home 가능

	성인(만 26세 이상)		유스(만 16~25세)		어린이(만 6~15세)	
	1등석	2등석	1등석	2등석	1등석	2등석
3일	CHF389	CHF244	CHF274	CHF172	CHF194.50	CHF122
4일	CHF469	CHF295	CHF330	CHF209	CHF234.50	CHF147.50
6일	CHF602	CHF379	CHF424	CHF268	CHF301	CHF189.50
8일	CHF665	CHF419	CHF469	CHF297	CHF332.50	CHF209.50
15일	CHF723	CHF459	CHF512	CHF328	CHF361.50	CHF229.50

※가격은 매년 변하며 패스 혜택 역시 변한다. 국내에서 구입해 가는 것이 좋다.

스위스 트래블 패스 플렉스 Swiss Travel Pass Flex

날마다 이동하지 않고 한 도시에서 2~3일씩 머무는 여행을 할 때 선택하면 좋다. 이때 각 도시에서 제공하는
교통카드나 관광청에서 판매하는 도시 여행 카드와 함께 사용하면 좋다. 사용일을 기재한 날은 스위스 트래플
패스 소지자와 같은 혜택을 받게 된다. 단, 할인 혜택은 패스 유효 기간 안에 사용일 기재 없이 받을 수 있다.

	성인(만 26세 이상)		유스(만 16~25세)		어린이(만 6~15세)	
	1등석	2등석	1등석	2등석	1등석	2등석
3일	CHF445	CHF279	CHF314	CHF197	CHF222.50	CHF139.50
4일	CHF539	CHF339	CHF379	CHF240	CHF269.50	CHF169.50
6일	CHF644	CHF405	CHF454	CHF287	CHF322	CHF202.50
8일	CHF697	CHF439	CHF492	CHF311	CHF348.50	CHF219.50
15일	CHF755	CHF479	CHF535	CHF342	CHF377.50	CHF239.50

※가격은 매년 변하며 패스 혜택 역시 변한다. 국내에서 구입해 가는 것이 좋다.

스위스 반액 카드 Swiss Half-Fare Card

단기로 여행을 떠나거나 이동이 많지 않고 차량을 이
용한다면 스위스 반액 카드 구입을 고려해 보자. 한
달 동안 기차, 버스, 보트를 비롯해 대부분의 등산열
차를 반값에 이용할 수 있다. 요금 CHF120

버스

주로 알프스 산악
마을 사이를 이동
할 때 이용하는
노란색 포스트 버
스. 베르네제 오버
란트 지역 내에서 이동하거나 로이커바트를 갈 때 이
용하게 된다. 역시 스위스 패스로 이용 가능하다.

유람선

호수 위를 두둥실
떠다니며 바람과
함께 이동할 수 있
는 수단. 인터라켄
으로 이동하면서
툰 호수나 브리엔츠 호수의 유람선을 가장 많이 이용
하게 되며 루체른에서 주변 알프스로 갈 때 이용하
기도 한다. 취리히나 주네브에서 시간 여유가 있다면
이용해 보는 것도 좋다.

스위스 패밀리 카드 Swiss Family Card

가족 여행자들에게 반가운 소식. 스위스 트래블 패
스 또는 티켓을 소지한 부모(최소 1인)와 동반할 경
우, 6~15세 어린이 여행자들이 모든 교통수단을 무료
로 이용할 수 있는 카드다. 스위스 트래블 패스 발권
을 요청해서 발급받는 것이 가장 좋다. 6세 미만 유
아는 교통비가 무료다. 부모와 동행하지 않더라도 어
린이에게는 모든 스위스 트래블 시스템 티켓을 50%
할인한 가격으로 판매한다.

렌터카

3명 이상이거나 가족 여행을 떠났다면 이용할 만한
수단. 일정과 경로를 자유롭게 정할 수 있고 그림 같
은 자연을 마음껏 만끽할 수 있다. 이동 중 짐에 대
한 스트레스를 덜 수도 있다. 최소 3일 이상 이용해
야 할인 혜택이 있고 반납 시 연료를 채워서 반납하
는 것이 좋다. 차량을 인수할 때는 외관을 꼼꼼히 살
피고, 사진이나 동영상을 찍어두는 게 좋다.

현지 숙소 이용하기

여행지에서의 잠자리는 그다음 날의 컨디션을 결정한다 해도 과언이 아니다. 자칫 '아무 데서나 자면 어때'라고 생각하기 쉽지만 숙소 선택은 신중해야 한다. 무조건 저렴한 곳이 아니라 쾌적하고 안전한 곳을 선택해야 한다. 스위스의 숙소 종류와 이용 시 주의 사항에 대해 알아보자.

숙소 종류

호스텔 Hostel

스위스뿐만 아니라 유럽 내 대표적인 저가형 숙소. 4인 이상 다인실인 도미토리가 많고 시설에 따라 1, 2인실도 갖춰져 있다. 자유롭고 활기찬 분위기를 갖고 있으며 호스

공식 유스호스텔 도미토리 · 공식 유스호스텔 조식 뷔페

텔 자체에서 바 Bar를 운영하기도 하고, 각종 시티 투어, 자전거 렌털 등의 프로그램을 마련해 놓는 곳도 있다.
홈페이지 www.hostelworld.com

호텔 Hotel

서비스나 환경이 가장 쾌적한 숙소로 그만큼 비싸다. 오래된 건물에 있는 호텔은 에어컨이 없는 곳들도 있다. 도시별로 역사적인 의미를 갖고 있는 호텔, 부티크 호텔 등 다

체크인 시 조식 바우처를 주는 곳도 있다.

양한 호텔이 있으니 잘 살펴보자. 미리 한국에서 예약하고 가는 것이 좋다.
예약 사이트 www.booking.com, www.hotels.com

Travel Plus +

하프 보드 Half Board 와 풀 보드 Full Borad

스위스 호텔을 예약하다 보면 하프 보드 또는 풀 보드라는 항목을 보게 됩니다. 호텔들은 보통 숙박과 아침 식사를 제공하는데 하프 보드는 아침 식사와 저녁 식사를, 풀 보드는 세 끼를 모두 제공합니다. 산악 마을에서 숙박할 때 숙소 위치가 중심지와 떨어져 있을 경우 하프 보드를 이용하는 것도 피로를 줄이는 방법입니다. 숙박을 예약할 때 함께 예약하는 것이 가장 좋고, 아침 식사 후 하루 일정을 시작하기 전에 프런트에 미리 요청하는 것도 방법입니다.

아파트 렌털

가족 여행을 떠났다면 고려해 볼 만한 숙소. 집 한 채를 온전히 쓸 수 있으며 취사가 가능하기에 식비를 줄일 수 있고, 자유롭다는 장점이 있다. 단점이라면 그만큼 책

임이 따른다는 것. 체크인하면서 비품, 설비, 시설에 대해 꼼꼼히 점검해 두고 사진도 찍어두는 것이 좋다. 비용에 청소, 관리비가 별도로 청구될 수도 있으며 혹시 모를 기물 파손에 대한 책임 공방이 오고 가기도 한다. 체크아웃 후 짐 보관이 불가능한 숙소가 많다는 것도 단점. 호스트와의 의사소통이 무엇보다 중요하다.

도시세 City Tax
스위스에서는 여행자들에게 도시세 City Tax를 부과합니다. 주로 숙소에서 체크아웃할 때 지불하게 되는데 숙소의 등급에 따라 CHF1.65~4까지 부과합니다. 숙소를 예약할 때 이 비용이 포함되어 있는지, 별도 지불인지를 미리 파악해두세요! 도시세는 현금지불을 요구하는 숙소가 많으니 알아두세요.

숙소 이용하기

체크인 Check in
대부분 12:00 이후에 체크인이 가능하다. 체크인 시 예약 번호나 바우처를 제시하면 되고 아침식사 시간과 장소를 안내받는다. 기타 부대시설 이용이나 인터넷 사용 등에 대한 문의는 물론 시내 무료 지도와 간단한 여행 안내도 받을 수 있다.

체크아웃 Check out
경우에 따라 다르지만 일반적으로 12:00 이전까지 해야 한다. 호텔에서 미니바, Pay TV, 전화 등을 이용했다면 요금을 지불해야 한다. 대부분 숙소에서는 짐 보관 서비스를 시행하고 있으니 이용하자.

객실 이용
여럿이 함께 이용하는 도미토리에서는 같은 방에 숙박하는 다른 여행자들에게 폐 끼치는 일은 하지 않도록 하는 것이 가장 중요하다. 취침 시간은 되도록 함께 맞추는 것이 좋고 부득이한 경우 개인 조명을 쓰는 것이 좋다. 남들보다 일찍 새벽에 떠나야 할 경우 복도에서 짐 정리하는 센스를 발휘하는 것도 매너 있는 행동이다. 마음에 맞는 여행자들과 늦게까지 지나치게 떠들면 제재를 받게 되니 주의해야 한다. 호텔에서는 매일 아침 메이드가 청소를 하게 되는데 귀중품 보관에 주의하자. 몸에 지니거나 큰 가방에 넣어 자물쇠로 잠가두는 것이 안전하다. 일부 숙소의 객실 문은 닫히면 자동으로 잠기니 늘 열쇠를 갖고 다니자.

호텔 이용하기

의사를 전달하세요
객실 탁자에 스티커나 종이로 된 푯말이 놓여 있다. 아침시간 약간 늦게 체크아웃하면서 방해받고 싶지 않을 때 사용하는 'Don't Disturb', 그리고 방 청소를 원할 때 사용하는 'Make a Room, Please' 두 종류가 놓여 있다. 본인의 상황에 따라 적절히 사용하자. 샤워하고 있을 때 누군가 들어오게 된다면 낭패다. 그리고 환경을 생각한다면 수건 교체에 대한 메시지를 숙지하는 것도 좋겠다.

전화나 인터넷
호텔 객실의 전화로 객실 간 통화, 시내통화, 그리고 국제전화 모두 이용할 수 있다. 이때 시내통화와 국제전화는 시중보다 훨씬 비싸니 비상시가 아니라면 참자. 수신자 부담 전화를 이용해도 약간의 비용을 지불해야 하는 경우가 있다. 인터넷도 호텔에 따라 비용을 지불해야 한다. 체크인 할 때 미리 문의해두자.

금고 Safety Box

금고는 주로 옷장 내에 마련되어 있다. 작은 크기로 현금, 귀중품, 여권 등을 넣어둘 때 유용하다. 금고가 없다면 리셉션 데스크에서 보관해 주기도 한다.

미니바

객실 내 냉장고에 준비되어 있는 음료수와 주류, 그리고 스낵은 모두 무료가 아니다. 역시 시중보다 비싼 가격이며 이용한 후 체크아웃 시 비용을 지불해야 한다. 호텔에 따라 웰컴 드링크로 생수를 제공하는 곳도 있다. 가격표를 살펴본 후 이용하자.

TV

객실의 TV에는 일반 채널은 물론 성인영화와 최신 영화를 상영하는 유료 채널이 있다. 보통 안내문이 비치되어 있고 채널을 선택하면 안내창이 나올 때도 있다. 시청한 후 체크아웃 시 리셉션에 요금을 지불하면 된다.

욕실

사용할 때 가장 주의가 필요하다. 욕실에는 기본적으로 수건, 비누, 샴푸, 샤워젤, 헤어캡 등이 있으며 가끔 헤어드라이기도 있다. 유럽 호텔의 욕실 바닥은 배수시설이 없고 간혹 카펫이 깔려 있는 경우가 있다. 샤워할 때 샤워 커튼을 욕조 안쪽으로 드리워 놓고 사용하거나 샤워부스 문을 제대로 닫아야 한다. 수건은 사용 후 매일 바꿔주지만 최근 환경문제를 생각해 이틀 쓰기 캠페인이 벌어지고 있다. 그린카드를 이용하자.

아침식사

보통 호텔에서는 아침식사로 뷔페를 제공한다. 간단하게 빵, 잼, 시리얼, 커피 또는 차가 제공되는 콘티넨털 Continental 뷔페와 콘티넨털 뷔페에 과일, 요거트와 소시지, 햄, 삶은 달걀, 오믈렛 등 따뜻한 식사가 제공되는 아메리칸 American 뷔페가 있다. 본인의 기호에 따라 양껏 접시에 가져와 먹으면 되지만 도시락을 만드는 행위는 삼가자.

팁 Tip

객실을 이용하면 방 담당 메이드에게 팁을 지불하는 것이 매너. 하루에 CHF1~2면 적당하다. 단, 의무사항은 아니다.

≫≫≫≫ SPECIAL PAGE ≫≫≫≫

숙박 시설에 대한 Q&A

question 1 도미토리가 뭐예요?

4인부터 10인 이상까지 함께 쓰는 방이다. 2층 침대가 놓여 있고 개인별 라커를 사용할 수 있다. 남녀혼숙인 경우도 흔하다.

question 2 더블룸과 트윈룸은 어떻게 다르죠?

더블룸은 더블 침대가 하나 놓여 있는 방이고, 트윈룸은 싱글 침대 두 개가 놓인 방을 의미한다. 호텔에서 싱글룸을 예약하게 되면 더블이나 트윈룸을 혼자 사용하게 된다.

question 3 도미토리에서 소지품 관리는 어떻게 하나요?

호스텔의 경우 방마다 개인 라커가 있는 경우가 많다. 라커에 넣고 튼튼한 자물쇠로 잠그면 된다. 만일 라커가 없다면 본인의 가장 큰 가방에 넣고 역시 자물쇠로 잠가두는 것이 좋다. 샤워 때문에 방을 떠나야 한 다면 비닐봉투 에 귀중품을 넣 고 샤워실로 가 져가는 것도 방 법이다.

question 4 호스텔 아침식사는 어떻게 나오나요?

간단하게 빵, 잼, 치즈 그리고 커피 또는 차가 제공된다. 시리얼이나 햄이 나오면 좋은 편에 속한 다. 마음껏 먹을 수 있는 뷔페식 이 있고 개인별 로 정해진 양을 제공하는 배급 의 형태가 있다.

Question 5 침대는 어떻게 사용하나요?

침대에 누울 때는 시트 사이로 들어가면 안 된 다. 즉 매트리스를 감싸고 있는 시트 위에 눕고 시트에 감싸져 있는 이불을 덮어야 한다. 시트는 매일 갈지만 이 불 세탁은 자주 하지 않기 때문 에 그다지 깨끗 한 편은 아니다.

여행 **예산 짜기**

스위스의 물가는 상상을 초월할 정도로 비싸다. 빅맥지수 1위의 위용을 자랑하는 스위스는 간단한 샌드위치류
도 CHF7 정도, 우리나라 돈으로 1만 원은 금방 넘어간다. 스위스 트래블 패스를 갖고 도시 여행을 한다면 하
루 식비는 10만 원 정도로 예상하면 되고, 알프스 여행을 떠날 예정이라면 10만~15만 원을 더 생각하자.

환전하기

환전을 하기 전에 여행 일수가 얼마나 되고 하루에 대략 얼마를 쓸 것인가를 생각하자. 그리고 현금과 신용카
드를 어떻게 적절히 분배해 사용할 것인지 생각해야 한다.

가장 편리한 수단은 현금이다. 즉각적으로 자
신의 씀씀이를 파악할 수 있지만, 분실 위험
이 가장 크다. 다른 유럽 국가에서처럼 스위
스에서도 신용카드나 체크카드를 편리하게
사용할 수 있다. 대부분의 숙소, 식당, 상점

에서 카드를 사용할 수 있으니 너무 걱정하지 않아도 된다. 현금과 카드의 사용 비율은 3대 7로 생각해도 무
방하다. 신용카드나 체크카드를 사용하려면 국내 전용이 아닌 해외에서 사용할 수 있는 카드를 만들어야 한다.
비자 VISA, 마스터 MASTER가 안정적으로 사용 가능하며, 아멕스 AMEX는 상점에 따라 사용이 제한되는 경
우가 있다.

현재 발급되는 신용카드나 체크카드에는 IC칩이 부착되어 있다. 카드 비밀번호와 별개로 IC칩 비밀번호를 설정
해야 하는 경우가 있다. 여행을 떠나기 전 카드 회사에 연락해 비밀번호를 설정하고, 잊지 않도록 주의하자. 3
번 이상 비밀번호를 잘못 입력하게 되면 카드 사용이 불가능할 수 있다.
최근 외화를 충전해 현지에서 체크카드처럼 사용하는 카드들이 출시되고 있다. 매매 기준율로 환전해 충전하기
때문에 좀 더 유리한 환율을 적용받게 된다. 자신이 소지하고 있는 카드 회사나 은행에서 운영하는지 여부를
알아보자.

※**환율 CHF1 ≒ 1,495원** (2024년 4월 현재)

여행가방 꾸리기

항공사별로 약간의 차이는 있지만 보통 한 사람이 반입할 수 있는 짐의 무게는 이코노미석을 기준으로 기내는 10㎏, 수하물은 20㎏이다. 한국에서 출발할 때는 2~3㎏ 정도는 눈감아주지만 귀국할 때 스위스 공항에서는 엄격히 제한하는 편이다.

가방

배낭은 두 손이 자유롭고 기동성이 확보되지만 허리와 어깨가 약하다면 매우 고통스럽다. 용량은 38L나 45L를 주로 사용하게 된다. 배낭을 고를 땐 어깨끈이 튼튼한지, 바느질이 촘촘히 잘 되어 있는지를 확인한다. 캐리어 사용이 일반화되어 가고 있는데 스위스 도시는 길이 돌로 만들어져 울퉁불퉁하지만 다니기 어려운 정도는 아니다. 캐리어는 바퀴가 4개 달려 있는 것이 편리하다.

도시 여행 시 간단한 소지품을 넣기 위한 보조가방을 사용하게 되는데 어떤 것을 사용하든지 여행자라는 표지가 된다. 배낭을 사용한다면 지퍼에 자물쇠를 달아놓는 것이 안전하다. 크로스백은 대각선으로 메고 늘 몸 앞에 두도록 하자.

세면도구

호텔에 숙박할 여행자라면 굳이 준비하지 않아도 되지만 호스텔이나 민박에 숙박할 예정이라면 준비해야 한다. 개인차가 있겠지만 샤워젤이나 샴푸 등은 100mL 용량이면 25일 정도 사용 가능하다.

비상약

아무리 무쇠 팔 무쇠 다리라 해도 일주일에서 한 달 내내 걸어다니며 여행하다보면 몸이 탈 나기 쉽다. 몸살감기약과 진통제, 두통약과 소화제 정도는 챙겨두자. 혹시 모를 상처에 대비해 연고를 준비하고 평소 운동과 거리가 멀었던 여행자라면 파스도 준비해두자. 장이 민감하다면 지사제도 빼놓을 수 없다.

옷

개인차가 크지만 셔츠 2~3장, 바지 1~2벌, 양말과 속옷은 3개씩은 챙기자. 일교차가 있으므로 얇은 긴소매 겉옷이 필요하고 만년설이 있는 알프스 여행을 대비해 방수 재킷이나 경량 패딩도 유용하다.

신발

여행을 떠나게 되면 하루에 최소한 5~6시간 이상을 걷는다. 본인이 신던 익숙한 푹신한 운동화가 가장 좋지만 여름이라면 스포츠 샌들도 유용하다. 숙소 내부에서 사용할 슬리퍼도 하나 챙기고 하이킹을 즐길 예정이라면 튼튼한 등산화나 트레킹화를 준비하자.

각종 전자제품

전자제품 중 가장 큰 비중을 차지하는 것은 카메라. 스마트폰 기술이 나날이 발전하고 있지만, 스마트폰 사진이 카메라로 찍는 사진에 비할 순 없다. DSLR 카메라는 사진의 품질을 보장하지만 그만큼 무겁고 부피가 크다. 콤팩트 카메라는 휴대성이 좋긴 하나 어딘가 아쉽다. 두 기종의 절충형인 미러리스 카메라는 부피는 콤팩트 카메라에 비해 크지만 DSLR에 못지않은 사진 품질을 자랑한다. 여행지와 본인의 기호에 따라 렌즈 선택이 달라진다. 요즘은 광각부터 망원까지의 화각을 가진 렌즈들도 출시되고 있으니 잘 알아보고 선택하자.

사진 저장을 위해서는 노트북을 사용하는 것이 안전하고 메모리카드를 넉넉하게 준비하는 것도 짐을 가볍게 하는 방법이다.

스위스의 전기 플러그는 모양은 한국과 같지만 폭이 조금 좁다. 멀티어댑터를 준비하자.

한국음식

식성이 좋아서 음식 때문에 여행이 힘들지 않은 사람
도 장기간 여행에 몸이 지치면 자연스럽게 한국음식
생각이 나기 마련. 집에서처럼 먹지는 못해도 간단한
준비물과 함께라면 아쉬움을 달랠 수 있다. 즉석밥,
튜브에 든 볶음고추장, 라면수프, 스틱형으로 포장된
조미료 등은 부피도 작고 간단하니 2~3개 챙기자.

그 외 유용한 물품

빨랫줄
빨래를 의자나 침대 난간에 널어 말려도 되지만 뭔가
불편하다. 4~5m 길이의 노끈이라면 충분하다. 세탁소
에서 받을 수 있는 철사로 된 옷걸이 또한 유용하다.

맥가이버 칼
정말 유용한 물건 중 하나. 다재다능 만능이다. 기념
품으로 구입하는 것도 추천!

스포츠 타월
쓰고 짜서 넣어두기만 하면 되고 작은 부피지만 흡수
성이 좋아 여행 시 유용하다.

목베개
비행기에서 또는 장거리 버스 이동 시에 유용하다. 누워
서 자는 것만큼은 아니더라도 편안한 취침을 도와준다.

위생팩(또는 지퍼백)
젖은 물건을 담거나 도시락 싸서 나가는 날에 편리하
다. 부피도 작으니 더더욱 부담없다.

렌즈관리용품
유럽은 렌즈용품이 상상 이상으로 비싸다. 1회용 렌즈
를 사용하거나 안경을 사용하는 편이 좋다.

수영복
한여름 호숫가에서 해수욕을 즐기거나 사우나, 온천
이용할 때 유용하다.

없으면 아쉬운 물건

손톱깎이
한국에 있어도, 유럽에 있어도 손톱과 발톱은 쉼 없
이 자란다.

면도기
덥수룩한 수염이 소매치기나 도둑을 쫓을지 모르지
만 친구도 쫓을 수 있다. 적당히 깔끔하게 정리하자.

자물쇠와 와이어
안전 여행을 위한 필수품

선글라스
한겨울이라도 유럽의 햇살은 강하다. 특히 눈이 내린
다면 더욱더!

그 외 유용한 물품

각종 전자제품
노트북과 카메라는 물론 이에 따라오는 케이블과 메
모리카드 등은 기내에 들고 타자. 또한 모든 보조배터
리도 기내에 들고 타야 하는데, 100WH 이하의 보조
배터리는 5개, 100~160WH 이하의 배터리는 1인당 2
개까지 기내 반입이 허용된다. 여기서 160WH는 약 4
만 3,000mAh로 일반 스마트폰 보조배터리는 걱정하
지 말고 기내에 들고 탈 것.

얇은 카디건
비행기 안은 건조하며 서늘하기에 컨디션 저하로 여행
에 문제가 생길 수 있다. 얇은 겉옷 하나는 준비하자.

책
장시간의 비행을 지루하지 않게 도와줄 준비물. 가이
드북이나 소설책 한 권 준비하자.

수분 보충 제품
건조한 기내에서 수시로 수분 제품을 얼굴에 발라주
고, 콘택트 렌즈 사용자들은 인공눈물을 넣어 주는
것이 좋다. 이때 제품의 용량은 100ml가 넘어서는 안
되고 투명한 비닐 지퍼백에 넣어야 한다.

> **Travel Plus +**
>
> ### 기내 반입 불가 물품
> 100mL가 넘는 액체류(화장품 등)·젤류(고추장,
> 된장, 잼 등), 스프레이류 등 인화성 물질, 그리고
> 손톱깎이·가위·칼 같은 날카로운 금속성 물질은
> 반입이 금지되므로, 잊지 말고 수하물로 부칠 짐
> 에 넣어주세요. 특히, 보안 강화로 액체류와 젤류
> 는 20×20cm의 투명비닐에 넣을 수 있는 물품만
> 기내 반입이 허용됩니다.

준비물 체크 리스트

필수품

CHECK ○ 여권 및 여권 사본

CHECK ○ 여행 경비

CHECK ○ 사진 3~4장

CHECK ○ 항공권

CHECK ○ 국외여행허가신고필증

CHECK ○ 여행자보험

CHECK ○ 철도 패스 or 기차 예약 티켓

CHECK ○ 여행 정보 책자

CHECK ○ 필기구, 메모지

CHECK ○ (디지털)카메라와 그 외 장비들

CHECK ○ 수건/치약/칫솔/면도기

CHECK ○ 구급약품

CHECK ○ 식염수

CHECK ○ 복대

CHECK ○ 보조가방

CHECK ○ 한화

CHECK ○ 양말

CHECK ○ 속옷

CHECK ○ 계절에 맞는 의류

CHECK ○ 긴 바지

선택

CHECK ○ 샌들

CHECK ○ 한국 음식

CHECK ○ 국제운전면허증

CHECK ○ 주민등록증

CHECK ○ 신용카드

CHECK ○ 모자/선글라스

CHECK ○ 우산

CHECK ○ 맥가이버 칼

CHECK ○ 기념품

CHECK ○ 자전거 잠금장치

CHECK ○ 비닐봉지 몇 장

CHECK ○ 수영복

CHECK ○ 책 1~2권

CHECK ○ 방수재킷

사건·사고 **대처 요령**

여행 중 사건·사고는 불시에 찾아온다. 특히 스위스는 소매치기 등의 사례가 빈번하므로 각별히 신경을 써야 한다. 안전한 여행을 위한 어드바이스와 신속하게 사고에 대처하는 방법을 안내한다.

치안 사고 방지 주의 사항

여행을 떠나기 전

❶ 여권, 신용카드, 항공권 등의 번호를 별도로 2장 기록해 놓는다. 하나는 가족에게 줘서 혹시 모를 사고에 신속하게 대처할 수 있도록 한다.

❷ 그날의 여행을 시작하기 전 늘 여권과 여행 경비를 몸에 지니고 숙소를 떠나자. 여행 경비는 분산해 보관하는 것이 좋다.

❸ 귀중품이 많을 경우 여행자보험에 가입해 두자.

여행 중

❶ 전화를 걸거나 티켓을 구입하는 새에 짐이 없어지기도 한다. 모든 짐은 몸에서 떼어놓지 않도록 한다.

❷ 일행을 만들자! 서로서로 짐을 지켜주며 화장실도 번갈아 가고 좋다.

❸ 가방을 몸에서 떨어지지 않게 가까이 두자. 크로스백은 대각선으로 메고 항상 몸 앞에 둔다. 백팩 사용자라면 자물쇠를 채우자!

❹ 인적 드문 곳을 배회하거나 과도한 음주 후 돌아다니는 것은 무척이나 위험한 일이므로 삼가자.

❺ 늦은 시간에 도착한다면 숙소나 한인 투어 회사의 픽업 서비스를 이용하자.

❻ 스위스의 강과 호수는 빙하가 녹아 내려오는 경우가 많고 수온이 매우 낮다. 정해진 곳이 아닌 곳에서의 물놀이는 절대 금물이다.

❼ 알프스 하이킹에 나설 때는 케이블카, 등산열차의 운행 시간과 더불어 일몰 시각도 체크하자.

❽ 하이킹이나 레포츠를 나서기 전에 자신의 몸 상태를 객관적으로 체크해볼 것. 무리한 활동은 사고의 지름길이다.

사건 사고 대처하기

병원 이용 시

여행 중 병원을 이용했다면 진단서와 진료비 영수증을 꼭 챙겨오자. 처방전을 받아 약을 샀을 경우에도 약 구입 영수증을 잘 보관해 가져와야 한다. 이 서류들이 있어야 여행 후 보험사를 통해 보상받을 수 있다.

도난을 당했을 때

즉시 가까운 경찰서로 가서 도난신고를 하자. 대부분 도시의 역이나 버스터미널에는 24시간 운영되는 경찰서가 있다. 경찰서에서 사건에 대한 몇 가지 질문을 한 후 사고 경위서 Police Report를 작성해 준다. 사고 경위서 에는 도난 경위와 도난당한 품목을 최대한 자세히 적어야 한다. 잘 보관해 두고, 귀국 후에 보험사에 제출하면 심사 후 한도액에 한해 보상해준다. 소지품이나 쇼핑한 물건 등에 한해서 보상 받을 수 있다. 그러나 분실인 경우 개인의 부주의 때문이므로 보상을 전혀 받을 수 없다. 기차 티켓이나 현금 등도 보험 혜택을 받을 수 없다.

귀국 후 보상 절차

귀국 후 보험사에 구비서류를 준비해 제출하면 심사를 통해 보상액을 책정, 1~2개월 이내에 개인통장으로 보상액을 입금해 준다. 필요한 서류는 도난의 경우 사고 경위서 Police Report, 질병이나 상해의 경우 병원비 영수증, 진단서, 처방전, 약제비 영수증 일체와 함께 신분증 사본, 통장 사본, 증권번호, 개인 연락처 등이다.

여행자 보험 없이 여행을 떠났는데 부득이하게 현지에서 의료기관을 이용해야 될 수도 있다. 이 경우 여행자 본인이 가입한 실손의료비보험의 약관에 따라 해외 의료기관에서 지불한 비용을 보상받는다. 본인의 보험 약관을 잘 살펴보도록 하자. 여행자 보험에 가입하고 떠났을 경우 중복보상규정에 의해 두 보험이 분할로 보상해주기도 한다.

필자의 경우 스노보딩 중 넘어지면서 뇌진탕으로 병원을 찾았고, 280여만 원의 병원비를 지출할 일이 발생했었다. 진단서, 진료비 영수증, 처방전, 약제비 영수증 일체를 준비해 여행자 보험사에 청구했고, 여행자 보험에서 60%, 실손의료비보험에서 40%를 분할 지급받았던 경험이 있다.

일부 여행자에 한정된 사례겠지만 여행 중 자신이 잃어버린 물건에 대해 도난으로 신고한 후 보상금을 받는 여행자들이 있다. 이런 사건이 적발되어 감옥에 가는 경우도 있다고 한다. 허위 신고자들이 늘어나면서 여행자 보험 상품이 점점 더 비싸지고 도난 품목에 대한 보상액이 점점 줄어들고 있다. 어쩌면 앞으로 도난을 당해도 혜택을 받지 못할지도 모르므로 양심에 거리낄 행동은 하지 말자.

신속 해외 송금 지원 제도

Travel tip!

여행 중 아무리 조심해도 사건 사고는 발생할 수 있다. 특히 소매치기 사건은 여행자를 늘 공포에 휩싸이게 한다. 지갑을 소매치기 당해서 수중에 현금이 하나도 없을 때, 해외 공관에서 시행하고 있는 신속 해외 송금 지원 제도를 이용할 수 있다. 이 제도는 여행자가 공관을 방문해 국내 가족에게 송금을 요청하면, 영사 콜센터가 입금을 확인한 후 해외 공관을 통해 긴급 경비를 지원하는 제도다.

베른에 위치한 한국대사관에 긴급 경비를 요청하면 국내 연고자에게 직접 연락, 국내 외교부 농협계좌로 입금 요청하고 국내에서 송금이 완료되면 이를 지원하는 제도로 미화 3,000달러 상당의 돈을 송금 받을 수 있다.

외교통상부 영사 콜센터 국내 02-3210-0404, 스위스 +822-3210-0404

실전 여행
Start to Travel

프렌즈 friends 스위스

가자! 공항으로

우리나라에서 유럽으로 떠나는 대부분의 항공편은 인천국제공항에서 출발한다. 부산 김해공항에도 국제선 노선이 있으나 제한적이다. 공항에는 출국 3시간 전에 도착하도록 하자. 공항 도착 후 탑승권 발권, 출국심사 등의 과정을 거치는데 성수기의 경우 많이 혼잡하고, 오래 기다려야 하므로 여유 있게 도착하는 것이 좋다.

인천국제공항으로 가는 법

공항으로 가는 대중교통편은 크게 세 가지로 가장 많은 노선과 운행 편수의 버스, 서울 및 인천지하철과 연계되어 있는 공항철도 AREX, 그리고 택시다. 2018년 1월 인천국제공항 제2여객터미널이 개장됐고 모든 교통수단은 1터미널에 정차한 후 2터미널로 간다. 두 터미널 사이는 셔틀버스가 운행하는데 10~15분 정도 소요된다. 본인이 이용하는 항공사와 이용 터미널을 미리 알아두는 것이 중요하다.

[인천국제공항] 전화 1577-2600 홈페이지 www.airport.kr

❶ 리무진 버스
노선이 가장 다양하고 운행 편수가 많은 교통수단. 서울 시내 각지뿐만 아니라 인천, 수원, 대전 등 지방의 각 버스 터미널에서 인천국제공항까지 직행으로 운행한다.
노선·시간표 검색 www.airport.kr(교통·주차/대중교통 항목 참조)

❷ 공항철도 AREX
수도권 거주 여행자들이 저렴하게 이용할 수 있는 교통수단. 지방에서 국내선 항공편을 이용해 김포공항에 도착했을 때, 일반 기차 편으로 서울역에 도착했을 때도 편리하게 이용할 수 있다. 서울역에서 출발해 김포공항을 거쳐 인천국제공항까지 운행한다. 서울시 지하철, 인천지하철과 환승할 수 있고 교통카드 이용 시 환승 할인을 받을 수 있다. 서울역 출발편은 인천국제공항까지 논스톱으로 운행하는 직행과 일반 기차로 나뉜다.

운행 (서울역→인천국제공항 기준) 일반 05:20~24:40, 직행 06:10~22:20 소요 시간 (인천국제공항 제2여객터미널 기준) 일반 1시간 6분, 직행 50분 요금 (서울역→인천국제공항 제2여객터미널 기준) 일반 4,750원, 직행 8,000원

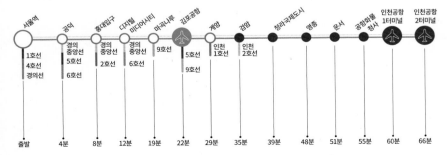

서울역	공덕	홍대입구	디지털미디어시티	마곡나루	김포공항	계양	검암	청라국제도시	영종	운서	공항화물청사	인천공항 1터미널	인천공항 2터미널
1호선 4호선 경의선	경의중앙선 5호선 6호선	경의중앙선 2호선	경의중앙선 6호선	9호선	5호선 9호선	인천 1호선	인천 2호선						
출발	4분	8분	12분	19분	22분	29분	35분	39분	48분	51분	55분	60분	66분

❸ 택시

대중교통을 이용하기 어려운 이른 시간에 공항으로 이동해야 한다면 고려할 만한 교통수단. 가족 여행일 경우 경제적일 수도 있다.

예상 요금 서울 시청 기준 5만 원, 서울 영등포 기준 4만 5,000원, 잠실 롯데월드 기준 5만 5,000원

김해국제공항으로 가는 법

김해국제공항으로 가는 방법은 경전철과 버스 두 가지로 나뉜다. 운행하는 버스 종류가 다양하니 시간과 노선에 맞춰 이용하자. 그 외 각 지방에서 운행하는 시외버스도 도착한다.

홈페이지 www.airport.co.kr

❶ 307번 시내버스

운행 05:00~21:45 **요금** 1,200원
노선 공항 ▶ 경전철 덕두역 ▶ 강서구청역 ▶ 구포역 ▶ 덕천역 ▶ 숙등역 ▶ 남산정역 ▶ 만덕교차로·만덕역 ▶ 미남역 ▶ 수안역 ▶ 낙민역 ▶ 동해선센텀역 ▶ 벡스코 ▶ 송정

❷ 리무진 버스

서면/부산역행과 해운대행 두 노선이 운행한다.

① 부산역→김해국제공항

운행 05:20~19:30 **요금** 6,000원
노선 충무동 ▶ 남포동 ▶ 연안여객터미널 ▶ 부산역 ▶ 부산진역 ▶ 현대백화점 ▶ 서면쥬디스태화 ▶ 서면롯데호텔 ▶ 공항

② 해운대→김해국제공항(6018번)

운행 04:40~20:40 **요금** 8,500원
노선 양운초등학교 ▶ 백병원 ▶ 장산역 ▶ 파라다이스호텔 ▶ 씨클라우드호텔 ▶ 해운대해수욕장 ▶ 해운대그랜드호텔 ▶ 동백섬입구(웨스틴조선비치호텔) ▶ 한화리조트 ▶ 파크하얏트호텔 ▶ 센텀홈플러스(벡스코) ▶ 센텀호텔 ▶ 광안역 ▶ 공항

③ 시내 급행버스(1009번)

운행 05:20~20:50 **요금** 1,800원
노선 금곡주차장 ▶ 율리역 ▶ 북부경찰서 ▶ 수정역 ▶ 덕천역 ▶ 구포역 ▶ 강서구청역 ▶ 경전철덕두역 ▶ 공항

③ 마을버스

[강서-11번] 운행 06:30~22:30 **요금** 1,300원
노선 구포시장 ▶ 구포역 ▶ 강서구청 ▶ 공항
[강서-13번] 운행 05:30~22:40 **요금** 1,300원
노선 하단역 ▶ 을숙도 ▶ 명지 ▶ 공항

④ 시외버스

거제, 경주, 포항, 대전, 구미, 동대구, 울산, 장유, 진주, 진해, 창원, 마산, 통영 등지에서 시외버스가 운행된다.

⑤ 지하철 + 경전철

부산 지하철 2호선 사상역, 3호선 대저역에서 부산 김해 경전철로 환승해 공항으로 올 수 있다.

⑥ 열차

경부선 열차를 타고 구포역에서 하차해 지하철로 갈아탄 후 대저역에서 부산 김해 경전철로 환승.

Travel tip!

빠르고 편리한 도심공항터미널

KTX를 타고 서울역에 도착했다면 도심공항터미널 이용을 고려해보는 것도 좋다. 리무진 요금이 조금 비싸지만 짐 부치기, 탑승권 발권, 출국 심사 등을 미리 할 수 있다. 인천국제공항에서는 외교관 및 승무원과 함께 사용하는 도심공항 전용 출국 통로를 이용해 한갓지게 출국 수속을 마무리할 수 있다. 기관별로 공동 운항편에 대한 수속 여부가 다르니 탑승 전 미리 체크하자.

[서울역 도심공항터미널]
홈페이지 www.arex.or.kr **이용 가능 항공사** 대한항공, 아시아나항공, 제주항공, 티웨이항공, 에어서울
이용 시간 05:20~19:00 **탑승 수속 마감** 항공기 출발 3시간 20분 전
※서울역 도심공항터미널을 이용하려면 인천국제공항행 직행 공항철도 티켓을 구입해야 한다.

공항 도착! 출국 수속

공항에 도착하면 먼저 부근의 모니터를 살펴보자. 모니터 속에서 자신이 탑승해야 할 항공편명과 출발 시간·목적지를 참고해 해당 카운터 Check in Counter 번호를 확인하고 이동하자.

탑승 수속 Check in (여권과 항공권 필요)

인천국제공항 제2여객터미널이 개장하면서 항공사별로 이용하는 터미널에 변화가 생겼다. 여행자 자신이 이용하는 항공사가 어느 터미널을 이용하는지 미리 알아두고 공항행 교통편에 탑승하는 것이 중요하다.

1터미널 이용 항공사
아시아나항공, 루프트한자항공, 말레이시아항공, 베트남항공, 싱가포르항공, 아랍에미리트항공, 에바항공, 일본항공, 카타르항공, 캐세이퍼시픽항공, 타이항공, 터키항공 등

2터미널 이용 항공사
대한항공, 에어프랑스, KLM, 델타항공, 체코항공, 아에로 멕시코, 아에로플로트, 가루다 인도네시아, 중화항공, 샤먼항공

공동 운항편(코드 셰어)의 경우 실제 탑승하는 항공편에 따라 출입국 터미널이 달라질 수 있으니 미리 확인해두자. 카운터는 각 터미널 3층의 출발층 오른쪽부터 왼쪽까지 알파벳 순서로 반원형으로 나열되어있다. 해당 카운터에 가면 이코노미 클래스 Economy Class와 비즈니스 클래스 Business Class, 퍼스트 클래스 First Class의 줄이 다른데 해당하는 곳에 가서 줄을 서면 된다. 이때 여권 Passport과 항공권 Airline Ticket, 그리고 마일리지 카드를 준비하자. 차례가 되면 소지하고 있던 여권과 항공권을 제출한다. 그러면 비행기 좌석 번호와 탑승구 번호가 적힌 탑승권 Boarding Pass을 건네준다. 이때 원하는 좌석을 요구할 수 있는데, 창밖을 보고 싶다면 창가석 Window Seat, 화장실 가기에 편한 곳을 원한다면 통로석 Aisle Seat를 말하면 된다. 요즘은 인터넷을 통해 미리 좌석 배정을 받을 수도 있다. 짐은 이코노미인 경우 20kg 1개, 비즈니스는 30kg 2개까지 수하물로 부칠 수 있고, 프리미엄 이코노미에 탑승할 경우 항공사에 따라 20kg의 짐 2개를 수화물로 보낼 수 있다. 기내 반입은 10kg까지 허용된다. 해당 항공사마다 기내에 반입할 수 있는 규격이 조금씩 다른데 일반적으로는 가로·세로·높이의 합이 115cm 이하다. 마일리지 프로그램에 가입한 상태라면 마일리지 카드를 잊지 말고 제시해 적립하도록 하자. 만일 잊었다면 탑승권을 잘 보관했다가 여행 후 공항 창구나 지점을 방문하거나 팩스로 적립하면 된다. 수속이 끝나고 나면 마지막으로 탑승권에 배기지 태그 Baggage Tag 스티커를 붙여주는데 잘 보관해야한다. 나중에 짐이 분실되었을 경우 배기지 태그의 바코드가 있어야 찾을 수 있다.

환전, 보험 가입, 로밍 등의 업무 처리

여행 일정이 빠듯하거나 바쁜 용무로 미처 환전하지 못했거나 여행자 보험에 가입하지 못했을 경우 공항에서 처리가 가능하다. 다만 시중과 비교할 때 환율은 높고, 보험료는 비싸니 미리 준비하도록 하자.

출국 심사 (여권과 탑승권 필요)

발권 받은 탑승권 Bording Pass의 탑승 시간 Bording Time을 확인한다. 보통 비행기 출발 시간 40~50분 전으로 적혀 있는데 그 시간까지 탑승장 Bording Gate으로 가야 한다. 탑승장까지 가기 위해선 출국장으로 들어가 출국 심사를 거쳐야 한다. 가장 시간이 많이 걸리는 과정인데 줄이 긴 경우가 많으니 특별히 공항 내에서 할 일이 없다면 탑승 수속 후 출국장으로 들어가는 것이 좋다. 고가의 물품을 소지하고 출국했다가 다시 입국해야 하는 경우 미리 세관신고를 할 수 있다. 출국심사 받기 전 전용 창구에서 '휴대물품반출신고(확인)서'를 받아두자. 이 과정을 거치지 않고 입국할 때 세관 단속에 걸렸다면 국내에서 구입했다는 영수증 등의 증빙이 필요하다. 특별히 신고할 물품이 없다면 X-Ray 검색대를 통과하는데 노트북 소지자는 미리 가방에서 꺼내 놓아야 한다. X-Ray 검색대를 통과한 후 출국심사를 받자. 도심공항터미널을 이용한 승객들은 승무원, 외교관전용 통로를 통과해 면세구역으로 들어가게 된다.

Travel Plus +

이제 더 이상 여권에 도장을 찍어주지 않아요

2016년 11월부터 내국인 출입국 시 여권에 출입국 도장을 찍어주지 않습니다. 여권에 도장 모으는 것이 하나의 취미였던 필자에게는 슬픈 소식이네요. 그리고 전자여권 소지자는 별다른 신청 절차 없이 자동 출입국 심사가 가능합니다. 다만 19세 미만이거나 주민등록증을 발급받은 지 30년이 지났다면 사전에 등록해야만 자동 출입국 심사가 가능합니다.

면세구역에서

출국 심사 과정이 끝나면 탑승장의 위치와 탑승 시간을 체크하고, 면세구역에서 쇼핑을 즐기면 된다. 시내 면세점에서 면세품을 구입했다면 면세품 인도장에서 구입한 물품을 찾아야 한다. 성수기에는 사람들이 붐비므로 꽤 오랜 시간이 걸린다.

담배나 카메라 배터리 등은 우리나라가 가장 저렴하므로 공항 면세점에서 구입하는 것이 좋다. 예약해둔 기차, 버스 승차권, 미술관, 공연 예약 티켓의 출력이 필요하다면 곳곳에 설치되어 있는 인터넷 카페나 항공사 라운지에서 출력 가능하다.

탑승구 확인 및 탑승

탑승권 Bording Pass에 적힌 탑승 시간 Bording Time 무렵에는 해당 탑승구 Gate 앞에 있어야 한다. 보통 출발 시간 30~45분 전부터 탑승이 시작된다. 여권과 탑승권을 준비하고 승무원들의 지시에 따라 비행기 안으로 들어가면 된다. 탑승 순서는 퍼스트·비즈니스 클래스, 어린이와 임산부·노약자, 이코노미 클래스 순이다.

제1여객터미널 이용자 중 탑승 게이트가 101~132번이라면 셔틀트레인을 타고 탑승동으로 가야 한다. 셔틀트레인 탑승장은 28번 게이트 맞은편에서 에스컬레이터를 타고 내려간다.

기내에서

스위스에 가기 위해서는 최소한 11시간 이상을 비행기 안에서 지내야 한다. 최대한 즐겁고 효율적으로 시간을 보내자. 지금부터 진정한 여행의 시작이다. 깔끔하고 기분 좋은 여행의 시작을 위한 노하우를 공개한다.

기내 예절

승무원의 안내에 따라 자신의 좌석을 찾아가면 먼저 짐을 좌석 위 선반이나 발밑에 넣고 자리에 앉는다. 모든 승객의 탑승이 완료되고 나면 안전벨트를 매라는 안내방송이 나오고 비행기는 이륙한다. 이·착륙 시에는 전자제품을 사용해서는 안 된다. 비행기가 정상 궤도에 진입하고 안전벨트 사인이 사라지면 이때부터 벨트를 풀고 화장실 등 기내를 돌아다닐 수 있다.

이코노미 좌석 내부

종종 기류 이상 등의 안전 문제가 생기면 안전벨트 사인이 다시 뜨는데, 이때는 좌석으로 돌아가 안전벨트를 매야 한다. 기내의 좌석이 여유로울 경우, 빈자리로 이동해도 되는데 이때 꼭 승무원에게 양해를 구하고 자리를 이동하자.

비즈니스 좌석 내부

좌석 사용법

자리에 앉게 되면 앞 좌석 등받이에 모니터가 붙어 있고 그 아래에 식판이 접혀 있다. 기내용 엔터테인먼트를 위한 리모컨은 좌석 팔걸이 쪽에 숨겨져 있거나 모니터 아래에 붙어 있기도 하다. 일부 신기종 비행기의 경우 USB 충전 단자도 마련되어 있다. 좌석의 맨 앞줄에 앉게 되면 모니터는 팔걸이 아래에, 식판은 팔걸이 안쪽에 있으니 잘 찾아서 지루한 여행을 한껏 즐겨보자. 리모컨에는 기내 엔터테인먼트용 버튼들과 함께 승무원 호출 버튼, 개인 조명등 버튼 등이 있으니 적절히 사용하도록.

앞 좌석 등받이에는 많은 기능이 있다

팔걸이 안쪽에 숨어있는 식판과 리모컨

기내식

비행시간대에 따라 약간의 차이가 있지만 안전벨트 사인이 사라지고 나서 음료 서비스가 시작된다. 기본적으로 물, 탄산, 주스, 맥주, 와인 등이 제공되는데 외국 항공사에 탑승했다면 원하는 음료를 말하고 뒤에 "Please"를 붙이자. 음료 서비스 후 기내식이 제공되는데 주로 두 가지 메뉴가 제공된다. 일부 항공사에서는 비빔밥 등 한식류와 양식류를 제공하기도 한다. 원하는 메뉴를 이야기하며 "Please"를 잊지 말도록.

기내식은 전식 + 주요리 + 후식 그리고 음료로 구성되며 은근

기내에서는 기압 때문에 더 빨리 취하므로, 과음은 NO!

히 양이 많은 편이다. 게다가 상공에 있기 때문에 평소와 다른 포만감을 느끼게 된다. 너무 많이 먹지 말고 음료를 자주 마시는 것이 좋다.

아침 메뉴

다양한 종류의 술이 제공되지만 역시 기압 때문에 쉽게 취하기 쉬우니 조심하자. 최근 기내에서 과도한 음주로 인한 사건사고가 빈번하게 일어나고 있다. 본인의 주량을 과신하지 말고, 탑승 전 음주는 자제하는 것이 좋다. 또한 기내에서 일정량의 주류를 주문하게 되면 요주의 인물이 되어 집중 관찰 대상이 되며, 주류 주문이 금지될 수도 있다. 식사 시간 후 일정 시간이 지나면 샌드위치 등 간단한 간식을 제공한다. 일부 항공사 기내에는 승객들을 위한 셀프바도 운영되고 있다. 음료들은 수시로 제공된다. 필요할 때 승무원 호출 버튼을 누르고 요청하자.

외항사 기내 비빔밥

Travel Plus +

선택 가능한 기내식

기내식은 종교와 체질에 따른 특수식을 주문할 수 있고 어린이나 유아를 위한 메뉴도 준비되어 있으니 가족여행을 한다면 참고하세요. 출발 48시간 전까지 신청 가능합니다.

화장실 사용

비행기 화장실 문은 접이식이다. 'Push'라고 써 있는 가운데 세로선 근처를 밀면 안으로 접히며 열린다. 녹색의 'Vacant' 표시가 있으면 사람이 없다는 뜻이고, 빨간색으로 'Occupied' 표시가 되어 있으면 누군가가 사용 중이라는 뜻이다. 화장실 내에는 1회용 화장실 시트 Toilet Sheet가 있다. 변기 위에 깐 후 사용하고, 물내림 버튼을 누르면 함께 내려간다.

공간은 매우 좁다. 화장실을 사용한 후 바닥이나 주변에 물이 많이 튀었다면 깨끗하게 정리하고 나오는 센스를 발휘하자. 다음 사람을 위해.

건강 관리

수분 공급 기내는 매우 건조하기 때문에 수분 섭취가 중요하다. 물을 자주 마시고 수분이 많은 화장품을 충분히 발라주는 것이 좋다. 콘택트렌즈 사용자라면 비행 시간 동안에는 렌즈를 빼고 안경을 착용하거나 인공눈물을 자주 넣어주는 것이 좋다.

다리 저림 좁은 공간에 장시간 동안 앉아 있다 보면 다리가 저리고 불편하다. 아주 꼭 죄는 옷은 불편하지만 적당한 피트감 있는 옷은 오히려 다리 저림을 방지해준다. 또한 규칙적으로 기내 통로를 걷거나 스트레칭을 해 주는 것도 좋다.

의자 젖힘 비행기의 이·착륙 시와 식사를 할 때에는 의자를 젖히면 안 되고 원상태로 돌려놓아야 한다. 그 외에는 의자를 젖혀도 되는데 항상 뒷자리에 앉은 사람을 배려하자. 천천히 적당히 젖혀야 하며, 젖히기 전에 "Do you mind if I push my seat back? 의자를 뒤로 젖혀도 괜찮겠습니까?"라고 양해를 구하는 게 좋다.

신발 벗기 좌석에 앉아 있을 때 신발을 벗는 것은 괜찮다. 항공사에 따라 기내용 양말이나 슬리퍼를 제공하는데 기내에서 신발 대신 신고 다니는 것은 결례가 아니다.

항공사에서 제공하는 기내용 슬리퍼

금연 기내에서의 흡연은 철저히 금지되어 있다. 몰래 화장실 등에서 담배를 피우다가 발각되면 경고는 물론, 50만~60만 원의 벌금을 내거나, 공항 착륙 후 경찰서로 안내 받을 수도 있다.

환승 및 유럽 입국하기

스위스로 향하는 대부분의 여행자들이 직항보다는 경유편을 이용하는 것이 현실. 여행자들이 두려워하는 것 중 하나가 비행기 갈아타는 과정이다. 하지만 두려워하지 말자. 매우 쉬운 과정이다.

환승하기

직항이 아닌 경유 항공사를 이용했을 때 비행기를 갈아타야 한다. 항공편에 따라 트랜짓 Transit(중간 기착)이나 환승(Transfer)할 경우가 생긴다.

트랜짓 Transit
동남아계 항공사를 이용할 때 겪을 수 있는 과정이다. 예를 들어 타이항공을 이용하면 서울~타이베이~방콕 구간을 이동하게 된다. 타이베이에서 승객을 내려주고 같은 비행기로 다음 목적지인 방콕으로 가게 되는데 이때 방콕으로 가는 승객들은 짐을 기내에 둔 채 잠시 비행기에서 내린다. 승객들이 탑승구 Boarding Gate에서 기다리거나 면세점을 구경하는 동안 기내 청소와 급유가 진행된다. 그 후 탑승 시간 Boarding Time에 맞춰 다시 탑승하는데 이런 경우를 '트랜짓'이라고 한다.

트랜스퍼 Transfer
루프트한자 항공 등 유럽계 항공사를 이용해 스위스에 간다면 프랑크푸르트나 뮌헨에서 비행기를 갈아타야 한다. 기내에 있는 짐을 모두 가지고 비행기 밖으로 나와 트랜스퍼 Transfer 안내 표지판을 따라 이동하자. 곳곳의 공항 안내 모니터를 보면 스위스행 항공편명과 번호가 뜨는데 그것을 참고해 해당 탑승구 게이트 번호를 찾아가면 된다. 이 경우 프랑크푸르트나 뮌헨에서 입국심사를 받게 되는데 별다른 질문은 없다. 유럽계 항공사의 경우 2~3시간, 동남아계 항공사의 경우 최소 2시간에서 최대 9시간까지의 시간이 생긴다. 공항에 따라 환승 승객을 위한 투어를 운영하기도 하니 이용해보는 것도 좋다.

유럽 입국하기(국적기나 동남아 항공 이용 시)

공항에 내려 입국 Arrival 표시를 따라가면, 입국심사장 Immigration 또는 Passport Control에 도착하게 된다. 스위스 입국 시에는 특별하게 입국신고서나 세관신고서를 작성하지 않으니 여권만 준비하자. 입국심사대에 가면 EU Passport와 All Passport로 구분되는데 한국인 여행자는 All Passport 쪽으로 가서 줄을 서자. 일부 심사관의 경우 까다로운 질문을 던지기도 하는데 당황하지 말고 침착하게 대처하자.
입국 심사 과정이 끝나면 수하물을 찾아야 한다. 배기지 클레임 Baggage Claim 표시를 보고 따라간 다음 자신의 항공편명을 전광판에서 확인하고 해당 벨트에서 기다리자. 짐이 나오지 않았을 경우 배기지 클레임 카운터로 가서 인천공항에서 받은 배기지 태그 Baggage Tag를 보여주자. 짐이 분실되거나 다른 곳으로 가는 경우가 있는데 자신의 가방에 대해 설명하고 신고서를 쓰면 2~3일 내에 짐을 숙소로 보내준다. 정말 운이 없다면 영영 찾지 못할 수도 있다. 두 가지 경우 모두 보상금을 주는데 항공사에 따라 다르지만 한화로 8만~10만 원 정도를 받게 된다. 분실 시에는 항공사의 수하물 규정에 따라 정해져 있는 보상금을 주는데 산출 기준은 짐의 무게다. 저가항공사는 짐 분실 시 책임을 지지 않는다. 수하물을 찾아 공항의 입국장에 나온 후 교통수단을 이용해 시내로 들어가면 된다.

현지 교통 이용하기

스위스 기차역은 각 도시를 이동할 때뿐만 아니라 시내 여행의 중심이 되기도 한다. 이러한 기차역의 100% 활용법과 기차 티켓 구입법, 그리고 시내 교통수단에 대해 알아보자.

기차역 이용하기

스위스의 기차역은 기차가 오가는 곳이자 시내 교통의 중심지다. 주요 도시의 중앙역에는 쇼핑몰과 복합 시설 Rail City가 함께 운영되어 기차를 이용하지 않더라도 들르게 된다. 특히 상점들이 영업하지 않는 주말에 급히 물건을 구입할 때 유용하다.

플랫폼은 오픈 형식으로 운영되어 티켓이 없더라도 자유롭게 접근이 가능하다. 출발 전 역내에 설치된 대형 전광판을 통해 본인이 이용할 열차의 정보를 미리 파악해 두는 것이 중요하다.

당일치기 여행을 하거나 숙소가 멀 때 사용하는 코인 라커

유료 화장실, 샤워 시설도 함께 있다.

Travel Plus +

짐이 무거울 때 짐 운송 서비스를 이용하세요!

스위스 철도청에서는 짐 운송 서비스를 시행하고 있다. 기차역과 기차역 사이를 이용하거나, 호텔이나 숙소까지 이용할 수 있다. 가방 1개당 최대 25kg의 짐을 보낼 수 있는데 본인 장비를 갖고 스키, 보드 여행을 떠났다면 유용하게 사용할 수 있다.

· **Door to Door**
짐 1개당 CHF12, 서비스 요금 CHF40, 익스프레스 비용 CHF30
※접수 마감: 20:00, 이틀 후 수령 가능.
※익스프레스는 09:00 안에 접수 하면 18:00 이후에 수령 가능.

· **Station to Station**
짐 1개당 CHF12, 자전거 CHF18
※접수 마감: 19:00, 이틀 후 수령 가능.

· **Station to Door**
짐 1개당 CHF12, 자전거 불가
※접수 마감: 19:00, 이틀 후 수령 가능.

· **Door to Station**
짐 1개당 CHF12, 자전거 불가
※접수 마감: 20:00, 이틀 후 수령 가능.

기차 이용하기

스위스의 기차는 빙하 특급 등의 일부 파노라마 특급 열차를 제외하고는 모두 자유석이다. 기차 외벽에 1이라고 쓰여 있으면 1등석 First Class 객차, 2라고 쓰여 있으면 2등석 Second Class 객차이니 잘 보고 탑승하자.
노선에 따라 식당이 마련되어 있는 기차도 있으며 간간이 작은 손수레를 이용한 미니바도 운영된다.

1등석 좌석 내부

간단한 스낵을 판매하는 미니바 Minibar

시내교통 수단 이용하기

다른 유럽 국가들과 마찬가지로 티켓의 구입, 개시 등은 모두 '자율'이라는 모토 아래 운영되고 있다. '괜찮겠지?' 하는 마음으로 무임 승차를 시도할 생각은 절대 금물! 생각보다 티켓 검사가 자주 이루어지고 무임 승차 적발 시 50~100배의 벌금을 물게 된다. 일부 숙소의 경우 미리 예약하면 이메일로 도시에서 사용할 수 있는 교통카드를 보내주기도 하니 체크해 보자.

❶트램
스위스 도시 내에서 가장 흔하게 볼 수 있는 교통수단이면서 우리나라에서 볼 수 없는 교통수단이다. 노면 전차라고도 부른다. 타고 내릴 때 문에 붙어 있는 버튼을 눌러야 문이 열린다.

❷버스
이용법은 우리나라와 별 차이 없으나 안내 방송이 나오지 않아 신경 써야 한다. 신형 버스들이 도입되면서 하차 정류장을 안내하는 모니터가 생기고 있다. 탑승 전 미리 몇 정거장을 가야 하는지 알아두자.

❸전기자동차
알프스 산악 마을에서 주로 볼 수 있는 전기자동차는 깜찍한 외관으로 여행자들의 피사체가 되기도 한다. 체르마트에서 많이 볼 수 있고 주로 마을버스나 호텔 셔틀로 이용된다.

❹택시
살인적 물가만큼 살인적 요금을 자랑하는 스위스 택시. 그러나 서비스 하나는 일품이다. 택시는 정해진 정류장에서만 탑승이 가능하고, 식당이나 호텔 등에서 전화로 불러주기도 한다. 취리히 중앙역에서 공식 유스호스텔까지 CHF32, 우리나라 돈으로 3만 8,000원을 지불한 경험이 있다. 소요시간은 약 10분.

스마트하게 **스마트폰 사용하기**

더 이상 생활에서 빼놓을 수 없는 스마트폰의 발달은 여행의 문화도 많이 바꿔주었다. 현지 통신사의 유심 U-Sim 카드를 구입해 여행자 자신의 전화에 끼우면 한국에서처럼 데이터를 사용하면서 스마트폰을 사용할 수 있다. 단기 여행이라 해도 국내 통신사의 로밍 요금보다는 현지 유심 카드를 이용하는 것이 저렴하다.

국내 통신사 로밍

해외 로밍 상품은 더욱 다양해지고 가격도 저렴해지고 있다. 여행자 각자가 가입 중인 통신사에서 여행 기간에 맞는 상품과 가격을 살펴보자. 비상시 연락할 수 있고, 국내에서 오는 문자 메시지 등도 놓치지 않는다. 요금제 사양이나 요금 변동 가능.

SKT

	baro 3GB	baro 4GB	T로밍 LongPass 2GB
데이터	3GB	4GB	2GB
사용일	7일	30일	최대 30일
요금	29,000원	39,000원	40,000원

KT : 데이터 함께ON 글로벌
본인 포함 최대 3인까지 같이 사용할 수 있는 로밍 상품.

	2GB	4GB	6GB
사용일	15일	30일	30일
요금	33,000원	44,000원	66,000원

LG U+ : 제로 라이트(기간형) 요금제

	2GB	3.5GB	4GB
사용일	3일	7일	30일
요금	24,000원	33,000원	39,000원

포켓 와이파이 사용

일본 등 아시아 지역에서 활성화되었던 포켓 와이파이가 유럽에서도 사용되고 있다. 장지갑 크기의 기기를 갖고 다녀야 하며 충전 등의 불편이 따르긴 하나 일행이 있다면 함께 사용 가능하다. 요금은 회사마다 다르지만 보통 1일 7,000원 대.

현지 통신사 사용

스위스에서는 현지 통신사인 Swisscom과 Salt, 두 회사를 많이 쓴다. 공항과 각 도시 중앙역에 점포가 있고 영어가 잘 통하니 걱정하지 말자. CHF20 정도의 요금으로 한 달 정도 충분히 사용할 수 있다.

여행 시 필요한 필수 애플리케이션

스위스 기차/대중교통 시간표

기차 여행을 떠났다면 필수로 다운받아야 할 애플리케이션. 시간표 체크뿐만 아니라 기차표 구입도 가능하다.

구글맵

단순한 지도가 아니라 손 안의 가이드북의 역할을 해주는 구글맵. '내지도' 기능으로 흥미 있는 장소를 미리 체크해 두는 것도 좋다. 자동차 여행 시 훌륭한 내비게이션 역할도 해준다.

구글 번역

대부분 영어가 통하지만 간혹 독일어 메뉴판만 내줄 때 유용한 앱. 기차표나 대중교통 티켓을 살 때 지명을 못 알아듣는다면 써서 보여줘도 좋다.

Meteo Swiss

다른 나라도 마찬가지지만 특히 자연이 중요한 스위스 여행은 날씨가 더욱 중요하다.

스위스에서 출국하기

여행을 마치고 추억을 가득 안은 채 귀국하는 길. 무사히 각자의 집, 각자의 방으로 들어가기 전까지 여행은 계속 진행 중이다. 귀국을 위한 어드바이스!

공항 가기 & 체크인 하기

한국에서 출국할 때와 마찬가지로 공항에는 3시간 전에 도착하는 것이 좋다. 성수기에 귀국하면서 택스 리펀드 Tax Refund를 받을 예정이라면 4시간 전에 도착하는 것으로 생각해두자.

택스 리펀드 받기

스위스에서 면세 혜택을 받으려면 우선 한 상점에서 하루에 CHF300 이상을 구입해야 하고 상점에서 택스 리펀드 용지를 받아야 한다. 이때 여권이 필요하다. 공항에서 택스 리펀드를 받으려면 먼저 택스 리펀드 용지, 영수증과 함께 탑승을 증빙할 수 있는 E-Ticket을 준비해 택스 리펀드 사무실로 가자.

봉투 겉면에 표시된 회사 창구로 바로 가서 세금 환급 업무를 진행하면 된다. 창구에서 여권과 영수증, 택스 리펀 용지를 보여준 후 일정 금액의 수수료를 제하고 그 자리에서 현금으로 받거나 카드로 돌려받을 수 있다. 카드로 돌려받는 경우, 본인의 인적사항(주소, 여권번호, 카드 번호 등)을 빠짐없이 적은 후 용지에 도장을 받고 봉투에 넣어 해당 회사 우편함에 넣으면 1~3개월 후에 신용카드 매출 취소 형식으로 입금된다.

> **Travel Plus +**
>
> ### 세금 환급
> 카드로 세금 환급을 받으려고 신청하는 경우 간혹 누락될 때가 있습니다. 이럴 때를 대비해서 택스 리펀드 용지를 사진 찍어 두시는 게 좋습니다. 환급이 들어오지 않으면 해당 회사 홈페이지에 문의하면서 찍어놓은 사진을 제시하면 일 처리가 한결 빠르게 진행됩니다.

출국하기

이후 별다른 일이 없다면 출국심사대로 가자. 'Partenza Departures'라고 써 있는 표지판을 따라간다. 출국하기 위해 보안 검색대를 통과하고 나면 바로 출국 심사대로 이어진다. 유럽계 항공사를 이용했다면 여권 검사를 경유지 공항에서 받게 될 것이고, 국적기나 동남아, 중동 계열 항공사를 이용했다면 이곳에서 여권 검사를 받게 된다. 여권과 보딩패스를 보여주고 출국 도장을 받으면 통과. 그리고 모니터를 통해 본인이 타야 할 비행기 게이트를 알아둔 후 귀국을 준비한다.

한국으로 귀국하기

여행자 휴대품 신고서 작성하기

비행기 착륙이 가까워지면 승무원들이 여행자 휴대품 신고서를 나눠준다. 또는 휴대품 전자신고 전용 앱이나 웹사이트를 통해 신고할 수 있다. 한국에 입국할 때 반입할 수 있는 물품 가격의 한도는 $800. 스위스 프랑으로 환산하면 CHF717 정도 되는 금액이다. 본인이 쇼핑한 물건의 합산 가격이 이 가격을 초과했다면 쇼핑한 물건의 리스트를 작성해두자. 가족 여행이라면 가족 대표로 1장만 작성하면 된다. 신고할 물품이 없다면 작성하지 않아도 된다.

입국 심사

별다른 제한이 없다면 자동 입국심사대에서 입국 심사를 받는 것도 편리하다. 별도로 입국 심사관이 내국인에게 여권에 출입국 도장을 찍어주지 않으며, 만 19세 이상의 전자여권 소지자라면 누구나 자동 입국 심사를 이용할 수 있다.

수하물 확인

입국 심사를 마친 후 나와 보이는 모니터에서 항공편을 확인한 후, 지정된 수하물 수취대로 간다. 최근 비슷한 디자인 또는 색의 여행 가방이 많이 바뀌는 경우가 있으니 가방에 달린 이름표를 꼭 확인하도록 한다. 타고 온 비행기 편과 수화물 수취대 번호를 잘 확인하자.

Travel Plus +

「여행자 세관신고」
앱(App) 설치 및 인터넷 웹(Web) QR코드

아이폰　　　안드로이드　　　모바일 웹

세관 신고

한국에 입국할 때 반입할 수 있는 별도 면세 상품으로는 1인당 $800 이하의 1L 이하 주류 1병, 담배 200개비, 향수 2온스(60mL)이다.

이 물품 이외의 초과 물품이 있고 쇼핑 액수가 $800가 넘었다면 미리 작성한 신고서를 갖고 세관 신고를 하자. 자진 신고자의 경우 세액의 30%를 감면해 주는 제도를 운영한다. 이때 택스 리펀드 받은 물건이 있다면 택스 리펀드 용지 사진을 찍어두는 것도 유용하다.

만일 세관 신고를 하지 않고 입국을 하려다 적발되면 물품을 압수당할 수도 있고, 범칙금까지 붙은 세금고지서를 받게 되며 향후 출입국 시 감시 대상에 오르기도 한다.

Index

MEMO

프렌즈 시리즈 **36**

프렌즈 **스위스**

발행일 | 초판 1쇄 2020년 1월 2일
          개정 2판 1쇄 2024년 5월 7일

지은이 | 황현희

발행인 | 박장희
대표이사·제작총괄 | 정철근
본부장 | 이정아
파트장 | 문주미
책임편집 | 허진

기획위원 | 박정호

마케팅 | 김주희, 박화인, 이현지, 한륜아
디자인 | 김성은, 변바희, 김미연
지도 디자인 | 양재연

발행처 | 중앙일보에스(주)
주소 | (03909) 서울시 마포구 상암산로 48-6
등록 | 2008년 1월 25일 제2014-000178호
문의 | jbooks@joongang.co.kr
홈페이지 | jbooks.joins.com
네이버 포스트 | post.naver.com/joongangbooks
인스타그램 | @j__books

ⓒ 황현희, 2024

ISBN 978-89-278-8038-7 14980
ISBN 978-89-278-8003-5(세트)